EL EQUILIBRIO SAGRADO
Cómo comprender mejor nuestro lugar en la naturaleza



First Published by Greystone Books Ltd., Canada

Edita en castellano: Editorial Carbrame-98, S.L.
Editor: José Ramón de Camps
Traducción: Susana Sánchez García
Fotografía de la cubierta: Antonio Vázquez
Maquetación e impresión: www.cegeglobal.com

Depósito legal: B 8744-2024
ISBN: 978-84-127241-8-9

# EL EQUILIBRIO SAGRADO

## Cómo comprender mejor nuestro lugar en la naturaleza

DAVID SUZUKI
con Amanda McConnell | Adrienne Mason | Ian Hanington

Prefacio de Marc Bekoff

Epílogo de Bill Mckibben

EDITORIAL
CARBRAME

Este libro está dedicado con amor a Kaoru y Setsu, mis padres,
que me enseñaron a amar la naturaleza y a respetar a mis mayores;
a Tamiko, Troy, Laura, Severn y Sarika, mis hijos, que elevaron mi mirada
hacia el futuro; y a Tara, mi esposa, compañera y mejor amiga,
que me mostró el significado del amor y el compromiso.

# Índice

# Prefacio

Las judías traquetean en sus vainas cuando las arranco de la enredadera. La época de recolección solía ser justo después de la helada mortal de octubre, pero estamos a finales de noviembre y esa helada aún no ha llegado. Las nuevas flores de la judía florecen junto a las vainas secas en esta estación cambiante. Resplandecen las llamaradas de los incendios forestales, azotan las tormentas, los alarmantes titulares sobre la crisis climática están por todas partes... y aparecen aquí, en mi extraña cosecha a destiempo. Eso me hace estar aún más agradecida por su regalo de alimento. En la lengua de mi pueblo, los anishinaabe, la palabra «semilla» y la palabra «regalo» comparten raíz. Agradezco también esta nueva edición de *El equilibrio sagrado*, que es un regalo continuo. Un libro es su propia semilla.

David Suzuki fue uno de los primeros científicos en concienciar a sus legiones de oyentes y lectores sobre la amenaza de una catástrofe climática. Los mensajes eran apremiantes cuando se publicó por primera vez *El equilibrio sagrado* en 1997, cuando la alteración del clima apenas se vislumbraba en el horizonte y nuestro hogar aún no estaba en llamas; pero son aún más oportunos hoy, cuando el mundo que amamos se está desvaneciendo como sus glaciares. En desgarradoras oleadas de pérdida de biodiversidad, las maravillas evolutivas de nuestros parientes más que humanos desaparecen para siempre. Sus advertencias fueron claras y contundentes y, sin embargo, aquí estamos, veinticinco años después, más necesitados que nunca de sus lecciones.

Creo que ser científico es un enorme privilegio. Seguir este camino ofrece los dones de captar la esencia de la vida de otros seres, de sumergirnos en la apreciación de las leyes físicas y ecológicas que rigen el desarrollo de la vida en el planeta, de conectar con el misterio.

Con demasiada frecuencia, los científicos se reservan ese don para sí mismos, comunicándose solo entre ellos en un lenguaje que excluye al público. Todos pagamos un precio por esta práctica: unos escasos conocimientos científicos básicos y un distanciamiento del mundo natural. Si los científicos no contamos las historias de otros seres, ¿quién lo hará? Su ausencia de nuestra consciencia puede llevarnos a imaginar que el *Homo sapiens* está solo en el mundo, en lo alto de alguna pirámide ficticia de excepcionalismo humano, a cargo de un planeta Tierra que erróneamente creemos que nos pertenece. *El equilibrio sagrado* es un sólido contrapeso a tal error.

Mientras sostengo estas semillas en la mano y contemplo su propósito, recuerdo nuestra vieja enseñanza de que los dones y las responsabilidades son dos caras de la misma moneda. Recluidos en el interior de estos duros tegumentos hay seres vivos. Las semillas tienen el don de transportar el conocimiento a lo largo de los años y la responsabilidad de utilizar el conocimiento codificado en ese embrión para multiplicarse y alimentar a la gente. Los dones y las responsabilidades van de la mano.

En la ciencia occidental, el conocimiento por el conocimiento no está sujeto a ninguna restricción de uso, mientras que en muchas sociedades indígenas el conocimiento está íntimamente ligado a la responsabilidad de utilizarlo con cuidado y compartirlo respetuosamente. En las páginas de *El equilibrio sagrado*, David Suzuki asume la responsabilidad que conlleva el don de ser científico: utilizar ese conocimiento al servicio del florecimiento de la vida.

Muchos científicos trazan una línea estricta entre el conocimiento y la defensa, adhiriéndose a la discutible idea de que pronunciarse sobre las implicaciones políticas y sociales del conocimiento científico merma de algún modo su objetividad como investigadores. Afortunadamente, ese muro de separación se está erosionando ante la imperiosa necesidad de que la ciencia desempeñe el papel que le corresponde en la formulación de políticas. El trabajo de toda una vida de David Suzuki, como activista y erudito, ha sido llevar el don de la ciencia fuera del laboratorio de investigación, a las mentes y los corazones de los ciudadanos. En *El equilibrio sagrado*, ha pulido el arte del narrador científico. Expresa con elocuencia que el don del conocimiento no es suficiente; tenemos la responsabilidad de actuar a partir de ese conocimiento para crear una relación correcta.

En esta nueva edición se amplifica el mensaje de que necesitamos restablecer el sentido de lo sagrado en nuestra relación con la Tierra. La fuerza de *El equilibrio sagrado* reside quizá en el sencillo envoltorio de su título, que parece una invitación no solo a comprender y maravillarse ante el equilibrio ecológico fruto de una evolución conjunta, sino a participar en él, a asumir el lugar que nos corresponde en los procesos que mantienen la vida en marcha. *El equilibrio sagrado* nos llama a adentrarnos en su interior; nos pide que seamos una especie mejor, que armonicemos nuestras leyes humanas con las leyes de la naturaleza. La prosa de Suzuki no solo ilumina el funcionamiento científico del mundo, sino que invoca un parentesco y un propósito que anhelamos, pertenecer a algo simultáneamente tan inmenso como la atmósfera y tan íntimo como el aliento. Me quedo con sus palabras:

> *Desde nuestro primer llanto con el que anunciamos nuestra llegada a la Tierra hasta nuestro último suspiro en el momento de la muerte, nuestra necesidad de aire es absoluta. Cada respiración es un sacramento, un ritual esencial. Al imbuirnos de este elemento sagrado, nos vinculamos físicamente a todos nuestros parientes biológicos actuales, a innumerables generaciones que nos han precedido y a las que nos seguirán. Nuestro destino está ligado al del planeta por las emisiones gaseosas generadas por los incendios, los volcanes y las máquinas e industrias creadas por el hombre.*
>
> *Una vez que hayamos devuelto al hálito de vida la primacía que le corresponde —por encima de todos los demás derechos y responsabilidades del ser humano, el punto de referencia del que emanan todas las decisiones—, podremos empezar a trabajar a largo plazo para revivir un antiguo equilibrio. Utilizando la naturaleza como referente, podremos volver a desempeñar nuestro papel en la larga colaboración de la vida con el aire.*

Los conocimientos científicos acerca de los efectos antropogénicos sobre la atmósfera son claros, pero la crisis climática es más que un problema ecológico o un desafío técnico. Las raíces de la crisis son más profundas que la biogeoquímica, van más allá de la gobernanza y la economía. A lo que nos enfrentamos es a una crisis espiritual, cimentada en una cosmovisión errónea que constituye una enorme barrera para alcanzar el equilibrio. Suzuki escribe:

> *Con nuestra pérdida de una cosmovisión, nuestra devoción por el consumismo y nuestro traslado a las ciudades y alejamiento de la naturaleza, hemos perdido nuestra conexión con el planeta y la vida en él. Debemos encontrar una nueva historia, una narrativa que nos incluya en el continuo del tiempo y el espacio de la Tierra, que nos recuerde el destino que compartimos con toda la vida del planeta, que devuelva el propósito y el sentido a la existencia humana.*

Ahora estamos mucho más lejos de alcanzar este equilibrio que en 1997. Sabemos lo que hay que hacer, pero no lo hacemos. ¿Qué nos frena? Las respuestas son numerosas, pero si tuviera que citar una causa fundamental de nuestra obstinada sordera ante el sufrimiento de la Tierra, sería la visión antropocéntrica del mundo que ha originado las pérdidas del colonialismo y el capitalismo extractivo y nos tiene tambaleándonos al borde de la catástrofe ecológica. Esta situación nos exige emprender una transformación en la que pasemos de una cosmovisión basada en la dominación y explotación a una cosmovisión centrada en el parentesco, que reconozca nuestra total dependencia de los dones vivificantes de otras especies, ante las que solo podemos inclinarnos en señal de gratitud. La gratitud despierta el impulso de devolver los dones, de entrar en el pacto de reciprocidad.

Como las semillas que pasan de abuelos a nietos, este libro encarna un intercambio intergeneracional de conocimientos. Me infunde ánimo su espíritu festivo y su solidaridad con el movimiento por la justicia climática liderado por los jóvenes. Las semillas son portadoras de la historia de nuestro pasado, pero también de resiliencia para el futuro. Me pregunto si estas semillas de formación tardía albergarán nuevas adaptaciones a los cambios que se nos avecinan.

La adaptación, es decir, la capacidad de cambiar para mejorar la supervivencia y el bienestar, se da no solo en la resiliencia de un individuo, sino también en las poblaciones a lo largo del tiempo. Los cambios acumulados que potencian la adecuación biológica en un mundo cambiante se codifican en bibliotecas genéticas y se manifiestan en la alteración de estructuras, funciones y comportamientos. Suzuki sugiere que restablecer lo sagrado en nuestra relación con la naturaleza puede ser la adaptación más importante que podamos hacer. Creo que este es el mensaje más importante que transmite: que las creencias y prácticas espirituales, codificadas en una cosmovisión, tienen un inmenso valor adaptativo. Como señala: «La espiritualidad puede ser nuestra principal adaptación local, el medio por el que entramos en contacto con lo sagrado, nos mantenemos unidos frente a la desintegración. Las formas y variedades de creencias espirituales y rituales entre las culturas de la Tierra pueden ser otro ejemplo de la increíble y extravagante invención por parte de la evolución de formas para que la vida sobreviva».

Además, estas adaptaciones no tienen por qué surgir por mutaciones novedosas. Ya vivimos en presencia del modelo y la orientación de las cosmovisiones indígenas, que casan la ciencia con el espíritu, el don con la responsabilidad. El mismo conocimiento que el colonialismo trató de borrar y sustituir violentamente ofrece una alternativa a la visión antropocéntrica del mundo, un camino hacia el florecimiento mutuo de la tierra y las personas, no para apropiárnosla y tomarla como propia, sino para aprender de ella con gratitud y humildad, un universo de conocimiento generado, mantenido y salvaguardado por los pueblos indígenas.

En esta época de crisis planetaria, estamos inundados de información y, sin embargo, hambrientos de sabiduría. Aunque poderosa en la generación de conocimiento, la ciencia occidental —con su separación de valores y conocimiento, de objeto y sujeto, de materia y espíritu— es incapaz de hacer brotar la sabiduría. Desde hace mucho tiempo, David Suzuki reconoce y promueve otro tipo de ciencia holística, el complejo antiguo y contemporáneo de conocimiento, práctica y creencia que es el conocimiento indígena, en el que la generación sistemática de conocimiento está guiada por los valores humanos de respeto, responsabilidad, reciprocidad y reverencia. En esta nueva edición revisada se amplía la larga alianza de Suzuki con los depositarios del conocimiento indígena. En un momento en que el 80 % de la biodiversidad que queda en el mundo está protegida por los pueblos indígenas, pero estos solo poseen legalmente el 10 % de la masa terrestre, este libro reconoce la necesidad imperiosa de que la ciencia occidental aprenda de los conocimientos indígenas.

Cuando abro las vainas, las semillas repiquetean en el cuenco, óvalos negros que se arremolinan con magenta y rosa. Estas semillas me fueron entregadas por otra jardinera indígena, al igual que le fueron transmitidas a ella por una larga sucesión de antepasados. Las semillas transmitidas en herencia son antiguas y nuevas al mismo tiempo. ¿Qué hace que una variedad de semillas perdure mientras que otras se pierden? Al igual que el conocimiento, una semilla perdura cuando los encargados de sembrarla la cuidan, salvaguardan su genoma y la plantan una y otra vez, por el vigor de su crecimiento, su belleza, las historias que transmite, la forma en que nutre a la gente.

¿Qué hace que un libro perdure, se relea y se transmita a la siguiente generación? *El Equilibrio Sagrado* se planta de nuevo porque siembra una visión de un futuro en el que queremos vivir, con una guía para llegar a él. Al igual que mis semillas de judía, estas páginas transmiten un mensaje intergeneracional que nos nutre de forma física y espiritual.

*Robin Wall Kimmerer*

# Introducción a la edición conmemorativa del 25.º aniversario

Cuando la obra *Silent Spring* de Rachel Carson se publicó en 1962, galvanizó a un movimiento ecologista global que se multiplicó a millones de personas en todo el mundo. Carson nos abrió los ojos ante las limitaciones de la ciencia «reduccionista» y la necesidad de una visión más holística de los ecosistemas y sus interacciones. Fue emocionante ver que las preocupaciones medioambientales recibían por fin la atención que merecían. Ayudé a celebrar muchas «victorias», como la protección de tierras agrícolas, la creación de parques y reservas naturales, y la paralización de proyectos de construcción de presas, entre otras. Sin embargo, por muchas victorias que celebráramos, surgían nuevas amenazas: disminución paulatina de tierras protegidas, autorización de actividades mineras y de tala en parques, renovación de proyectos paralizados y anulación de legislación medioambiental.

Nuestras victorias resultaban efímeras, ya que los partidarios de las actividades destructivas simplemente renovaban o revisaban sus propuestas, encontraban vías alternativas para los mismos fines o se aprovechaban de cambios de gobierno.

Nuestras victorias eran pírricas porque no conseguíamos llegar a los valores, los supuestos y las creencias que sustentan nuestras demandas y actividades destructivas. La forma en que vemos el mundo determina la forma en que lo tratamos. Si consideramos una montaña como una deidad y no como un cúmulo de mineral, un bosque como una arboleda sagrada y no como madera y pulpa, otras especies como nuestros parientes biológicos y no como recursos, el planeta como nuestra madre y dadora de vida y no como una oportunidad, entonces nuestras acciones reflejarán humildad, respeto y responsabilidad en un grado mucho mayor.

Durante casi toda nuestra existencia, fuimos cazadores-recolectores nómadas que cargábamos con todo lo que poseíamos mientras seguíamos a las plantas y a los animales migratorios a lo largo de las estaciones. Entendimos nuestro lugar como una pequeña hebra de una compleja red de relaciones con otras especies vegetales y animales y con el aire, el agua, el suelo y la luz solar. Esta perspectiva «ecocéntrica» evoca la gratitud por la productividad y generosidad de la naturaleza, acompañada de un sentido de la responsabilidad de actuar debidamente para mantener esos dones.

Cuando se publicó por primera vez en 1997, puede que *El equilibrio sagrado* no provocara una reacción tan generalizada como *Silent Spring*, pero es tan pertinente hoy como entonces, si no más, especialmente a la luz del creciente reconocimiento de la necesidad de conciliar formas de conocimiento para comprender mejor nuestro lugar en un mundo con graves desafíos de nuestra propia cosecha. Al depositar demasiada fe en la ciencia y no la suficiente en los conocimientos de las personas que han vivido en el lugar, hemos perdido una sabiduría y comprensión esenciales.

La vida humana ha ido cambiando a una velocidad explosiva. Hemos pasado del concepto de arraigo y responsabilidad a la creencia de que nuestra gran inteligencia nos convierte en el animal más importante, dotado de la capacidad de desvincularnos de la red de relaciones para situarnos en una posición de explotación, control y gestión. En esta cosmovisión «antropocéntrica», la naturaleza nos pertenece para hacer con ella lo que queramos.

En la actualidad, el rápido crecimiento de nuestra población, nuestra capacidad tecnológica, nuestra demanda de consumo y nuestra economía global nos han convertido en seres únicos entre las formas de vida que han ocupado el planeta durante 4000 millones de años. Estamos alterando las propiedades físicas, químicas y biológicas del planeta a escala geológica. Muchos científicos se refieren a nuestra época como el Antropoceno, la Edad de los Humanos. Por muy poderosos que seamos, seguimos siendo demasiado ignorantes de cómo interactúa todo en la biosfera para poder orientar correctamente nuestras acciones, por lo que acabamos socavando los sistemas de soporte vital del planeta —aire, agua, suelo, fotosíntesis y biodiversidad—, que son los cimientos de nuestra existencia y bienestar. ¿Cómo hemos llegado a este momento?

Los biólogos moleculares han aislado, secuenciado y manipulado el material genético denominado ADN, lo que les ha permitido comparar muestras entre distintas poblaciones humanas. Según las investigaciones, las personas se fueron desplazando y separando con el paso del tiempo, pero todos los rastros conducen a un origen común en África hace entre 150 000 y 200 000 años.

Cuando aparecimos, manadas de animales muy superiores a la abundancia y diversidad actuales deambulaban por las grandes praderas de África. Entre ellas, los humanos no eran ni amenazadores ni impresionantes en número, tamaño, velocidad, fuerza o agudeza sensorial. Solo éramos simios sin pelo que caminábamos sobre dos patas. Cuando pasamos, otras especies probablemente no temblaban de miedo. Nuestra ventaja evolutiva era invisible, el órgano de 1,5 kilos en nuestros cráneos. Nuestros cerebros compensaron con creces nuestra falta de cualidades físicas o sensoriales especiales, ya que los registros fósiles sugieren que acabamos con otras especies con herramientas tan simples como lanzas y hachas de piedra.

Después de cuarenta o cincuenta milenios, empezamos a desplazarnos. Tal vez éramos ya tan numerosos que las disputas tribales y las batallas territoriales se estaban convirtiendo en algo habitual, y las plantas o animales de los que dependíamos eran cada vez menos abundantes. Puede que en parte fueran adolescentes en busca de aventuras o emociones. Por la razón que fuera, buscamos nuevas tierras y entramos en ellas como una especie alienígena. Con aves no voladoras, perezosos de movimientos lentos y abundantes peces, estos ecosistemas «nuevos para nosotros» ofrecían oportunidades. Como especie invasora, tuvimos que aprender por medio de la experiencia. La observación, los errores, los éxitos y los fracasos formaron la cultura de las sucesivas generaciones en las nuevas tierras. Esto se convirtió en la base del conocimiento indígena en todo el mundo, y la supervivencia de las culturas era una medida de su éxito.

Hace diez milenios, la domesticación de las plantas y posteriormente de los animales puso fin a nuestra dependencia de la caza y la recolección. Al plantar y cosechar plantas comestibles, los humanos empezaron a utilizar deliberadamente la naturaleza para tener un futuro más seguro. La revolución agrícola cambió el curso de la historia al proporcionar fuentes fiables de alimentos, crear comunidades estables en un lugar y permitir el crecimiento de la población y el desarrollo de la música, el arte, la lengua y la cultura. En pocos milenios, el hombre había domesticado formas modernas de gramíneas (trigo, maíz y arroz) y animales (perros, ovejas, vacas, caballos y gallinas).

A medida que crecían las poblaciones y los pueblos, surgieron las religiones para guiar el comportamiento humano. Muchos promovían la idea de que somos especiales y diferentes del resto de la naturaleza. En el libro bíblico del Génesis, Dios dice a Adán y Eva: «Sed fecundos y multiplicaos, llenad la tierra y sometedla; dominad los peces del mar, las aves del cielo y todos los animales que se mueven sobre la tierra».[1]

Impulsadas por la agricultura, las poblaciones pasaron de estar conformadas en aldeas a convertirse en estados, naciones e imperios de cuyo ascenso y caída fueron testigos los siglos sucesivos. De ser un simio más en las praderas africanas, nos concebimos creados a imagen de dioses que nos habían dado

[1] N. del T.: Traducción de la Biblia, https://www.conferenciaepiscopal.es/biblia/genesis/.

todo cuanto existía para nuestro disfrute. Surgieron jefes, reyes y emperadores, que adquirieron riqueza, poder y sueños de inmortalidad.

El Renacimiento se abrió paso desde la Edad Media en Europa entre los siglos XIV y XVII. El pensamiento humano y la creatividad florecieron en la filosofía, el arte y la nueva disciplina de la ciencia. En 1597, la famosa frase de Francis Bacon «*scientia potestas est*» («la ciencia es poder») expresaba su creencia en la importancia de la investigación científica. Conocedor de antiguos pensadores como Aristóteles, trató de modernizar la investigación mediante la organización de los hechos, la comprobación de las ideas y la experimentación. Se le considera el padre de la ciencia moderna.

En 1637, René Descartes escribió su famosa frase «*Cogito, ergo sum*» («pienso, luego existo»), con la proponía que el acto mismo de pensar confirmaba la realidad de nuestra existencia.

El matemático y físico Isaac Newton inventó el cálculo y dotó de una precisión medida a las descripciones del movimiento de los cuerpos celestes, al tiempo que estudiaba alquimia y la Biblia. Su obra parecía validar el concepto del cosmos como un inmenso mecanismo de relojería que podía comprenderse examinando detalladamente sus partes.

Las ideas de estos gigantes de la filosofía y la ciencia siguen resonando. Si las propiedades expresadas en cada nivel de organización —desde las partículas subatómicas hasta las poblaciones, los planetas y las galaxias— son simplemente la suma de todo lo que hay en cada nivel, entonces cada parte de un objeto o sistema puede analizarse en detalle y, en última instancia, ensamblarse con las demás partes para explicar las propiedades del conjunto. Este reduccionismo lleva a la conclusión de que el comportamiento de una célula, un órgano o un organismo en su totalidad no es más que la consecuencia de su composición atómica completa. Esta es la base de gran parte de la investigación en la física, la química y la biología modernas, a pesar de que la física lleva mucho tiempo demostrando que esta premisa es errónea y que las propiedades «emergentes» son el resultado de la combinación de elementos: el todo es mayor que la suma de sus partes. Quizá el mejor ejemplo lo proporcione el agua ($H_2O$), cuyas propiedades no pueden predecirse a partir de las propiedades de los átomos de hidrógeno y oxígeno.

Hace tres siglos, la Revolución Industrial supuso un espaldarazo al optimismo baconiano que preconizaba el triunfo del hombre sobre la naturaleza y, por lo tanto, nuestra huida de la tiranía de la ley natural. Habíamos aprovechado las plantas y animales domesticados como alimento y ampliado nuestra limitada fuerza y resistencia mediante el uso de otros animales como caballos y bueyes. Las armas de pólvora nos sacaron de la maraña de garras, colmillos y caparazones. Por fin, las máquinas podrían realizar trabajos sin importar las limitaciones biológicas, funcionar de forma incansable durante largos períodos, hacer tareas repetitivas y fabricar productos idénticos impecables.

La tecnología, creada por y para el ser humano, nos ha permitido viajar más rápido, más lejos y con poco esfuerzo, superando ahora incluso la velocidad del sonido. Somos animales terrestres que respiran aire, pero nuestra inteligencia nos permite explorar y vivir bajo el agua, bucear hasta el fondo de los océanos más profundos, perforar la corteza terrestre, decapitar montañas, desviar ríos y drenar lagos, destruir ecosistemas enteros y escapar de la gravedad para vivir en el espacio sin aire.

Al creer que nuestra gran inteligencia nos ha elevado por encima de la naturaleza y de las leyes naturales, pensamos que el único límite a nuestro potencial es la imaginación y la creatividad. Sin duda, somos una especie inteligente. Desde nuestros orígenes, nuestra inteligencia nos ha permitido sobrevivir y prosperar. Sin embargo, cuando nos revestimos del manto de la dominación, renunciamos a reconocer nuestra ignorancia y nuestra responsabilidad. La historia de la cultura contemporánea ilustra las desastrosas consecuencias que esto tiene.

Una y otra vez, en nuestra euforia por aprovechar un nuevo descubrimiento, como la liberación de enormes cantidades de energía mediante la fisión atómica o la inercia química de la gran molécula CFC, empleamos nuestro descubrimiento solo para darnos cuenta más tarde de sus consecuencias imprevisibles.

No hemos aprendido lo suficiente de las numerosas lecciones históricas sobre la enormidad de nuestra ignorancia. Hay propuestas en marcha para proseguir la innovación tecnológica a gran escala en biotecnología (diseño de formas de vida mediante la manipulación del ADN), nanotecnología (creación de moléculas que interactúan con procesos metabólicos), inteligencia artificial (máquinas que «piensan» a la velocidad de la luz en comparación con las neuronas humanas, que transmiten información en metros por segundo) y geoingeniería (lucha contra el cambio climático mediante la intervención deliberada en la biosfera y su manipulación).

El antropocentrismo está en el centro de la crisis ecológica mundial porque impregna los sistemas —jurídicos, económicos y políticos— que determinan y guían nuestra forma de vida. Los ordenamientos jurídicos definen los derechos individuales y la propiedad.

Al dar por sentado nuestro «derecho de propiedad» sobre todo el planeta, delimitamos y decidimos dentro de las fronteras que trazamos en torno a países, provincias, municipios y propiedades privadas. Las fronteras humanas son un concepto extraño. En 1986, unos científicos suecos detectaron un enorme pico de radioactividad atmosférica que, según todos los indicios, se originó en lo que entonces era la Unión Soviética. Más tarde se supo que procedía de una fusión en la central nuclear de Chernóbil. Las fronteras humanas no significan nada para la naturaleza, por lo que, al intentar decidir dentro de ellas, nunca podremos esperar «gestionar» los sistemas naturales, en los que todo está interconectado y es interdependiente.

Las leyes son para los humanos; sin embargo, se extienden a la forma en que explotamos a otras especies y elementos no biológicos. Pero ¿dónde está en nuestro ordenamiento jurídico el derecho de un pájaro cantor a llevar la vida para la que evolucionó? ¿Dónde está el derecho de un río a fluir como lo ha hecho durante milenios? ¿Qué pasa con el derecho de un bosque a existir y florecer como una comunidad diversa de organismos? En nuestro antropocentrismo, nos arrogamos el derecho de administrar y decidir la existencia del resto. Por eso, cuando los ecologistas intentan proteger los elementos ecológicos, lo hacen en el contexto de la forma en que esos elementos nos afectan. El juego legal está amañado a favor de los humanos.

La creatividad y la productividad humanas son la base de las economías. Como se supone que no hay límites para nuestra imaginación, los economistas creen que es posible un crecimiento sin fin, que es la definición misma de éxito y progreso. Tras la Gran Depresión de los años treinta, la Segunda Guerra Mundial supuso el estímulo necesario para la recuperación económica mundial. La transición de la economía de guerra a la de paz se basó en el consumismo. Cuando la desechabilidad sustituyó a la perdurabilidad de los bienes, desapareció el miedo de los mercados a quedarse sin clientes. El concepto de «obsolescencia programada» que se incorporó a productos como los automóviles se ha extendido a la ropa y los aparatos electrónicos. Incluso el gran triunfo que supuso el desarrollo eficaz de vacunas contra la COVID-19 condujo a la producción y suministro de innumerables jeringuillas que se utilizaban una vez y se desechaban.

Al enfrentarnos a la imposibilidad de un crecimiento económico sin fin, deberíamos redefinir el significado de prosperidad y riqueza. Todo lo que tenemos procede de la naturaleza. Tenemos que responder a las preguntas importantes: ¿Para qué sirve la economía? ¿No hay límites? ¿Cuánto es suficiente? ¿Estamos más felices con la avalancha de artículos de consumo que ahora nos abruma?

La democracia, en la que todos los votantes con derecho a voto contribuyen a configurar la política gubernamental, suele considerarse el mejor sistema de gobierno ideado. La continua revisión de la elegibilidad de los votantes para incluir a las mujeres, las personas de color y la población reclusa es testimonio de que no es perfecta ni infalible, pero puede evolucionar. Hace pensar en problemas intrínsecos a un sistema político que funciona con valores antropocéntricos. En democracia, elegimos a personas para que nos representen, pero no reflejan la diversidad de géneros, etnias, niveles de riqueza y sectores económicos. Tras triunfar en unas elecciones, la máxima prioridad de un político pasa a ser la reelección, lo que significa que las decisiones y medidas políticas deben estar justificadas en el intervalo entre la celebración de elecciones. Cuestiones como el cambio climático y la pérdida de biodiversidad, que se llevan gestándose y durarán décadas o siglos, no se resolverán en ciclos electorales. Salvo raras excepciones, los principios se subordinan al servicio de la «política de partido». Otro gran problema de la política antropocéntrica es que los más afectados por las decisiones que adoptan o dejan de adoptar los gobiernos —los niños y las generaciones futuras— no votan. Además, la atmósfera, los océanos, los bosques, el suelo, el agua y las montañas no tienen representación excepto en la medida en que tienen relación con la humanidad. Como consecuencia, los ministros encargados de bosques, medio ambiente, y pesca y océanos no actúan en interés de los bosques, el medio ambiente o la pesca y los océanos, porque solo votan las personas.

Ha llegado el momento de reformular estos sistemas jurídicos, económicos y políticos que guían el comportamiento y la actividad humanos para fundamentarlos en una perspectiva ecocéntrica.

Los interminables conflictos que paralizan la adopción de medidas críticas son los que hacen que *El equilibrio sagrado* sea tan pertinente y necesario hoy en día. En este libro, tratamos de imaginar un futuro en el contexto de nuestra relación con el planeta, respetando e incorporando la sabiduría y los conocimientos transmitidos por generaciones de pueblos indígenas de todo el mundo.

Es urgente que cambiemos del antropocentrismo al ecocentrismo. La ciencia está de nuestra parte, las consecuencias de la actividad humana son claras y las amenazas a nuestra supervivencia son una cruda realidad. No reconocer nuestro continuo enraizamiento en la naturaleza y nuestra total dependencia de sus servicios para nuestra salud y supervivencia nos ha conducido a repetidos caminos de destrucción. Somos criaturas biológicas, tan dependientes del aire limpio, el agua, el suelo, los alimentos y la luz solar (por medio de la fotosíntesis) como cualquier otro animal.

Muchos pueblos indígenas se refieren a las plantas y animales como sus «parientes» o «familiares». Expresan respeto y, cuando quitan la vida a un animal para comérselo, pueden disculparse por un acto necesario y dar las gracias a su pariente por el sacrificio. Esta creencia conlleva un mayor cuidado y respeto que si un objeto es simplemente un «recurso» u «oportunidad». La capacidad de secuenciar el ADN de genomas completos de organismos corrobora de forma sorprendente las creencias de los pueblos indígenas. *Estamos* conectados con toda la vida. El grado de conexión con un águila, un oso, un salmón o un cedro es proporcional al tiempo transcurrido desde que compartimos un antepasado común. Las bacterias tardaron la mayor parte de los 3900 millones de años posteriores a la aparición de la vida en desarrollar todas las reglas y principios básicos de su metabolismo, división celular y reproducción. La pluricelularidad y todas las formas de vida fueron meras elaboraciones recientes de esas unidades microbianas básicas que fueron los ancestros de todos nosotros.

No hay separación entre nosotros y los elementos no biológicos de la biosfera. Nuestra piel no nos aísla. El aire está en nosotros y circula por nuestro cuerpo para mantener encendida nuestra fuerza vital. Cuando el aire sale por nuestras fosas nasales, va a parar al cuerpo de las plantas y los animales que nos rodean. El agua infla cada célula de nuestro organismo, mientras que los átomos y moléculas procedentes de los cadáveres de plantas y animales que consumimos forman las estructuras y la arquitectura de nuestro organismo. Cada movimiento que hacemos es fruto de una combustión metabólica que libera la energía de la luz solar para impulsar nuestra actividad. Somos la Tierra, creada y vivificada por sus elementos sagrados: tierra, aire, fuego y agua. Como animales sociales, es el amor lo que nos hace plenamente humanos, y sabemos quiénes somos gracias al espíritu y la ceremonia.

Debemos encontrar una resiliencia y un equilibrio sagrados en un mundo en constante cambio.

*David Suzuki*

# Prólogo

Supongamos que hace 200 000 años, biólogos de otra galaxia que buscaban formas de vida en otras partes del universo descubrieron la Tierra y aparcaron su nave espacial sobre el Valle del Rift, en África. En el momento del nacimiento de nuestra especie, mamuts, felinos dientes de sable, enormes moas y perezosos gigantes aún vagaban por el planeta. Aquellos visitantes intergalácticos habrían contemplado vastas praderas repletas de plantas y animales maravillosos, incluida una especie recién evolucionada, el *Homo sapiens.*

Es muy improbable que aquellos científicos alienígenas hubieran centrado su atención en esta especie de simio erguido que daba sus primeros pasos por el planeta porque ya preveían su meteórico ascenso a la posición preeminente que tendría apenas doscientos milenios después. Al fin y al cabo, aquellos primeros humanos vivían en pequeños grupos familiares que no rivalizaban con las inmensas manadas de ñus y antílopes. En comparación con muchas otras especies, no eran especialmente grandes, rápidos o fuertes, ni estaban dotados de una agudeza sensorial especial. Aquellos primeros humanos poseían un rasgo de supervivencia que era invisible porque estaba encerrado en sus cráneos y solo quedaba al descubierto mediante su comportamiento. Sus inmensos y complejos cerebros les conferían una extraordinaria inteligencia, junto con una vasta capacidad de memoria, una curiosidad insaciable y una creatividad asombrosa, capacidades que compensaban con creces sus deficiencias físicas y sensoriales.

Ese cerebro humano recién evolucionado inventó un concepto novedoso llamado «futuro». En realidad, lo único que existe es el presente y nuestros recuerdos de lo pasado, pero al crear el concepto de futuro, fuimos los únicos en reconocer que podíamos influir en los acontecimientos venideros con lo que hacemos en el presente. Pensando en el futuro, podíamos anticipar posibles peligros y oportunidades. La previsión fue la gran ventaja que catapultó al *Homo sapiens* a una posición de dominación en el planeta.

Según el eminente premio Novel François Jacob, ya fallecido, el cerebro humano está «programado» para requerir orden. El caos nos aterroriza, porque sin cierta apreciación de una relación causa-efecto, no tenemos ninguna posibilidad de comprender y controlar las fuerzas cósmicas que afectan a nuestras vidas. Los primeros humanos reconocieron que en la naturaleza existen patrones predecibles: el ritmo diurno o el movimiento del sol, el movimiento de la luna y las estrellas, las mareas, las estaciones, la migración de los animales y la sucesión ecológica. Supieron aprovechar estas regularidades en beneficio propio y para evitar posibles peligros.

Con el tiempo, todas las sociedades humanas desarrollaron una cultura que les inculcó la comprensión de su lugar en la Tierra y en el cosmos. Los conocimientos, creencias, lenguas y cantos colectivos de cada sociedad conforman lo que los antropólogos denominan cosmovisión. En toda cosmovisión, se entiende que cada cosa está conectada con todo lo demás, que nada existe de forma aislada. La gente siempre ha sabido que estamos profundamente enraizados en el mundo natural y que dependemos de él.

En un mundo tan interconectado, cada acción tiene consecuencias y, puesto que formábamos parte de ese mundo, teníamos la responsabilidad de actuar correctamente para mantenerlo en orden. Muchos de nuestros rituales, cantos, oraciones y ceremonias eran reafirmaciones de nuestra dependencia de la naturaleza y de nuestro compromiso de comportarnos correctamente. Así ha sido durante la mayor parte de la existencia humana en todo el mundo.

## De simio desnudo a superespecie

Sin embargo, de repente, en el último siglo, el *Homo sapiens* ha sufrido una transformación radical, convirtiéndose en un nuevo tipo de fuerza que yo llamo una «superespecie». Por primera vez en los 3800 millones de años de existencia de vida en la Tierra, una especie —la humana— está alterando las características biológicas, físicas y químicas del planeta a escala geológica. Esa transformación a una superespecie se ha producido con una velocidad explosiva debido a una serie de factores. Uno es la población. Se necesitó toda la existencia humana para alcanzar los 1000 millones de personas a principios del siglo XIX. Cien años después, cuando yo nací, en 1936, había 2000 millones de personas sobre la Tierra. Durante mi vida, la población mundial casi se ha cuadruplicado.

Como consecuencia, debido solo a nuestro número, la «huella ecológica» de nuestra especie en el planeta ha crecido de forma inaudita: todos tenemos que comer, respirar y beber, y vestirnos y protegernos.

En la actualidad, somos la especie de mamíferos más numerosa del planeta, pero a diferencia de todas las demás, nuestro impacto ecológico se ha visto enormemente amplificado por la tecnología. Prácticamente toda la tecnología moderna se ha desarrollado en el último siglo, de modo que ha aumentado tanto la escala como el alcance de nuestra capacidad para explotar nuestro entorno. La explotación de los recursos se ve impulsada por la creciente demanda de productos por parte de los consumidores, y la satisfacción de esa demanda se ha convertido en un componente esencial del crecimiento económico. El hiperconsumo en el mundo desarrollado sirve de modelo para los habitantes de los países en desarrollo ahora que la globalización ha convertido a toda la población mundial en un mercado potencial. En conjunto, el número de seres humanos, la tecnología, el consumo y una economía globalizada nos han convertido en un nuevo tipo de fuerza en el planeta.

A lo largo de nuestro pasado evolutivo, fuimos un animal local y tribal. Podemos habernos encontrado con un centenar de humanos en un radio de unos cientos de kilómetros a lo largo de nuestra vida. No teníamos que preocuparnos por las tribus del otro lado de una montaña o del otro lado de un océano; tampoco teníamos que considerar el impacto colectivo de toda nuestra especie, porque nuestra huella ecológica era mucho menor y la naturaleza parecía inmensa y con una capacidad infinita de autorrenovación. Nuestra nueva condición de superespecie se ha alcanzado con tal rapidez que solo ahora estamos tomando conciencia de un nuevo nivel de responsabilidad colectiva, que refleja una incipiente comprensión de que, en conjunto, la actividad humana es la principal causa del actual declive de la rica diversidad y productividad de la biosfera que sustenta toda la vida en la Tierra.

## Un mundo destrozado

A medida que hemos cambiado nuestra condición para convertirnos en una superespecie, nuestra antigua comprensión de la exquisita interconectividad de toda vida se ha hecho añicos. Cada vez nos cuesta más reconocer los vínculos que antaño nos daban un sentido de pertenencia a un lugar. Al fin y al cabo, nos inundan con alimentos y productos procedentes de todas las partes del mundo, por lo que apenas nos damos cuenta de que estamos en pleno invierno cuando compramos fresas y cerezas frescas. La economía global deja de lado las limitaciones locales y estacionales. La fragmentación del mundo se ha visto agravada por el asombroso cambio que ha supuesto la concentración en grandes ciudades, que ha puesto fin al predominio de las comunidades rurales. En las grandes ciudades, es fácil suponer que nos diferenciamos de todas las demás especies en que creamos nuestro propio hábitat y escapamos así a las limitaciones de la naturaleza. Es la naturaleza la que limpia el agua, crea el aire, descompone las aguas residuales, absorbe la basura, genera electricidad y produce alimentos, pero en las ciudades se supone que estos «servicios ecosistémicos» forman parte del funcionamiento de la economía.

Para empeorar la situación, cuando recurrimos a fuentes de información cada vez más esotéricas, se pierde el contexto, la historia y los antecedentes necesarios para situar los nuevos «hechos» o acontecimientos en su lugar, y nuestro mundo se rompe en pedazos inconexos. Aunque esperamos que la ciencia nos revele los secretos del cosmos, su principal metodología —el reduccionismo— se centra en partes de la naturaleza. Cuando el mundo que nos rodea se examina por partes, se pierden los ritmos, patrones y ciclos en los que se integran esas partes, y cualquier percepción que obtengamos es una mera quimera de comprensión y dominio. Por último, a medida que las corporaciones transnacionales, la política y las telecomunicaciones se trasladan al escenario mundial, el sentido de lo local queda diezmado.

Así pues, aquí es donde nos encontramos al comienzo del tercer milenio. Con una velocidad explosiva, nos hemos metamorfoseado de una especie como la mayoría de las otras que vive en equilibrio con su entorno a una fuerza sin precedentes. Como cualquier especie que se introduce en un nuevo entorno sin ningún tipo de limitaciones, nos hemos expandido más allá de la capacidad que tiene nuestro entorno para sustentarnos. De la historia de los dos últimos siglos se desprende claramente que el camino que emprendimos tras la Revolución Industrial nos lleva cada vez más a entrar en conflicto con los sistemas de sustento de la vida del mundo natural. A pesar de decenios de experiencia en el movimiento ecologista, aún no hemos cambiado de rumbo.

## El crecimiento del ecologismo

Como millones de personas en todo el mundo, en 1962 me sentí impulsado por el elocuente llamamiento a la acción de Rachel Carson en su libro *Silent Spring*. Nos vimos arrastrados por lo que se convertiría en el «movimiento ecologista». En la Columbia Británica, eso significaba protestar contra amenazas como las pruebas estadounidenses de armas nucleares en Amchitka, en las islas Aleutianas (una protesta que dio origen a Greenpeace en Vancouver), la tala rasa de árboles en toda la provincia, las perforaciones petrolíferas propuestas en alta mar, la presa prevista en Site C, en el río Peace, y la contaminación del aire y el agua por las fábricas de celulosa. En mi opinión, el problema era que extraíamos demasiado del entorno y le devolvíamos demasiados residuos. Desde esa perspectiva, la solución era establecer límites sobre cuánto y qué se podía extraer de la biosfera para uso humano y cuánto y qué se podía devolver a nuestro entorno, asegurándonos después de hacer cumplir la normativa. Por eso, además de protestar, manifestarnos y bloquear, muchos de nosotros presionábamos a los políticos para que reservaran más parques, promulgaran leyes sobre agua y aire limpios, aprobaran leyes sobre especies amenazadas y crearan organismos encargados de velar por el cumplimiento de la normativa. Cuando se publicó *Silent Spring* en 1962, ningún gobierno de la Tierra tenía un ministerio o departamento de medio ambiente.

Sin embargo, el propio libro de Carson ofrecía pruebas de la necesidad de un análisis más profundo. Al leer el libro, me sorprendió darme cuenta de que los sistemas experimentales que los científicos estudian en matraces y cámaras de cultivo son artefactos, simplificaciones con las que se pretende imitar la realidad, pero que carecen del contexto en el que esos sistemas simplificados existen y están desprovistos de los ritmos, patrones y ciclos que inciden en la Tierra. Esta constatación me sorprendió mucho y me impulsó a mirar más allá del laboratorio, al mundo real.

Cuanto más me implicaba en las cuestiones medioambientales, más claro tenía que mi planteamiento tan simplista no funcionaría, porque éramos demasiado ignorantes para prever las consecuencias de nuestra actividad y establecer los límites adecuados. El libro de Carson hablaba del DDT. En la década de 1930, cuando Paul Mueller, que trabajaba para la empresa química Geigy en Suiza, descubrió que el DDT mataba insectos, los beneficios económicos de un pesticida químico fueron evidentes de forma inmediata. Pregonando la inminente conquista científica sobre las plagas de insectos y las enfermedades y daños asociados a los cultivos, Geigy patentó el descubrimiento y pasó a ganar millones, y Mueller recibió el premio Nobel en 1948. Sin embargo, años más tarde, cuando los observadores de aves se dieron cuenta del declive de águilas y halcones, los biólogos investigaron y descubrieron el fenómeno hasta entonces desconocido de la «biomagnificación», por el que los compuestos se acumulan a medida que se ingieren en niveles sucesivos de la cadena trófica. ¿Cómo pudieron establecerse límites para el DDT a principios de la década de 1940, cuando ni siquiera conocíamos la biomagnificación como proceso biológico hasta que empezaron a desaparecer las aves?

Del mismo modo, los CFC fueron aclamados como una maravillosa creación de la química. Estas moléculas complejas eran químicamente inertes, por lo que no reaccionaban con otros compuestos y, como consecuencia, constituían excelentes rellenos en aerosoles que podían combinarse con sustancias como los desodorantes. Nadie previó que, debido a su estabilidad, los CFC perdurarían en el medio ambiente y llegarían a la alta atmósfera, donde la radiación ultravioleta rompería los radicales libres de cloro que provocan la destrucción del ozono. La mayoría de la gente nunca había oído hablar de la capa de ozono y, desde luego, nadie podía prever los efectos a largo plazo de los CFC, así que ¿cómo se podrían haber regulado estos compuestos? No me cabe la menor duda de que los organismos modificados genéticamente (OMG) también tendrán consecuencias negativas inesperadas, a pesar de las ventajas que aducen las empresas biotecnológicas. Pero si no sabemos lo suficiente para prever las consecuencias a largo plazo de la innovación tecnológica humana, ¿cómo gestionar su impacto? Para mí, como científico, esto planteaba un terrible enigma.

## Una salida

A finales de los años setenta tomé conciencia de algo que me liberó de este dilema. Cuando era presentador de la serie de televisión *The Nature of Things,* que estuvo muchos años en antena, me enteré de la batalla por la tala rasa en Haida Gwaii,[2] frente a la costa de la Columbia Británica. Durante miles de años, las islas han sido el hogar del pueblo haida. Las empresas forestales llevaban años despojando de sus árboles gran parte

[2] Corresponde a las islas de la Reina Carlota o archipiélago de la Reina Carlota. Es de uso moderno y fue creado como una alternativa a la denominación colonial «Queen Charlotte Islands».

de las islas mediante el método de tala rasa, lo que había generado una creciente oposición. Era una buena historia y me propuse informar sobre ella. A principios de la década de 1980, volé a Haida Gwaii para entrevistar a madereros, funcionarios forestales, burócratas gubernamentales, ecologistas e indígenas. Una de las personas a las que entrevisté era un joven artista del pueblo haida llamado Guujaaw, que había liderado la oposición a la tala durante años.

El desempleo era muy alto en las comunidades del pueblo haida, y la tala generaba puestos de trabajo que los haida necesitaban desesperadamente. Así que le pregunté a Guujaaw por qué se oponía a la tala. Respondió: «Nuestro pueblo ha decidido que la bahía Windy y otras zonas deben dejarse en su estado natural para que podamos conservar nuestra identidad y transmitirla a las siguientes generaciones. Los bosques, esos océanos, son lo que nos mantiene hoy como pueblo haida». Cuando le pregunté qué pasaría si continuaba la tala y se quitaban los árboles, respondió simplemente: «Si se talan, probablemente acabaremos igual que todos los demás, supongo».

Era una simple afirmación cuyas implicaciones se me escaparon en aquel momento. Sin embargo, al pensarlo mejor, me di cuenta de que me había permitido vislumbrar una forma profundamente distinta de ver el mundo. La declaración de Guujaaw sugería que, para su pueblo, los árboles, las aves, los peces, el agua y el viento forman parte de la identidad de los haida. La historia y la cultura de los haida y el significado mismo de por qué los haida están en el planeta se encuentran en la tierra.

Desde aquella entrevista, he sido un estudiante que aprende de sus encuentros con los pueblos indígenas de muchas partes del mundo. Desde Japón hasta Australia, Papúa Nueva Guinea, Borneo, el Kalahari, el Amazonas y el Ártico, los indígenas me han expresado su necesidad vital de estar conectados con la tierra. Se refieren a la Tierra como su madre, que, según dicen, nos da a luz. Además, la piel envuelve nuestro cuerpo, pero no define nuestros límites, porque el agua, los gases y el calor que se disipan de nuestro cuerpo irradian hacia el exterior, uniéndonos al mundo que nos rodea. Lo que he aprendido es la perspectiva de que somos una parte inseparable de una comunidad de organismos que son nuestros parientes.

En 2001, el presidente estadounidense Bill Clinton se unió a los científicos para anunciar la finalización del Proyecto Genoma Humano, que dilucidó la secuencia completa de 3000 millones de letras en un solo núcleo humano. Mientras políticos y científicos especulaban sobre los posibles beneficios de comprender las enfermedades, de nuevos fármacos y curas para muchas dolencias, la revelación más sorprendente fue prácticamente ignorada. El genoma humano no solo es casi idéntico al de nuestros parientes más cercanos, los grandes simios, así como al de nuestros perros y gatos domésticos, sino que además portamos miles de genes idénticos a los de peces, aves, insectos y plantas, una revelación de que compartimos genes con todas las demás formas de vida con las que estamos emparentados por nuestra historia evolutiva común.

## Cambiar de perspectiva

En 1990, mi mujer, Tara Cullis, y yo fundamos una organización que examinaría las causas primordiales de la destrucción ecológica para poder buscar alternativas a nuestras prácticas actuales. Decidimos redactar un documento que expresara la cosmovisión y la perspectiva de la fundación y que pudiera ofrecerse a la Cumbre de la Tierra de Río de Janeiro en 1992. La llamamos Declaración de Interdependencia. Tara y yo formulamos un borrador y pedimos aportaciones a Guujaaw, al etnobiólogo Wade Davis y al cantante para niños Raffi. Cuando estaba trabajando en el primer borrador, intenté escribir: «Estamos compuestos por moléculas de aire, agua y tierra», pero sonaba a tratado científico y no conseguía transmitir la simple verdad de nuestra relación con la Tierra de una forma impactante y emocional. Después de pasarme días meditando lo que había escrito, de repente pensé: «*Somos* el aire, *somos* el agua, *somos* la tierra, *somos* el sol».

Al darme cuenta de ello, vi también que los ecologistas como yo habíamos planteado el problema de forma incorrecta. No hay ningún medio ambiente «ahí fuera» que esté separado de nosotros. No podemos gestionar nuestro impacto sobre el medio ambiente si nosotros *somos* nuestro entorno. Los pueblos indígenas tienen toda la razón: nacemos de la Tierra y estamos formados a partir de los cuatro elementos sagrados: tierra, aire, fuego y agua. (Los hindúes enumeran estos cuatro elementos y añaden un quinto, el espacio).

Cuando por fin comprendí la verdad de estos saberes ancestrales, también me di cuenta de que estamos íntimamente fusionados con nuestro entorno y de que la noción de separación o aislamiento es una ilusión. Gracias a la lectura llegué a comprender que la ciencia reafirma la profundidad de estas antiguas verdades una y otra vez. Considerados seres biológicos, a pesar de nuestro barniz de civilización, no estamos más alejados de la naturaleza que cualquier otra criatura, incluso en medio de una gran ciudad. Nuestra naturaleza animal dicta nuestras necesidades esenciales: aire limpio, agua limpia, suelo limpio, energía limpia. Esto me llevó a otra idea: que estos cuatro «elementos sagrados» son creados, limpiados y renovados por la propia red de la vida. Si debe haber un quinto elemento sagrado, es la propia biodiversidad. Lo que hagamos a estos elementos, nos lo hacemos directamente a nosotros mismos.

Al seguir leyendo, descubrí al famoso psicólogo Abraham Maslow, que señalaba que tenemos una serie anidada de necesidades fundamentales. En el nivel más básico, necesitamos los cinco elementos sagrados para tener una vida rica y plena. Cuando esas necesidades básicas están cubiertas, surge un nuevo conjunto de necesidades. Somos animales sociales, y la fuerza más profunda que moldea nuestra humanidad es el amor. Cuando esa necesidad social vital está satisfecha, surge un nuevo nivel de necesidades espirituales como prioridad urgente. Así es como hice el nuevo análisis fundamental de nuestra relación con la Tierra que me llevó a *El equilibrio sagrado.*

El desafío de este milenio es reconocer lo que necesitamos para tener una vida rica y gratificante sin socavar los mismos elementos que la garantizan.

# 1

## *Homo sapiens*: nacido de la Tierra

*Tenemos que desenterrar las viejas historias que viven en un lugar y empezar a crear otras nuevas, porque somos creadores de historias, no solo narradores. Todas las historias están conectadas, las nuevas se tejen con los hilos de las antiguas.*

—ROBIN WALL KIMMERER, *Braiding Sweetgrass*

Como cualquier otra especie, los seres humanos hemos sobrevivido porque poseemos ciertos rasgos que nos han ayudado a asegurarnos un lugar en la Tierra. No nos distingue un arsenal de armas como púas, colmillos o garras, ni poseemos una velocidad, fuerza o agilidad excepcionales. Nuestra agudeza sensorial no puede competir con la de otros animales; no podemos oír tan bien como un murciélago, oler tan bien como un perro ni ver tan bien como un águila. Sin embargo, no solo hemos sobrevivido, sino que hemos florecido en un tiempo extraordinariamente breve en la escala evolutiva. La clave de nuestro éxito es que poseemos la estructura más compleja de la Tierra: el cerebro humano.

El cerebro, que pesa apenas 1,5 kilos y ocupa el espacio de dos puños, está formado por 100 000 millones de neuronas. Cada neurona puede formar hasta diez mil conexiones con otras células, creando así la posibilidad de más combinaciones que estrellas hay en el cielo.

## La necesidad de orden del cerebro

Algunos científicos comparan el cerebro con una estación repetidora que se limita a coordinar las señales entrantes y las respuestas salientes, mientras que otros lo ven como un inmenso ordenador que procesa la información y luego llega a una respuesta adecuada. François Jacob, biólogo molecular francés ya fallecido y premio Nobel, sugirió que la mente humana es mucho más que eso: lleva incorporada la necesidad de *crear orden* a partir del flujo constante de información procedente de sus órganos sensoriales. En otras palabras, el cerebro crea una narración, con una introducción, un nudo y un desenlace, una secuencia temporal que da sentido a los acontecimientos. El cerebro selecciona y descarta la información que se utilizará en la narración, construyendo conexiones y relaciones que crean una red de significado. De este modo, una narración revela algo más que *lo que* ocurrió; explica *por qué.* Cuando la mente selecciona y ordena la información entrante para darle sentido, se está contando a sí misma una historia.

Sin embargo, nuestra historia no está escrita al nacer; fluye a lo largo de nuestra vida. Nuestra historia se edita y moldea continuamente porque nuestro cerebro cambia *físicamente* a medida que experimentamos nuestro mundo. El premio Nobel Eric Kandel demostró que, cuando los animales aprenden, la estructura real de las neuronas y sinapsis —los puntos de transmisión que envían información de una neurona a otra— cambia. Al nacer, por ejemplo, un niño tiene unas dos mil quinientas sinapsis por neurona en la corteza cerebral. A medida que crece, se ve inundado por nuevas experiencias, y su cerebro cambia rápidamente. En tan solo unos años, hay unas quince mil sinapsis por neurona. A medida que envejecemos, estas sinapsis se «podan»: se eliminan las conexiones débiles y se conservan las fuertes. Por lo tanto, todas las conexiones de nuestro cerebro son significativas, forman parte de nuestra historia y nuestra experiencia, cada una con su propio propósito.

Esta plasticidad permanente del cerebro es un descubrimiento relativamente nuevo. Se creía que, salvo por un período de cambios rápidos en la primera infancia, nuestro cerebro se iba fijando cada vez más con la edad, pero ahora está claro que el destino del cerebro adulto no está predestinado únicamente por la herencia. Con la nueva tecnología de obtención de imágenes del cerebro, podemos ver cómo funciona este en tiempo real. En pulsos de color, podemos ver las partes del cerebro que se iluminan cuando nos concentramos, creamos, soñamos y experimentamos sensaciones y emociones. Las conexiones entre neuronas se refuerzan y afinan con la experiencia. Nuestros cerebros son capaces de cambiar a lo largo de nuestra vida; gracias a nuestras experiencias, esencialmente reconfiguramos nuestro cerebro. El olor de una caja nueva de ceras, el frío aplastamiento del barro entre los dedos de nuestros pies, la oleada de adrenalina y la aceleración del corazón cuando nos enfrentamos al miedo... por medio de nuestras experiencias elaboramos nuevas metáforas y símiles, hilos narrativos y argumentos.

## Tejer una cosmovisión

Los primeros humanos identificaron secuencias y repeticiones en el mundo que les rodeaba: la alternancia del día y la noche, el ir y venir de las estaciones, el ciclo de las mareas, el movimiento de las estrellas por el cielo siguiendo trayectorias predecibles. Las personas aprendieron a utilizar patrones como las migraciones de los animales y la sucesión estacional de las plantas; podían «leer» el paisaje que les rodeaba para encontrar las cosas que necesitaban. Investigaron el mundo en el que vivían y reflexionaron sobre él con toda la capacidad de ordenación que lleva incorporada ese órgano extraordinario que es el cerebro.

> *Si nos tomáramos en serio el hecho de que el mundo habla —¡el mundo* habla*!— no habría nada de lo que se suele decir sobre una ciencia mecanicista y determinista, sobre un universo frío y sin alma, o sobre un conflicto inevitable entre la ciencia y el espíritu.*
>
> *Frente a las múltiples voces de la naturaleza, nos preguntaríamos por sus cualidades individuales y su carácter, buscaríamos la dirección de su esfuerzo expresivo y nos esforzaríamos por captar la unidad estética de sus diversos enunciados; es decir, escucharíamos sus significados... El problema, sin embargo, es que a menudo no prestamos atención; nunca aprendemos el lenguaje del mundo que habitamos. Intentamos dominar la naturaleza mientras nos volvemos cada vez más sordos a su compleja sinfonía.*
>
> —STEPHEN TALBOTT investigador principal del Instituto Nature, en *The Language of Nature*

El conocimiento de cada grupo de seres humanos, adquirido y acumulado a lo largo de generaciones de observación, experiencia y conjeturas, era un legado de valor incalculable para la supervivencia. En todo el mundo, los pequeños grupos familiares de cazadores-recolectores nómadas dependían de habilidades y conocimientos profundamente locales, arraigados en la flora, la fauna, el clima y la geología de una región. Esta información se entretejió en lo que los antropólogos llaman una cosmovisión, una historia cuyo tema para cada grupo es el mundo y todo lo que hay en él, un mundo en el que los seres humanos están profunda e inextricablemente inmersos. Cada cosmovisión estaba ligada a un lugar único y poblada de espíritus y dioses. En el centro de la historia estaban las personas que la habían moldeado para dar sentido a su mundo. Su relato daba respuestas a esas viejas preguntas: ¿quiénes somos?, ¿cómo hemos llegado aquí?, ¿qué significa todo esto?

Todas las cosmovisiones describen un universo en el que todo está conectado con todo lo demás. Las estrellas, las nubes, los bosques, los océanos y los seres humanos son componentes interconectados de un único sistema en el que nada puede existir de forma aislada.

> *Las estrellas, la Tierra, las piedras, la vida de todo tipo, forman un todo relacionado y tan estrecha es esta relación que no podemos entender una piedra sin cierta comprensión del gran sol. Toquemos lo que toquemos, un átomo o una célula, no podemos explicarlo sin el conocimiento del universo. Las leyes que rigen el universo pueden hacerse interesantes y maravillosas para los niños, más interesantes que las cosas en sí mismas, y empiezan a preguntar:*

*¿Qué soy yo?*

*¿Cuál es la tarea de la humanidad en este maravilloso universo?*

—MARIA MONTESSORI, *To Educate the Human Potential*

En un universo tan interdependiente, los seres humanos tienen una enorme responsabilidad; cada individuo debe rendir cuentas, y cada acción tiene repercusiones que resuenan mucho más allá del momento. Pasado, presente y futuro forman un continuo en el que cada generación hereda un mundo moldeado por las acciones de sus antepasados y lo custodia para todas las generaciones venideras. Muchas cosmovisiones confieren a los seres humanos una tarea aún más impresionante: son los cuidadores de todo el sistema, responsables de mantener las estrellas en su curso y el mundo vivo intacto. De este modo, muchos de los primeros pobladores que crearon cosmovisiones construyeron un modo de vida que era verdaderamente sostenible, satisfactorio y justo desde el punto de vista ecológico.

## La revolución copernicana

Durante miles y miles de años, los pueblos veían el mundo como un todo y ocupaba un lugar central en su cosmovisión. En 1543, el astrónomo Nicolás Copérnico presentó una nueva visión del cosmos y del lugar de la humanidad en él en su monumental libro *Sobre las revoluciones (de los orbes celestes).* Su historia colocaba al sol en el centro, rodeado de planetas. En 1610, Galileo Galilei publicó *Sidereus Nuncius.* En *El mensajero de las estrellas* anunciaba los descubrimientos que había realizado gracias a su «tubo óptico» sobre la naturaleza de la luna, la composición de la Vía Láctea y las «nuevas estrellas» que giraban alrededor de Júpiter, pruebas que apoyaban la hipótesis copernicana. La Tierra quedó marginada, reducida a uno de tantos planetas en un universo repleto de otros soles. Esta cosmología revolucionaria demolió el orden intelectual y moral del mundo occidental. Como se lamentaba el poeta británico John Donne:

> *La nueva filosofía lo pone todo en duda,*
> *El elemento del fuego está completamente apagado;*
> *El Sol se perdió, y la Tierra, y ningún saber humano*
> *Puede orientarnos hacia donde buscarlo...*
> *Todo está en pedazos, toda cohesión ha desaparecido;*
> *Todo suministro justo, y toda relación.*

La visión medieval del universo como algo fijo y finito, con la humanidad en el centro como creación especial de Dios, fue sustituida por un universo infinito —una región sin límites llena de oscuridad y espacio— y los seres humanos fueron relegados a una posición muy inferior: el tercer planeta que orbita alrededor de una estrella muy ordinaria en un largo brazo espiral de la Vía Láctea, una galaxia sin nada de particular desde el punto de vista astronómico. Copérnico nos sacó del centro, y desde entonces intentamos volver a él, reclamando el poder no como parte de la red de la creación, ni siquiera como cuidadores, sino como amos de una máquina cósmica.

*Debemos convencer a cada generación de que son pasajeros transitorios en este planeta Tierra. No les pertenece. No son libres de condenar a las generaciones que aún no han nacido. No tienen libertad para borrar el pasado de la humanidad ni oscurecer su futuro.*

—BERNARD LOWN y EVGUENI CHAZOV
citado en P. Crean y P. Kome, eds., *Peace, a Dream Unfolding*

Dos siglos después de Copérnico, el gran físico Isaac Newton descubrió las leyes que rigen el movimiento de los cuerpos y el comportamiento de la luz, que parecían aplicarse en todo el universo. El cosmos, concluyó, es como un inmenso reloj, un mecanismo complejo cuyos componentes y principios básicos pueden revelarse y examinarse por medio de la ciencia. Según este punto de vista, la naturaleza es una máquina y no es más que la suma de sus partes; los científicos podrían añadir fragmentos de información como las piezas de un rompecabezas hasta obtener una imagen completa del conjunto. Así pues, para quienes aceptan las ideas de Newton, el mundo natural, como cualquier otra máquina, es conocible, ajustable, manejable. Además, sobre todo, pertenece a las personas que lo controlan.

La magnífica obra de Charles Darwin, *El origen de las especies,* fue el equivalente biológico de la revolución copernicana. Al sustituir el momento de la creación divina, cuando Dios hizo a Adán y Eva a su imagen y semejanza y les dio dominio sobre toda la Tierra, por una saga familiar que se extiende desde mucho milenios antes y que incluye simios y chimpancés, Darwin bajó a la especie humana de su pedestal.

### El sol es mi padre, la tierra es mi madre

Para los desana del noroeste amazónico, *page abe,* el Sol, era el creador del universo. La Luna era su hermana gemela. Una de sus historias sobre el origen describe al Sol hundiendo su largo cascabel en las profundidades de la Tierra hasta penetrar en el fértil paraíso del mundo inferior, llamado *ahpikondia,* el río de la Leche. Entonces, sosteniendo la vara en vertical para que no proyectara sombra, *page abe* liberó gotas de su semen sobrenatural, que cayeron en cascada, inseminando la Tierra y creando a los hombres. Al salir del útero cósmico trepando por el cascabel del Sol, emergieron a la superficie de la Tierra como hombres desana plenamente formados. Este acto de creación dio forma al mundo, ya que el poder de la luz amarilla del Sol le da vida y estabilidad...

Según los desana, esta estabilidad inherente del mundo natural tiene sus raíces en una vasta red de relaciones recíprocas que siempre han existido entre todos los elementos de la naturaleza. Existe una reciprocidad entre la Tierra, con sus montañas, bosques y ríos, y las primeras formas de vida —los animales, las plantas, el pueblo desana— que está en armonía con todo el resto del universo. Como cuenta la tradición de los desana, el Sol planeó bien su creación, y fue perfecta.

Las generaciones siguientes de biólogos evolucionistas negaron a la humanidad su última pretensión de prominencia al demostrar que la selección natural no conduce necesariamente a niveles crecientes de complejidad y mayor inteligencia. Como muy bien argumentó Stephen Jay Gould en *Wonderful Life,* el tipo de especie que evoluciona en cada momento depende de las circunstancias y no forma parte de una progresión que siga un principio subyacente. No existe una espléndida escalera evolutiva que conduzca constantemente hacia el *Homo sapiens.*

La célebre frase de Descartes *Cogito, ergo sum* («Pienso, luego existo») encierra la creencia de que la conciencia del ser, o consciencia, es el gran logro de la especie humana, una característica exclusiva del género humano que nos eleva por encima de todos los demás seres vivos. Incluso esa arrogancia se desmorona a medida que los neurobiólogos exploran la electroquímica, la fisiología y la anatomía de los sistemas neurológicos. Como señala Donald R. Griffin:

> *La consciencia humana y los sentimientos subjetivos son tan obviamente importantes y útiles para nosotros que parece improbable que sean exclusivos de una sola especie. Esta suposición de un monopolio humano sobre el pensamiento consciente se vuelve cada vez más difícil de defender a medida que sabemos más sobre el ingenio de los animales para hacer frente a los problemas en su vida normal.*

Los seres humanos, especialmente en las sociedades occidentales, han alimentado durante mucho tiempo un sentimiento de superioridad sobre los demás animales. Nos decían que habíamos sido creados a imagen de Dios. Se cree que somos las únicas criaturas que tienen consciencia de sí mismas (autoconsciencia), que fabrican herramientas, que razonan en abstracto, que sienten empatía por los demás. Sin embargo, una y otra vez, a medida que los científicos empiezan a observar e interpretar el comportamiento animal, los fundamentos de nuestra supuesta superioridad se han ido desmoronando.

*Una conversación sincera entre dos especies*

El hombre: *Soy el objeto predilecto de la Creación, el centro de todo lo que existe...*

La tenia: *Te estás encumbrando un poco. Si tú te consideras el señor de la Creación, ¿qué puedo ser yo, que me alimento de ti y soy soberano en tus entrañas?*

El hombre: *Careces de razón y de alma inmortal.*

La tenia: *Pero como es un hecho establecido que la concentración y la complejidad del sistema nervioso aparecen en la escala animal como una serie ininterrumpida de gradaciones, ¿dónde nos desconectaron? ¿Cuántas neuronas hay que poseer para tener alma y un poco de racionalidad?*

—SANTIAGO RAMÓN Y CAJAL, *Recuerdos de mi vida*

La evolución darwiniana nos ha convertido en hijos del azar, criaturas con suficiente consciencia de nosotros mismos y buen juicio para reconocernos como una especie de broma cósmica. De Copérnico a Darwin, pasando por las reflexiones de los eminentes científicos modernos, en el mundo occidental el *Homo sapiens* ha sufrido un implacable empequeñecimiento, hasta acabar siendo una especie más que evolucionó por casualidad en unos parajes paradisíacos en medio de ninguna parte.

## Cortar las conexiones

Mientras que las cosmovisiones tradicionales ven el universo como un todo, la ciencia genera información que, casi por definición, nunca puede estar completa. Los científicos se centran en *partes* de la naturaleza, intentando aislar cada fragmento y controlar los factores que inciden en él. Las observaciones y mediciones que realizan proporcionan una comprensión profunda de esa parte de la naturaleza. Sin embargo, lo que se adquiere en última instancia es un mosaico fracturado de trozos y piezas inconexos, cuyas partes nunca se sumarán para formar una narración coherente.

El mero hecho de centrarse en una parte de la naturaleza y aislarla elimina el contexto en el que ese fragmento tenía sentido o significado. Perdemos de vista los ritmos, patrones y ciclos dentro de los cuales existe esa pieza. De este modo, creamos un artefacto que nos proporciona muy poca información sobre las propiedades y los comportamientos de ese trozo de naturaleza en el mundo real.

Además, el método newtoniano de comprender un sistema completo sumando las propiedades de sus partes ha resultado estar equivocado desde su base. Con el tiempo ha quedado claro que, en todos los niveles, el esfuerzo por conocer el todo a partir de las partes está condenado al fracaso. En el nivel más elemental de la materia, los físicos que examinaban partes de átomos a principios del siglo XX crearon un modelo similar a un sistema solar, con protones y neutrones aislados en el centro, de forma análoga al sol, y electrones que orbitaban el núcleo como los planetas. La mecánica cuántica destruyó este reconfortante modelo sustituyéndolo por una imagen atómica cuyos componentes solo podían predecirse estadísticamente. Es decir, la posición de una partícula no podía definirse con certeza absoluta, sino solo mediante una probabilidad estadística. Si no hay certeza absoluta en el nivel más elemental, entonces la idea de que todo el universo se puede llegar a comprender y predecir a partir de sus componentes se vuelve absurda.

Peor aún, diferentes partes del mundo real interactúan sinérgicamente cuando se colocan juntas. Como señala el premio Nobel Roger Sperry, las nuevas propiedades que surgen de los complejos no pueden predecirse a partir de las propiedades conocidas de sus partes individuales. Estas «propiedades emergentes» sólo existen dentro del conjunto. Por lo tanto, nunca podremos saber cómo funcionan los sistemas en su totalidad con tan solo analizar cada uno de sus componentes de forma aislada. Por ejemplo, no es posible examinar una única neurona e imaginar la complejidad del cerebro humano, o estudiar una sola molécula de $H_2O$ e imaginar la humedad del agua. En una visión reduccionista, la relación causa-efecto es lineal: un cambio en un extremo provoca un cambio correspondiente en el otro. Sin embargo, la mayoría de los sistemas no son lineales, sino complejos y entrelazados, dinámicos, sinérgicos e interdependientes. Las variables se superponen y, fuera de un laboratorio, las repercusiones de todas las interacciones posibles parecen infinitas.

La ciencia de la complejidad estudia los sistemas —ya sean meteorológicos, biológicos, físicos, o incluso económicos o culturales— y la estructura inherente, y por lo general impredecible, que emerge de ellos. ¿Cómo dan lugar las partes a comportamientos colectivos? ¿Cómo interactúan los sistemas con su entorno? En algún momento, quizá con una densidad elevada, un sistema caótico de individuos experimenta una transición hacia el orden. Además, con este orden, el sistema complejo es tremendamente adaptativo, con una capacidad reforzada para responder a un mundo en constante cambio e impredecible.

Stuart Kauffman, pionero en el campo de la ciencia de la complejidad, sostiene que la autoorganización de los sistemas complejos es uno de los grandes principios de la naturaleza, junto a los factores darwinistas del azar y la selección. Como nos explica:

> *... la selección natural es importante, pero no ha sido el único factor que ha elaborado las bellas arquitecturas de la biosfera, desde la célula hasta los organismo y los ecosistemas. Otro factor —la autoorganización— es la raíz del orden. El orden del mundo biológico no es fruto de un mero juego, sino que surge de forma natural y espontánea debido a estos principios de autoorganización...*

En un momento dado, surge la autoorganización o surgen cualidades inesperadas: un conjunto de moléculas en una célula, un conjunto de sonidos en el habla, un conjunto de hormigas individuales en una colonia. En esencia, de partes sencillas surge un todo inesperado.

## Lo poco que sabemos

Podría argumentarse que, aunque la incertidumbre estadística y la sinergia impidan una exposición newtoniana del universo, los científicos pueden seguir buscando principios universales que se apliquen a los distintos niveles de la vida: subatómico, atómico, molecular, celular, etc. El problema es que, a pesar de los impresionantes avances científicos logrados en este siglo, lo que sabemos es absolutamente minúsculo comparado con todo lo que sigue sin conocerse o sin comprenderse.

La identificación de una especie solo indica que se ha localizado la posición taxonómica de un espécimen para poder darle un nombre. No significa que se sepa nada sobre su número, distribución, biología básica o interacción con otras especies, estudios que podrían llevar toda una vida humana completar para cada especie.

Estimar el número de especies sobre la Tierra es, en el mejor de los casos, un desafío que presenta un gran sesgo hacia la «megafauna carismática» (grandes criaturas, como tigres, osos o ballenas, que a la gente les resultan más atractivas), los ecosistemas templados y los organismos que tienen un interés directo (o al menos resultan intrigantes) para los humanos.

### La conexión trufa-eucalipto-canguro rata

El ecologista Ian Lowe, de la Universidad de Griffith en Australia, relata una historia que ilustra la exquisita e impredecible interconexión de los componentes de la vida. En un estudio sobre las trufas que crecen en el bosque seco de eucaliptos de Nueva Gales del Sur, se descubrió que las trufas prestan un servicio a los árboles cercanos. Como tanto las trufas como los árboles extraen agua y minerales del suelo, los árboles con trufas en sus raíces obtienen más agua y minerales y crecen mejor que los que no las tienen. Las trufas son el alimento favorito del canguro rata de patas largas, un marsupial ahora clasificado como raro, que excreta las esporas de las trufas y mejora de este modo la salud del bosque. El canguro rata, la trufa y el eucalipto —tres especies muy diferentes de mamíferos, hongos y plantas— están unidos en una singular red de interdependencia.

Según la *Evaluación de los ecosistemas del milenio*, el total de especies sobre la Tierra se sitúa entre cinco y treinta millones. De estas especies, menos de dos millones han sido descritas científicamente.

Solo un puñado de musgo del suelo del bosque, por ejemplo, puede albergar 150 000 protozoos, 132 000 tardígrados, 3000 colémbolos, 800 rotíferos, 400 ácaros, 200 larvas y 50 nematodos. En los ancianos bosques de la parte alta del valle de Carmanah, en la isla de Vancouver, el biólogo Neville Winchester recogió 1,4 millones de especímenes, entre los que había entre diez y quince mil especies de invertebrados (la mayoría insectos), aproximadamente un tercio de las especies conocidas en todo Canadá. De ellos, al menos quinientos eran nuevos para la ciencia.

Solo el número de nematodos podría inspirar pesadillas y películas de serie B. Estos nemátodos microscópicos —la mayoría de los cuales son parásitos, pero algunos son especies que viven en libertad en el suelo y el agua— son tan numerosos que se calcula que cuatro de cada cinco animales sobre la Tierra son nematodos. Consideremos la siguiente escena imaginada por el nematólogo Nathan Cobb:

> *Si se barriera de la faz de la Tierra toda la materia del universo excepto los nematodos, nuestro mundo seguiría siendo reconocible... encontraríamos sus montañas, colinas, valles, ríos, lagos y océanos representados por una película de nematodos. Podríamos descifrar la ubicación de las ciudades, ya que por cada aglomeración de seres humanos habría una aglomeración correspondiente de determinados nematodos.*

Al igual que el suelo bajo nuestros pies es poco conocido, también lo es la vida en el océano. El Censo de la vida marina, que se ha elaborado a lo largo de diez años, pretende cambiar esta situación. El censo, en el que participan 1700 expertos de 73 países, se creó para evaluar la diversidad de la vida marina en todo el mundo, así como el modo en que las especies interactúan entre sí y con sus ecosistemas. Completado en 2010, el censo contribuye a nuestra comprensión de la diversidad del océano, al tiempo que indica la magnitud de nuestra ignorancia. El primer censo del golfo de Maine, por ejemplo, arrojó un 50 % más de especies de las estimadas, y en un estudio del Atlántico Sur, casi el 30 % de las especies de las que se obtuvieron muestras eran nuevas para la ciencia. Una expedición de treinta días a la cuenca canadiense del océano Ártico permitió descubrir 12 nuevas especies.

Cifras como estas nos demuestran el poco poder que realmente tenemos. Estamos muy lejos de poder hacer siquiera una conjetura fundamentada sobre cómo gestionar los sistemas naturales, especialmente unos tan complejos como los bosques, los humedales, las praderas, los océanos o la atmósfera. El premio Nobel Richard Feynman dijo en una ocasión que intentar comprender la naturaleza por medio de la ciencia es como tratar de entender las reglas del ajedrez viendo cómo se juega, pero solo podemos ver dos casillas a la vez.

Del mismo modo, nuestro conocimiento de la estructura geológica y geofísica del planeta es minúsculo y fragmentario. A veces se critica a los científicos porque no se aclaran sobre el ritmo y la intensidad del calentamiento global que se está produciendo. Los meteorólogos tienen dificultades para pronosticar el tiempo que hará en un lugar al día siguiente, por lo que los problemas para pronosticar el clima a lo largo de decenios no deberían sorprender. Nuestra base de conocimientos es tan primitiva que un mero ajuste de los supuestos en los modelos informáticos del cambio climático puede alterar las predicciones de un aumento de 1,5 °C a 6,0 °C para finales de este siglo. Esto no es una acusación contra los científicos, sino que indica que existen lagunas en nuestros conocimientos lo suficientemente grandes como para que las previsiones sobre el futuro del planeta se queden en nada.

Otro problema del método newtoniano y de la ciencia en general es que los científicos buscan principios que sean universales y reproducibles en cualquier lugar y en cualquier momento, desvinculándolos así de la especificidad temporal y geográfica. Las proezas tecnológicas en biotecnología para manipular el ADN son de lo más impresionantes. En los laboratorios se han desarrollado plantas resistentes a las plagas o a los pesticidas químicos. Sin embargo, los laboratorios o cámaras de cultivo, donde se controlan rigurosamente variables como la temperatura, la humedad, la nutrición y otras especies, no imitan ni anticipan el tipo de condiciones que se dan en la India, África o lugares concretos de Estados Unidos. Al intentar observar fragmentos de la naturaleza de forma objetiva y sin interferencia de las emociones, los científicos extirpan la pasión y el amor que despertaron inicialmente su curiosidad, para descubrir a menudo que han objetivado tanto el centro de su atención que ya no les importa.

*Un día, un amigo preguntó a Albert Einstein: «¿Cree usted que absolutamente todo puede expresarse científicamente?» «Sí, sería posible», respondió, «pero no tendría sentido». Sería una descripción sin significado, como si describiéramos una sinfonía de Beethoven como una variación en la presión de las olas».*

—RONALD W. CLARK, *Einstein: The Life and Times*

El cientificismo, el aura de autoridad que portan los científicos, nos ha hecho creer que el conocimiento obtenido por los científicos es la máxima autoridad, que a medida que acumulemos información, nuestra capacidad para comprender, controlar y gestionar nuestro entorno aumentará en la misma medida. Sin embargo, el principio básico de la exploración científica contradice esta fe: el conocimiento procede de observaciones empíricas, a las que «dan sentido» las hipótesis, que a su vez pueden comprobarse experimentalmente. Toda información es susceptible de refutamiento. Como ha señalado Jonathan Marks:

> *... la inmensa mayoría de las ideas que han tenido la mayoría de los científicos han sido erróneas. Se han refutado; se han descartado. Además, en cualquier momento, la mayoría de las ideas propuestas por la mayoría de los científicos acabarán siendo refutadas y desechadas... En una palabra, la ciencia socava el cientificismo.*

Por desgracia, parece que estamos en un viaje que se hace más largo a cada paso que damos. El punto fuerte de la ciencia es la *descripción;* sabemos muy poco que los científicos hacen descubrimientos allá donde miran. Sin embargo, cada descubrimiento no hace más que revelar la magnitud de nuestra ignorancia; lejos de completar el cuadro, estos descubrimientos nos muestran lo mucho que todavía queda por aprender.

## Leer el libro de la vida

Con nuestros avances tecnológicos —tamices tan finos que pueden separar organismos de entre granos de arena, microscopios electrónicos que pueden obtener imágenes de secciones transversales de meros micrómetros de grosor y ordenadores que pueden procesar datos a velocidades insondables— el adagio de que cada vez sabemos menos sobre cada vez más cosas se vuelve más y más cierto. A medida que cada nuevo avance tecnológico revela detalles increíbles sobre las pequeñeces de nuestro mundo, surge una avalancha de nuevas preguntas. Por ejemplo, consideremos el Proyecto Genoma Humano (PGH), con el que se pretendía descifrar y secuenciar los 300 millones de letras del código genético del ADN humano.

En sus inicios en 1990, los investigadores pensaban que encontrarían unos cien mil genes humanos. Al final, identificaron entre veinte y veinticinco mil. Dado que el número de genes se consideraba un indicador de la complejidad genética, esta cifra relativamente baja sorprendió a muchos. A modo de comparación, el nematodo *C. elegans* tiene unos veinte mil genes y, lo que es más, alrededor del 40 % de los genes humanos son prácticamente idénticos en su estructura básica a los de esta «simple» criatura.

La reciente finalización del genoma del chimpancé demuestra que compartimos alrededor del 98 % de nuestras secuencias de ADN con nuestro pariente vivo más cercano. Pero ¿qué nos dicen realmente estas cifras?

Desde luego, definir el código, es decir, encontrar las letras de nuestro mapa genético, es solo el principio. Eric Lander, uno de los científico que dirigió el PGH, afirma que el logro de secuenciar el genoma humano es como tener las notas de la evolución sobre la vida de los últimos 3000 millones de años. El problema es que no podemos leer las notas. Como explica Lander, «es como si nos dieran las llaves de esta increíble biblioteca y no hiciéramos más que sacar de sus estantes todos estos grandes volúmenes... porque, por supuesto, somos niños de parvulario para leer todo esto».

Con la finalización del PGH, tenemos una lista de los genes que componen al ser humano (y a varios otros organismos), pero no tenemos ni idea de cómo ensamblar un organismo a partir de estas partes. La descodificación del genoma humano nos proporciona una pieza de un rompecabezas muy complejo mientras continuamos el viaje para descubrir qué significa ser humano.

...

La base total de conocimientos acumulada actualmente por los científicos sigue siendo tan limitada que rara vez puede ser *prescriptiva;* es casi imposible generar políticas o soluciones con base científica para gestionar nuestro entorno cuando sabemos tan poco. Es como si estuviéramos en una cueva sosteniendo una vela; la llama apenas penetra en la oscuridad, y no tenemos ni idea de dónde están las paredes de la cueva, y mucho menos de cuántas cuevas más hay más allá. De pie en la oscuridad, aislados del tiempo, del lugar y del resto del universo, nos esforzamos por comprender qué hacemos aquí solos.

> *Para llegar a ser humanos, hay que hacer sitio en uno mismo a las maravillas del universo.*
>
> —PROVERBIO INDÍGENA SUDAMERICANO

El método científico ha reducido el mundo a disciplinas, y dentro de cada disciplina el objeto de estudio se estrecha y fragmenta aún más. Esta metodología científica objetiva y precisa nos ha proporcionado conocimientos detallados sobre retazos de nuestro mundo, pero este sistema también tiene sus límites y consecuencias inimaginables. Cuando nuestro mundo se reduce a pequeñeces, es más fácil tratar todo como una mercancía. Cuando reducimos un organismo a una lista de genes, por ejemplo, desaparece el contexto y la completitud dentro y alrededor de ese organismo, y el siguiente paso podría ser (y ha sido) el traslado de un gen a un organismo totalmente ajeno. Los resultados de estos experimentos son muy imprevisibles porque se trata de organismos vivos, cada uno con su propio y complejo genoma.

El biólogo Brian Goodwin sugirió que la ciencia se beneficiaría del reconocimiento de una forma de conocer el mundo que incluya la intuición. Al intentar eliminar la subjetividad humana de la ciencia, hemos creado un constructo que no es realista; hemos intentado eliminar al científico y sus emociones e intuición de la ecuación.

El antídoto de Goodwin es un cambio hacia una ciencia más holística: estudiar el todo y su relación con sus componentes en lugar de reducir el mundo a pequeñas partes aparentemente inconexas. Nos lo explica de la siguiente forma:

> *[La forma intuitiva de conocer] no es algo vagamente subjetivo y artístico, es una forma definida de conocer el mundo. De hecho, es absolutamente esencial para la ciencia creativa. Todos los grandes científicos, como Einstein y Feynman entre otros, dirían que la intuición es la forma en que llegaron a sus conocimientos básicos, a sus nuevas formas de unir las partes*

*en un todo coherente. Los que son famosos pueden decir esto. El resto de nosotros tenemos que fingir que realmente estamos basando todo en hechos concretos, y procedemos a generalizar por inducción... no viendo un nuevo todo de forma intuitiva.*

Cuando la labor científica se separa de su contexto histórico y local, se convierte en una actividad realizada en el vacío, una historia que ha perdido su significado, su propósito y su capacidad de conmover e informar.

### El consumo para satisfacer nuestras necesidades

Perder nuestra posición en el universo, nuestro carácter especial, incluso nuestros dioses, nos ha dejado un gran dolor, una pérdida, una soledad, un terrible vacío. Una de las formas en que hemos intentado llenar el vacío es con un nuevo sacramento: el intercambio ritual de dinero por bienes en los templos del mercado. Como dice el físico y escritor Brian Swimme:

> *Los humanos se reúnen y aprenden el significado del universo, nuestra cosmología. Ahora, nos reunimos y vemos anuncios de televisión. Cada anuncio es un sermón cosmológico: el universo es una colección de objetos que hay que convertir en artículos para nuestro consumo, y el papel de los humanos es trabajar y comprar objetos.*

Al igual que el pobre salvaje Calibán, tentado por los fragmentos de música que entreoye, los «sonidos y dulces aires, que deleitan y no dañan», y que vagan por su isla prisión, confundimos los indicios y recuerdos de una antigua armonía perdida hace mucho tiempo con alguna necesidad más inmediata; esclavizados como Calibán por el mundo material, soñamos con el poder curativo de las riquezas, y cuando despertamos, «[lloramos] por volver a soñar».

El aumento de nuestra demanda colectiva e individual de bienes de consumo empezó en serio en el siglo XX. Ya en 1907, el economista Simon Nelson Patten propugnó una idea que iba a consumir el mundo moderno: «La nueva moral no consiste en ahorrar, sino en expandir el consumo». Como dijo Paul Wachtel:

> *Tener más cosas y más nuevas cada año se ha convertido no solo en lo que queremos, sino en lo que necesitamos. La idea de más, de una riqueza cada vez mayor, se ha convertido en el centro de nuestra identidad y nuestra seguridad, y estamos atrapados por ella como el adicto por sus drogas.*

La Gran Depresión de los años treinta llegó a su fin porque la Segunda Guerra Mundial supuso un estímulo económico en todo el mundo. El poderío industrial estadounidense bullía de actividad para apoyar el esfuerzo bélico, pero a medida que se acercaba la victoria, a la comunidad empresarial le preocupaba cómo mantener la economía en marcha. La respuesta fue el consumo. Poco después de la Segunda Guerra Mundial, el analista del comercio minorista Victor Lebow declaró:

> *Nuestra economía enormemente productiva... exige que hagamos del consumo nuestro modo de vida, que convirtamos la compra y el uso de bienes en rituales, que busquemos nuestra*

*satisfacción espiritual, la satisfacción de nuestro ego, en el consumo. Necesitamos que las cosas se consuman, se quemen, se gasten, se sustituyan y se desechen a un ritmo cada vez mayor.*

En 1953, el presidente del consejo de asesores económicos del presidente Eisenhower declaró que el «fin último» de la economía estadounidense era «producir más bienes de consumo». Esta estrategia tuvo éxito, y el cambio de paradigma —de comprar lo que necesitamos a comprar lo que queremos— comenzó seriamente y se intensificó hasta el punto en el que nos encontramos hoy: con megacentros comerciales, grandes superficies y pegatinas en los parachoques en las que podemos leer que hemos «nacido para comprar». El consumismo está tan arraigado como motor de las economías occidentales que ir de compras puede incluso considerarse un deber patriótico. Pocas semanas después de la tragedia del 11 de septiembre de 2001, era evidente que la confianza de los consumidores se tambaleaba y que las economías iban a la zaga. El presidente George Bush, así como otros líderes occidentales, empezaron a fomentar el gasto como una forma valiosa de ayudar. El primer ministro de Canadá, Jean Chrétien, nos recordó que los tipos de interés eran bajos «así que es el momento de salir y conseguir una hipoteca, de comprar una casa, de comprar un coche», y el presidente Bush animó a la gente a que ayudasen a restablecer la confianza en el sector aéreo: «Viajen en avión. Hagan sus negocios por todo el país. Vuelen y disfruten de los grandes destinos de Estados Unidos. Vayan a Disney World en Florida». Aunque, desde luego, estas actividades serían un estímulo para las empresas, las fábricas y los puestos de trabajo, es una triste declaración sobre la sociedad occidental cuando los líderes nos dicen que la forma más valiosa de ayudar en un momento de tanta tragedia es comprar hasta caer rendido.

Cuando los productos se hacen para que duren, las empresas acaban quedándose sin clientes. La obsolescencia programada es una solución; otra consiste en crear nuevas líneas de productos con toda una serie de extras, una estrategia ejemplificada por los sectores del automóvil, la informática y la moda. Otra estrategia consiste en redefinir constantemente los mercados potenciales, expandiéndose al mundo en desarrollo o a grupos étnicos específicos, por ejemplo. El presidente de Coca-Cola Donald R. Keough expresó una actitud casi religiosa ante las oportunidades del mercado: «Cuando pienso en Indonesia —un país situado en el ecuador con 180 millones de habitantes, una mediana de edad de 18 años y con la prohibición musulmana de consumir alcohol— creo que sé cómo es el cielo».

Todos los grupos demográficos —ancianos, «yuppies», «baby boomers», por ejemplo— son objetivos prioritarios de los vendedores, pero en un cambio relativamente reciente, los niños se han colocado claramente en la diana. Entre 1983 y 1997, la cantidad de dinero invertida en marketing dirigido a los niños estadounidenses aumentó de 100 millones de dólares a 12 000 millones. En 2005, la cifra total se acercaba a los 15 000 millones de dólares. Además, todo este marketing parece estar dando sus frutos. En 1989, las compras de bienes de consumo destinadas a niños de cuatro a doce años ascendieron a 6100 millones de dólares. En 2002, esta cifra ascendió a 30 000 millones de dólares, un aumento del 400 %.

Incluso antes de que los niños enciendan la televisión o salgan a la calle, es probable que hayan estado expuestos a la publicidad. Hoy en día, los pijamas, los cereales, las sábanas, las cortinas, el papel pintado e incluso la pasta de dientes, las vendas, el jabón y el champú anuncian imágenes de los personajes favoritos de la televisión o el cine. En muchas ciudades, el bombardeo publicitario no cesa cuando los niños llegan al patio del colegio. Los menguantes presupuestos para educación también han introducido la publicidad en las aulas. En Estados Unidos, casi siete millones de estudiantes (y casi el 30 % de los adolescentes) ven cada mañana en sus aulas el Canal Uno —un informativo diario con dos minutos de anuncios— a cambio del uso de equipos «gratuitos» como televisores, monitores de vídeo, ordenadores y otros aparatos electrónicos. Los anunciantes reconocen una audiencia cautiva y lucrativa cuando la ven y por eso están dispuestos a pagar el doble por un anuncio en Canal Uno que en una cadena normal fuera de las aulas.

Como dice Juliet Schor, autora de *Born to Buy*: «Nos hemos convertido en un país que da menos prioridad a enseñar a sus hijos a prosperar social, intelectual e incluso espiritualmente, que a entrenarlos para consumir. Las consecuencias a largo plazo de esta evolución son funestas».

*La lengua inglesa se compone principalmente de sustantivos, algo apropiado para una cultura tan obsesionada con las cosas... El inglés codifica el excepcionalismo humano, que favorece las necesidades y deseos de los seres humanos por encima de todos los demás y nos entiende como desvinculados de la mancomunidad de la vida.*

—ROBIN WALL KIMMERER, «Speaking of Nature»

Para alimentar la creciente demanda de los consumidores, es necesario un crecimiento económico constante. P.M. McCann y sus colaboradores resumen las razones del crecimiento del consumo y de la economía: «El crecimiento conduce al aumento de la riqueza y esta, por medio del sistema de mercado, proporciona la base para la satisfacción de todas las necesidades humanas». Es una afirmación asombrosa: que la riqueza puede satisfacer todas las necesidades humanas. Dista mucho de las lecciones que nos enseñaron nuestros abuelos sobre las virtudes y los placeres del ahorro, sobre los verdaderos valores de la vida y sobre las fuentes de la felicidad.

*La compra de un nuevo producto, especialmente de un artículo «caro» como un coche o un ordenador, suele producir una oleada inmediata de placer y consecución, y a menudo confiere prestigio y reconocimiento al propietario. Sin embargo, a medida que la novedad se desvanece, el vacío amenaza con volver. La solución habitual del consumidor es centrarse en la siguiente compra prometedora.*

—ALLEN D. KANNER y MARY E. GOMES,
«The All-Consuming Self»

¿Estamos mejor como sociedad, ahora que nos hemos convertido en consumidores profesionales, impulsando el crecimiento económico de forma interminable por delante de nosotros? Depende de lo que se considere «mejor». Estados Unidos es el país que mejor ejemplifica la sociedad de consumo en toda regla; ¿están sus ciudadanos a la altura de sus ideales nacionales? El país que valora la juventud y la delgadez es la más obesa del mundo. El lugar donde manda el dólar tiene más disparidad entre ricos y pobres que cualquier otro país industrializado. Aunque la paz es uno de sus más altos ideales, Estados Unidos es bien conocido por su violencia. En esta tierra de oportunidades hay más gente que consume drogas habitualmente que en el resto del mundo junto. Además, en el país de la libertad hay más personas encarceladas per cápita que en cualquier otro país occidental. Jornadas laborales más prolongadas, mayores niveles de estrés, familias desestructuradas, drogadicción, niños en situación de riesgo: todo ello puede ser, en cierta medida, la patología del consumismo. Soltados en la mayor tienda del mundo, los ciudadanos sufren varios males: la peste de tener demasiado, la rabia y los celos de quienes no pueden comprar los productos.

Sin embargo, los gobiernos de todos los países siguen sosteniendo que el crecimiento económico, del que depende el consumismo, es la clave de su bienestar. Países como India y China están decididos a alcanzar nuestro nivel de riqueza, multiplicando por entre dieciséis y veinte su consumo actual. Imaginemos esas poblaciones con el mismo parque automovilístico per cápita que Estados Unidos; las consecuencias ecológicas serían catastróficas. Sin embargo, ¿por qué deberían fijarse unas miras más bajas que las nuestras? En abril de 1990, José Lutzenberger, ministro de Medio Ambiente de Brasil en aquel momento, se dirigió a una reunión internacional de parlamentarios del mundo en Washington D.C. Señaló que si el parque automovilístico privado de todo el mundo igualaba al de Estados Unidos o Japón, los automóviles alcanzarían un total de 7000 millones a mediados del siglo XXI. Exclamó: «¡Pero esto es impensable!». Cuando el aumento del consumo se convierte en parte de nuestra definición de «progreso», y la propiedad de objetos es el principal camino hacia la felicidad, ningún país puede poner freno al crecimiento económico.

Muchos han reconocido que un mayor consumo no es la clave de la felicidad ni de la satisfacción. Al principio del experimento estadounidense de democracia, uno de los autores de la Constitución de Estados Unidos, Benjamin Franklin, dijo: «El dinero nunca ha hecho feliz a un hombre, ni lo hará. No hay nada en su naturaleza que produzca felicidad. Cuanto más tiene un hombre, más quiere. En lugar de llenar un vacío, lo crea».

En 1994, cuando mi padre tenía 85 años, me trasladé a su casa para cuidarle en sus últimas semanas de vida. Se estaba muriendo de un tipo de cáncer que le estaba minando las fuerzas pero le causaba poco dolor. Mi padre estaba lúcido, consciente de su muerte inminente y sin miedo. Cuando mi familia y mis hermanos vinieron a pasar tiempo con él en los últimos días, nos contábamos historias y experiencias con familiares, amigos y vecinos que enriquecieron nuestras vidas. Nunca se habló de posesiones —dinero, coches o casas grandes, armarios llenos de ropa—, sino de personas y aventuras compartidas, que es a lo que realmente se reduce la vida.

Un mundo de consumo

- En un estudio de *The Lancet* realizado en Nueva Zelanda entre junio de 2014 y junio de 2015 se puso de manifiesto que los niños estaban expuestos a una media de 554 marcas por jornada de 10 horas, casi una marca por minuto, sobre todo en las escuelas y en casa.
- Al menos un tercio de todos los alimentos producidos se desperdicia cada año —unos mil trescientos millones de toneladas—, mientras 1000 millones de personas siguen sufriendo desnutrición y otros 1000 millones pasan hambre.
- Cada año, 70 millones de árboles de bosques antiguos y en peligro de extinción son talados y sustituidos por plantaciones de árboles para fabricar tejidos a base de madera como el rayón, el modal y la viscosa.
- Al mismo tiempo que el tamaño de las familias se ha reducido vertiginosamente en Norteamérica, el tamaño medio de las casas ha aumentado en más del doble, pasando de unos cien metros cuadrados en 1949 a doscientos diez metros cuadrados en 2020.
- De 2018 a 2021, el uso de teléfonos inteligentes para comprar en línea se duplicó con creces, en parte debido a la pandemia de covid-19, pero es previsible que la tendencia continúe.
- Las emisiones de los SUV casi se triplicaron en la década de 2010, debido a su creciente popularidad en todo el mundo. En la actualidad, las emisiones de los SUV son similares a las de toda la industria naval internacional.
- Entre 2001 y 2020, según Global Forest Watch, la cubierta arbórea mundial se redujo en torno al 10 %, sobre todo a causa del desarrollo y la agricultura.

## Cortar la conexión con la naturaleza

Al mismo tiempo que el consumo y el crecimiento económico no han dejado de aumentar, cada vez más personas se han trasladado del campo a la ciudad. En la actualidad, más de la mitad de la población mundial vive en ciudades, y la mayor afluencia a ellas se está produciendo en los países en desarrollo.

El aspecto más destructivo de las ciudades es el profundo cisma creado entre los seres humanos y la naturaleza. En un entorno creado por el hombre, rodeados de animales y plantas de nuestra elección, sentimos que hemos escapado de los límites de la naturaleza. La meteorología y el clima afectan a nuestras vidas con mucha menos inmediatez. Los alimentos suelen estar muy procesados y vienen envasados, lo que permite saber poco de su origen en la tierra o de signos reveladores de imperfecciones, sangre, plumas o escamas. Nos olvidamos de la fuente de nuestra agua y energía, del destino de nuestra basura y nuestras aguas residuales. Nos olvidamos de que, como seres biológicos, dependemos de un aire y un agua limpios, de un suelo no contaminado y de la biodiversidad tanto como cualquier otra criatura. Aislados de las fuentes de nuestro alimento y nuestra agua y de las consecuencias de nuestro modo de vida, imaginamos un mundo bajo nuestro control y arriesgaremos o sacrificaremos casi cualquier cosa para asegurarnos de que nuestro modo de vida continúe. A medida que las ciudades sigan creciendo en todo el mundo, las decisiones políticas reflejarán cada vez más la burbuja ilusoria que hemos llegado a creer que es la realidad.

Hace apenas unas generaciones, lo normal era que los niños salieran a jugar por la mañana o después del colegio, y volvieran a casa solo cuando tenían hambre o se lastimaban. Puede que se metieran en un estanque cercano o treparan a un fuerte en un árbol o jugaran a la pelota en el campo, pero la mayoría de los niños estaban al aire libre y lo más probable es que hubiera una zona salvaje —incluso un solar urbano vacío y lleno de maleza— cerca. Hoy en día, muchos niños han perdido la conexión con la vida al aire libre. El «tiempo de juego» suele estar muy estructurado o implica actividades supervisadas por los padres, y estos están menos dispuestos a dejar a sus hijos fuera sin saber dónde están y qué están haciendo. (Incluso se están eliminando los parques infantiles, en gran parte debido a la naturaleza cada vez más litigiosa de los norteamericanos) Como escribe Richard Louv en *Last Child in the Woods*, hay un hombre del saco a la vuelta de cada esquina, ya sea el tráfico, los extraños, la delincuencia o incluso la propia naturaleza.

La creciente urbanización ha desviado los arroyos hacia alcantarillas, pavimentado los pantanos y construido urbanizaciones donde antes crecían los bosques. Cada vez más, la naturaleza se imagina «ahí fuera», quizá en parques o pequeños espacios verdes, pero no en la cuneta calle abajo, y suele implicar subirse a un coche para llegar a ella. La actual generación de niños es una de las más desconectadas de la naturaleza de nuestra historia. Saben utilizar el ratón del ordenador, pero puede que nunca hayan visto uno de verdad. Es posible que los niños hayan oído hablar del cambio climático y de las especies en peligro de extinción, pero probablemente no sepan nombrar ni siquiera algunas plantas autóctonas de su zona. Como dice Louv, «Es probable que un niño de hoy en día pueda hablarte de la selva amazónica, pero no de la última vez que exploró el bosque en soledad o se tumbó en un campo a escuchar el viento y ver cómo se movían las nubes».

Tal vez estos pensamientos puedan tacharse de nostálgicos o sentimentales, pero cuando la experiencia directa con la naturaleza es limitada, también lo es nuestra conexión emocional con los lugares que, en última instancia, nos sustentan.

A medida que nos distanciamos más del mundo natural, nos rodeamos cada vez más de nuestros propios inventos y dependemos más de ellos. Nos convertimos en esclavos de las exigencias constantes de la tecnología creada para servirnos. Pensemos en nuestra respuesta al insistente tono de llamada de un teléfono o en la conformidad de nuestro comportamiento a las órdenes de los ordenadores. Divorciados de las fuentes de nuestra propia existencia, de las habilidades de supervivencia y de las realidades de quienes aún viven en zonas rurales, nos hemos vuelto sordos, insensibles, lentos.

Con nuestra pérdida de una cosmovisión, nuestra devoción por el consumismo y nuestro traslado a las ciudades y alejamiento de la naturaleza, hemos perdido nuestra conexión con el planeta y la vida en él. Debemos encontrar una nueva historia, una narrativa que nos incluya en el continuo del tiempo y el espacio de la Tierra, que nos recuerde el destino que compartimos con toda la vida del planeta, que devuelva el propósito y el sentido a la existencia humana.

> *Si tuviéramos agudizada la visión y el sentimiento de todo lo corriente en la vida humana, sería como oír crecer la hierba y latir el corazón de la ardilla y nos moriríamos del rugido que existe al otro lado del silencio. No siendo este el caso, los más*

*ágiles de entre nosotros caminamos bien pertrechados de estupidez.*

—GEORGE ELIOT, *Middlemarch*

## Encontrar una nueva historia

Si la ciencia moderna no ha creado una cosmovisión coherente y el consumismo no llena el vacío de la vida vivida sin una cosmovisión, ¿cómo podemos restablecer nuestra conexión con el resto de la vida en la Tierra y tener una vidas rica y plena? ¿Dónde podemos encontrar una nueva historia?

*El ser humano forma parte del todo, al que nosotros llamamos universo. Una parte limitada en el tiempo y en el espacio. Se experimenta a sí mismo, sus pensamientos y sentimientos, como algo separado del resto, una especie de ilusión óptica de su consciencia. Esta ilusión es una especie de prisión para nosotros, que nos restringe a nuestros deseos personales y al afecto por unas pocas personas cercanas a nosotros. Nuestra tarea debe ser liberarnos de esta prisión ampliando nuestro círculo de compasión para abarcar a todas las criaturas vivas.*

—ALBERT EINSTEIN, citado en P. Crean y P. Kome, eds., *Peace, a Dream Unfolding*

Tenemos mucho que aprender de los vastos depósitos de conocimientos que aún existen en las sociedades tradicionales. Así lo sugería un informe de 1987 de la Comisión Mundial sobre Medio Ambiente y Desarrollo dirigida por la primera ministra noruega Gro Harlem Brundtland. Se titulaba *Nues-*

*tro futuro común* y en él se reconocía la incapacidad de los científicos para fijar el rumbo de la gestión de los recursos naturales y se solicitaba reconocimiento y un mayor respeto de la sabiduría inherente de las sociedades tradicionales:

> *Su propia supervivencia ha dependido de su concienciación ecológica y su adaptación... Estas comunidades son depositarias de vastas acumulaciones de conocimientos y experiencias tradicionales que vinculan a la humanidad con sus orígenes ancestrales. Su desaparición es una pérdida para la sociedad en su conjunto, que podría aprender mucho de sus conocimientos tradicionales para gestionar de forma sostenible sistemas ecológicos muy complejos. Es una terrible ironía que, a medida que el desarrollo formal se adentra cada vez más en selvas tropicales, desiertos y otros entornos aislados, tienda a destruir las únicas culturas que han demostrado su capacidad para prosperar en esos entornos.*

En este nuevo milenio, después de un siglo de crecimiento explosivo de la ciencia y la tecnología, resulta apropiado que los miembros más destacados de la comunidad científica empiecen a comprender que la ciencia por sí sola no puede satisfacer las necesidades de la humanidad, y que a menudo puede ser destructiva. Uno de los avances más positivos de la ciencia es el creciente reconocimiento de que el saber de los pueblos indígenas también es necesario para profundizar en nuestra comprensión del mundo y de nuestra posición en él. En muchos sentidos, el saber de los pueblos indígenas es más exhaustivo y profundo que la ciencia. Abarca la gratitud, el amor, el respeto y un profundo sentido de la responsabilidad. Los científicos suprimen esas emociones en nombre de la objetividad y tratan de encontrar principios universales que puedan reproducirse en cualquier lugar. El saber de los pueblos indígenas está constituido por las observaciones acumuladas, el método de ensayo y error, y los éxitos y fracasos de un pueblo que vive en un lugar concreto. Es fundamental para la supervivencia de un pueblo y se ha puesto a prueba con su presencia durante miles de años.

También es profundamente subjetivo y significativo, teniendo en cuenta la red de relaciones con todas las demás especies animales y vegetales, así como con el aire, el agua, el suelo y la luz solar. En la ciencia contemporánea, y en la sociedad en general, falta el elemento de reciprocidad, de responsabilidad.

> *La ciencia puede ser una forma de construir la intimidad y el respeto con otras especies que solo puede ser superada por las observaciones de los poseedores del conocimiento tradicional. Puede ser un camino hacia la formación de un vínculo.*
>
> —ROBIN WALL KIMMERER, *Braiding Sweetgrass*

Antaño, nuestra cosmovisión nos enraizaba a todos dentro de un mundo en el que todas las partes estaban íntimamente interconectadas. Cada uno de nosotros podía estar en el centro de esta red multidimensional de interconexiones, «atrapados», en cierto sentido, por nuestra total dependencia de todas las hebras que nos envolvían y nos inspiraban, pero obteníamos la máxima seguridad de la pertenencia a un lugar. Sin embargo, la inventiva de nuestro extraordinario cerebro nos ha liberado de la necesidad constante de ganarnos la vida con nuestro entorno inmediato. Hemos ampliado nuestro alcance mental gracias a la ciencia, la ingeniería y la tecnología, y mediante los ordenadores y las telecomunicaciones hemos desarrollado una capacidad sin precedentes para recopilar y evaluar información. El desafío ahora es utilizar estas técnicas para redescubrir nuestras conexiones con el tiempo y el espacio, nuestro lugar en la biosfera. Los científicos saben tanto como cualquiera acerca de la maravilla, el misterio y el asombro que nos rodean y habitan en nosotros. Con su ayuda podemos buscar una nueva comprensión del mundo, recuperar el sentido de su fecundidad, su generosidad y su acogida de la especie descarriada en la que nos hemos convertido.

> *Como científicos, muchos de nosotros hemos tenido profundas experiencias de asombro y reverencia ante el universo. Entendemos que es más probable que se trate con cuidado y respeto aquello que se considera sagrado. Nuestro hogar planetario debería ser considerado así. Los esfuerzos por salvaguardar y cuidar el medio ambiente deben estar impregnados de una visión de lo sagrado.*
>
> —CARL SAGAN *et al.*, «Preserving and Cherishing the Earth: An Appeal for Joint Commitment in Science and Religion»

¿Podemos combinar el conocimiento descriptivo de la ciencia moderna con el conocimiento de los pueblos indígenas y la sabiduría ancestral para crear una nueva cosmovisión, una historia que nos incluya a todos? Podemos encontrar algunas pistas echando un vistazo a las ideas de nuestro propio pasado. Los filósofos de la antigua Grecia creían que el universo material se dividía en cuatro elementos: aire, agua, tierra y fuego. En estos elementos se combinaban cualidades opuestas —calor y frío, húmedo y seco, pesado y ligero— entremezcladas en proporciones infinitamente variadas, en movimiento y cambio, perpetuamente en guerra entre sí, pero capaces de un equilibrio adecuado. Ese equilibrio dinámico formaba la estructura, infundía la vida de toda la creación, en todos los niveles. Cada ser humano estaba compuesto de esos cuatro elementos —aire, agua, tierra y fuego— en proporciones variables e interactuaban para generar y mantener la vida. Estas ideas persistieron durante más de dos mil años, definiendo el mundo intelectual de Shakespeare y el de escritores y pensadores de generaciones posteriores. Hoy, en su forma modificada, parecen nuevamente pertinentes. Aire, agua, tierra y fuego son las sustancias que sustentan la vida. Junto con la suma total de esa vida, mantienen el planeta, lo conservan apto para la vida. A medida que exploremos cada elemento de uno en uno, examinando sus orígenes, su función en el planeta y nuestra íntima relación con él, empezaremos a comprender nuestra indisoluble conexión con el centro. Somos criaturas de la Tierra, y todo lo que aprendemos sobre la Tierra nos proporciona enseñanzas sobre nosotros mismos.

> *... existe una comunicación continua no solo entre los seres vivos y su entorno, sino entre todas las cosas que viven en ese entorno. Una intrincada red de interacciones conecta toda la vida en un vasto sistema que se mantiene a sí mismo. Cada parte está relacionada con todas las demás y todos somos parte del todo, parte de la Supernaturaleza.*
>
> —LYALL WATSON, *Supernature*

# 2

## El aliento de todo lo verde

*Nuestro próximo aliento, el suyo y el mío, contendrá los resoplidos, suspiros, bramidos, alaridos, vítores y plegarias habladas del pasado prehistórico e histórico.*
—HARLOW SHAPLEY, *Beyond the Observatory*

Una fuerza invisible nos rodea, nos llena y nos da vida. La conocemos por muchos nombres: aire, aliento, espíritu, viento, atmósfera, el cielo, los cielos. A veces incluso la llamamos Dios; en la mitología y la poesía asignamos poderes divinos al aire. «Aire salvaje, aire maternal del mundo», lo llama Gerard Manley Hopkins, la «red salvaje, manto maravilloso» que envuelve el planeta como la misericordia de Dios. El aire es la fuerza creadora, el espíritu que se desplaza sobre la faz de las aguas en el libro del Génesis, la palabra de Dios que insufla vida al mundo según el Salmo 33, el mandato divino que pone en marcha tantas otras historias de la creación. Es el primero de los elementos que crean y sustenta nuestra vida.

El aire también encarna las ideas en el habla y el lenguaje, en el canto y en las dulces melodías de la música. En inglés, como en otros idiomas, una red de palabras celebra la condición sagrada del aire. Fijémonos en cómo la palabra «espíritu» se expande desde su origen latino, *spiritus,* que significa «aliento», «aire», a tantos otros significados que comportan vida —el alma, el principio animador, la inteligencia, el vigor emocional, la vivacidad, la esencia o el extracto destilado—, cada uno en oposición a la falta de vida o matidez. De la misma raíz procede la palabra «inspiración», que da origen a una nueva idea, y «expiración», que señala el final de la vida. Nuestro idioma conoce mejor de lo que creemos la naturaleza vital del aire que respiramos. Es el torbellino y la brisa, un océano movedizo de fuerzas invisibles en el que nadamos todos los días de nuestra vida, desde nuestro primer suspiro al nacer hasta nuestra última y lenta exhalación al morir.

El aire es nuestro elemento; vivimos dentro de la atmósfera, la envoltura de gases mezclados que forman la capa exterior del planeta. Hace dos mil años, Platón señaló que «habitamos en un hueco de la tierra, y nos imaginamos que estamos en la superficie... Sin embargo, el hecho es que, debido a nuestra debilidad y pereza, no podemos alcanzar la superficie del aire». Desde entonces, la tecnología ha vencido en parte nuestra pereza, pero cuando salimos de nuestro elemento tenemos que llevarnos algo con nosotros. Los tanques de oxígeno nos mantendrán respirando en el aire enrarecido de las cumbres montañosas y bajo el agua; en el espacio, los astronautas están protegidos de la muerte instantánea por la burbuja de aire de su cápsula o traje.

*Al principio te asombra el esplendor, la belleza, del planeta, y luego miras hacia abajo y te das cuenta de que este planeta es lo único que tenemos. Cada vez que el sol sale y se pone... y para nosotros eso es dieciséis veces al día... vemos una capa fina, fina, fina justo encima de la superficie, de unos 10 o*

*12 kilómetros de espesor. Es la atmósfera de la Tierra. Eso es todo. Por debajo está la vida. Por encima no hay nada.*

—JULIE PAYETTE, astronauta canadiense

El aire ha moldeado el camino evolutivo de la vida de innumerables maneras. Hace mucho tiempo, las aves cambiaron sus extremidades anteriores por las alas y dominaron un nuevo reino. Muchos insectos casi parecen estar hechos de aire: una capa de efímeras que eclosionan en un arroyo, mariposas a la deriva en corrientes de aire invisibles, una nube zumbante y danzante de mosquitos microscópicos. Las plantas lanzan sus semillas al viento y atraen a los polinizadores perfumando el aire. Innumerables formas de vida aprovechan el aire para las ceremonias cruciales de su existencia: emiten sonidos, olores y moléculas como las feromonas para atraer a sus parejas, advertir del peligro o localizar a sus crías. Sin aire, no oiríamos el susurro de un niño, ni oleríamos el dulce aroma de la madreselva, ni sentiríamos las vibraciones de un tren lejano. El simple hecho de que una molécula de aire choque contra otra y luego contra otra en una onda invisible nos permite sentir la existencia de nuestro mundo. Sin aire, el lienzo sobre el que pintamos una imagen de nuestro mundo carecería de profundidad y dimensión. Ante todo, la necesidad de aire ha modelado minuciosamente la fisiología de todas las criaturas aeróbicas. Si necesitamos que nos lo recuerden, solo tenemos que intentar no respirar. Pronto nos daremos cuenta de que no tenemos otra elección. En unos segundos, el cuerpo *pedirá* aire; en un minuto, los vasos sanguíneos de la cabeza se hincharán, el corazón latirá con fuerza y el pecho se agitará con gritos silenciosos demandando aire. Somos algo más que simples seres que respiran aire; somos criaturas hechas por y para la sustancia que necesitamos cada minuto de nuestra vida. Además, al igual que el aire ha dado forma y sustento a los seres vivos, los seres vivos crearon y siguen sustentando el aire.

## Somos el aire

En Norteamérica, la historia de asentamientos y conquistas ha creado un mito formidable: la primacía del individuo, libre de actuar y moverse como una entidad independiente. Sin embargo, desde un punto de vista biológico, este mito es una versión errónea y peligrosa de la realidad. No somos completamente independientes y autónomos; cuando observamos detenidamente las interacciones en todos los niveles entre nuestro cuerpo y el elemento que nos rodea, vemos hasta qué punto estamos completamente enraizados en el aire, atrapados todos juntos en la misma matriz.

El aire es una sustancia física; nos abraza tan íntimamente que no podemos decir dónde acabamos nosotros y dónde empieza el aire. Tanto por dentro como por fuera, estamos minuciosamente diseñados para la actividad central de nuestra existencia: atraer la atmósfera hacia el centro de nuestro ser, hacia lo más profundo del húmedo y delicado laberinto membranoso de nuestro pecho, y darle un uso.

La respiración está controlada por la parte más antigua del cerebro, el centro respiratorio del tronco encefálico, una reliquia que se originó antes de los albores de la consciencia. La respiración es un acto tan vital que nunca se ha cedido su control al cerebro consciente, fruto de una evolución posterior. Automáticamente, estemos despiertos o dormidos, ese antiguo vínculo con nuestro pasado evolutivo ordena cada respiración.

## Lo que no ves podría matarte

En la atmósfera, tanto la proporción como los componentes del aire son cruciales. En el siglo XVI, los españoles que invadieron las tierras montañosas de los incas se toparon con una misteriosa enfermedad. La «enfermedad de los Andes», como la llamaban, tenía algo que ver con el aire, según el padre José de Acosta en su *Historia natural y moral de las Indias* (1590):

> *Me persuado de que el elemento del aire está allí tan sutil y delicado, que no se proporciona a la respiración humana, que le requiere más grueso y más templado, y esa creo es la causa de alterar tan fuertemente el estómago y descomponer todo el sujeto.*[3]

Pasarían dos siglos antes de que se descubriera la causa de la enfermedad: la falta de oxígeno. La altitud causa un tipo de problema de calidad del aire. La profundidad provoca otro, como describe Jonathan Weiner:

> *... la mayoría de los gases mortales de las minas —dióxido de carbono, monóxido de carbono, metano, hidrógeno— son inodoros. Los mineros podrían desmayarse sin previo aviso, a menos que alguien viera a un trabajador caer de rodillas más abajo en el pozo y tuviera la presencia de ánimo para dar la voz de alarma: «¡Gas!» El único gas que podían oler en la mina era el sulfuro de hidrógeno (lo llamaban «humedad apestosa») e incluso el sulfuro de hidrógeno era perverso. En*

[3] N. del T.: Traducción de https://www.cervantesvirtual.com/obra-visor/historia-natural-y-moral-de-las-indias--0/html/fee5c626-82b1-11df-acc7-002185ce6064_28.html#I_46_.

*concentraciones muy bajas, olía a huevos podridos, pero en concentraciones más altas y mortales era completamente inodoro. Los mineros probaron con ratones, pollos, perros pequeños, palomas, gorriones domésticos, cobayas y conejos. Aplicando el método de ensayo y error mortal se decantaron por el canario: en presencia de monóxido de carbono y humedad apestosa, al menos, esta ave solía desplomarse antes que el minero que sujetaba la jaula.*

Después de la Segunda Guerra Mundial, se inventaron e instalaron en las minas detectores de gas más sofisticados. Sin embargo, aún en la actualidad, la portada azul del último manual de seguridad del Departamento de Interior sobre los gases de las minas está decorada con un único canario amarillo.

Desde las cuarenta respiraciones por minuto de un recién nacido, nuestras inhalaciones se ralentizan hasta trece o diecisiete en nuestros últimos años, pero pueden aumentar hasta ochenta durante el ejercicio intenso, todo ello sin que intervenga un pensamiento consciente. Si se interrumpe la respiración, la mayoría de las personas sufren daños cerebrales irreversibles al cabo de dos o tres minutos sin aire y la muerte definitiva en cuatro o cinco minutos.

Nuestro cuerpo posee un número extraordinario de medidas de seguridad incorporadas, puestas a punto para obtener la cantidad correcta de aire. En la aorta y las arterias carótidas, los quimiorreceptores de oxígeno vigilan constantemente el nivel de oxígeno en la sangre. Cuando los niveles de oxígeno descienden, los receptores envían impulsos a los músculos del diafragma y las costillas para aumentar la frecuencia respiratoria. Los quimiorreceptores de dióxido de carbono o ácido responden al aumento de los niveles de acidez en la sangre, que se produce cuando el dióxido de carbono disuelto forma ácido carbónico.

De nuevo, los receptores envían mensajes a los músculos del diafragma y las costillas para que aumenten la respiración a fin de eliminar el dióxido de carbono.

También hay mecanorreceptores que vigilan las vías respiratorias y los pulmones. En los pulmones, los receptores de estiramiento detectan la insuflación de los pulmones. Al respirar, los receptores envían una señal que regula el tiempo que transcurre hasta la siguiente inspiración. Otros receptores coordinan la respiración con los niveles de actividad muscular, y otros centros nerviosos regulan la respiración en caso de ansiedad, dolor, estornudos o bostezos. Podemos anular nuestro control inconsciente de la respiración conteniendo deliberadamente la respiración, pero pronto el aumento de dióxido de carbono en la sangre nos obliga a tomar aire. Dado que el margen de supervivencia es de solo unos minutos, el organismo ha desarrollado una serie de estrategias para garantizar un suministro constante de la sustancia de la que no puede prescindir.

El oxígeno es el componente crucial; tiene la capacidad de combustionar al compartir sus electrones con otros elementos. Este proceso, conocido como oxidación, puede ser tan rápido como para provocar un incendio o puede ser imperceptiblemente lento, como cuando se oxida el hierro, o puede producirse en ritmos controlados, como en el metabolismo de los organismos vivos. En una célula, el oxígeno descompone moléculas como los hidratos de carbono y las grasas, liberando energía en forma de calor. En este proceso, el oxígeno pasa a formar parte del dióxido de carbono liberado o de otros productos de degradación. El oxígeno enciende los fuegos de la vida y los mantiene ardiendo.

## El recorrido de una respiración

Podríamos pensar en la parte superior de nuestro cuerpo como una gran trampa de aire, un mecanismo inmensamente complejo diseñado para capturar una bocanada de aire y ponerla a trabajar. Una respiración comienza cuando el diafragma, un músculo liso situado bajo los pulmones, y otros músculos situados entre las costillas se contraen y tiran de la jaula torácica hacia arriba y hacia fuera para crear un vacío parcial en la zona del tórax. El peso de la atmósfera fuerza entonces el aire hacia el pecho.

Aunque los pulmones tienen un volumen medio de entre 4,25 y 6 litros, solo aspiran unos quinientos mililitros de aire en reposo. Si respiramos profundamente, esta cantidad se amplía a entre tres y cuatro litros. Incluso exhalando lo más profundamente posible, queda alrededor de un litro de aire en los pulmones.

El aire inhalado entra por las fosas nasales, donde es filtrado: las partículas de polvo grandes y los cuerpos extraños son atrapados por unos pelillos, que pueden expulsar estas partículas induciendo un estornudo, y las partículas más pequeñas son filtradas por unos pelillos microscópicos situados a lo largo de unas estructuras cartilaginosas recubiertas de mucosidad llamadas cornetes.

Una vez filtrado, humidificado y calentado hasta la temperatura corporal, el aire se precipita por la parte superior de la cavidad nasal y pasa por el órgano olfativo, una pequeña porción de mucosa rica en terminaciones nerviosas. En las fosas y hendiduras del órgano olfativo se toman muestras de las moléculas del aire y la información se envía a lo largo de una vía nerviosa a través de la base ósea del cráneo hasta los bulbos olfativos situados en la parte inferior del cerebro. Aunque rara vez apreciamos o siquiera notamos el «aire fresco y puro», sabemos al instante cuándo hay humo, perfume, pescado podrido o lilas en nuestro entorno. Aunque carecemos de la exquisita discriminación olfativa de muchas otras especies, el aire nos aporta información detallada sobre nuestro entorno. Los olores estimulan el apetito, nos despiertan, nos advierten, nos tranquilizan; a menudo desencadenan emociones profundas y recuerdos lejanos.

En la garganta, el aire pasa a la tráquea, que se ramifica en dos bronquios principales que irrigan cada pulmón (figura 2.1). Los bronquios se dividen en muchos conductos más pequeños llamados bronquios segmentarios, que a su vez se dividen en bronquiolos más pequeños. El aire atraviesa estos conductos que se estrechan progresivamente hasta terminar en unos sacos con forma de uva llamados alvéolos. Un pulmón medio tiene 300 millones de alvéolos, con una superficie celular total del tamaño de una pista de tenis. Los alvéolos están rodeados de capilares, que son unos tubos diminutos que se ramifican desde las arterias y transportan glóbulos sanguíneos (figura 2.2).

Es a través de los alvéolos como el aire entra en el torrente sanguíneo. Para facilitar este proceso, los alvéolos están recubiertos por una película de tres capas que es 50 veces más fina que una hoja del papel que se utiliza en las cartas de avión. Esta película, denominada tensioactivo, reduce la tensión superficial en la frontera entre el aire y los glóbulos sanguíneas, favoreciendo así la difusión de los gases a través de ella. El tensioactivo también se adhiere a las partículas inhaladas hasta que los macrófagos, nuestros basureros celulares, pueden venir a llevárselas. El aire se funde literalmente con el tensioactivo, desdibujando la línea que separa el aire de nuestras células al fusionarse las categorías gaseosa y líquida, exterior e interior, cuando la atmósfera del planeta entra en nuestro torrente sanguíneo.

Por término medio, tenemos unos cinco litros de sangre que contienen unos cinco millones de glóbulos rojos por mililitro (es decir, un total de 25 000 millones de glóbulos rojos). Cuando estamos relajados, los cinco litros tardan aproximadamente un minuto en completar el circuito de ida y vuelta del corazón a los pulmones y al resto del cuerpo y de vuelta al corazón. Durante el ejercicio, este ritmo puede multiplicarse por seis.

Cada uno de los 25 000 millones de glóbulos rojos puede contener hasta 350 millones de moléculas de hemoglobina.

La hemoglobina se une a las moléculas de dióxido de carbono u oxígeno, transportándolas a y desde los pulmones. Cada molécula de hemoglobina es capaz de transportar cuatro moléculas a la vez, por lo que, en un volumen medio de sangre, hay $35 \times 10^{18}$ (esto es, 35 seguido de 18 ceros) sitios para el oxígeno o el dióxido de carbono. Cuando el aire inhalado entra en contacto con los alvéolos en lo más profundo de los pulmones, el oxígeno se difunde instantáneamente a través de las membranas para unirse a la hemoglobina, mientras que el dióxido de carbono se exhala a la atmósfera. Cargada de oxígeno, la sangre se vuelve de un color rojo brillante y transporta el combustible vital por todo el cuerpo hasta las células que necesitan energía.

Cuando realizamos un trabajo físico o hacemos ejercicio, utilizamos nuestras reservas de energía y podemos necesitar hasta 2,5 litros de oxígeno cada minuto. A medida que nuestro esfuerzo genera más dióxido de carbono, este se libera al torrente sanguíneo, donde actúa sobre el cerebro para estimular una respiración más rápida. Eso aumenta el consumo de oxígeno, y también se estimula al corazón para que lata más deprisa, con lo que aumenta la velocidad a la que los glóbulos sanguíneos liberan dióxido de carbono y recogen el oxígeno en los pulmones.

**Figura 2.1**: El recorrido anatómico de una bocanada de aire.

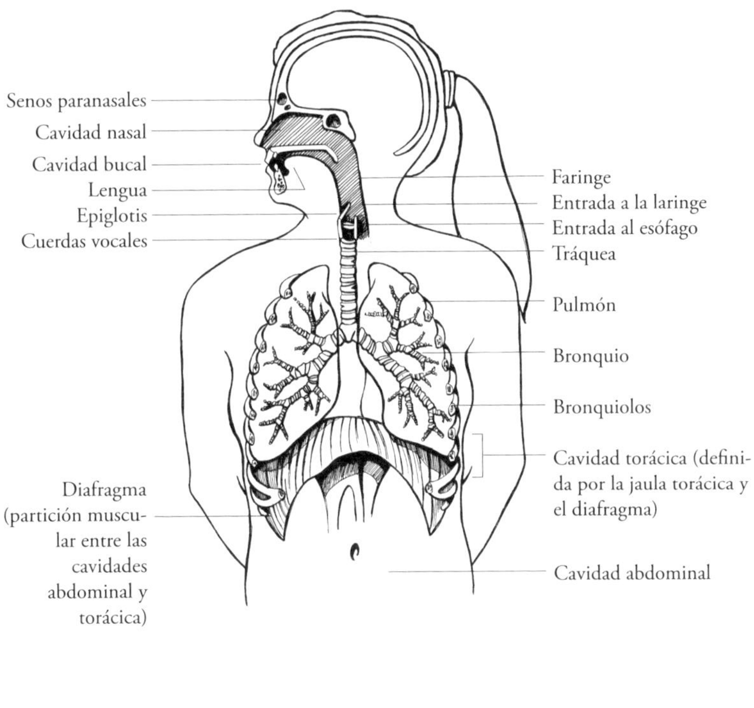

**Figura 2.2**: Anatomía detallada de un alvéolo.

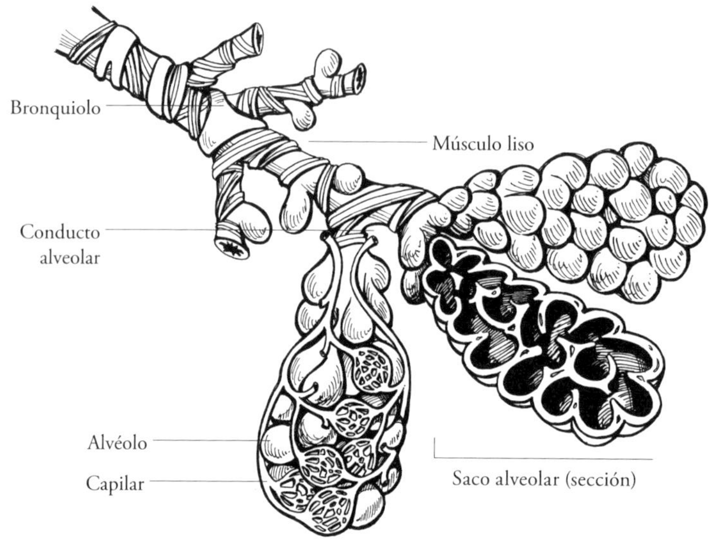


## El pegamento universal

Como no se agota todo el contenido gaseoso de los alvéolos en cada respiración (cuando estamos en reposo, solo se expulsa una décima parte del aire), el aire que queda mantiene inflados los sacos alveolares y evita que se desmoronen. Así pues, el aire se encuentra siempre en nuestro interior y forma parte de nuestro cuerpo tanto como cualquier tejido u órgano. Somos parte del aire, que a su vez es parte de todas las plantas verdes y de cualquier otra criatura que respire.

Después de compartir espacio en una habitación con otras personas, probemos un ejercicio mental muy simplificado. Si multiplicamos el volumen de aire (en litros) de la habitación por la constante de Avogadro (el número de átomos que hay en 1 mol de sustancia: $6{,}022 \times 10^{23}$), obtendremos una estimación del número de átomos que hay en el aire de esa habitación. (Supongamos que el aire se mezcla siempre por completo). A continuación, dividamos el número de átomos en el aire entre el volumen de aire inhalado multiplicado por el número de respiraciones por minuto, por el tiempo de permanencia en la habitación, y por la velocidad a la que el oxígeno y el dióxido de carbono se difunden a través de las membranas de las células pulmonares. Incluso el cálculo más burdo revela que cada uno de nosotros absorbe muy rápidamente en su cuerpo átomos que antes eran parte integrante de todos los demás presentes en la habitación, y viceversa.

El eminente astrónomo de Harvard Harlow Shapley realizó en una ocasión otro ejercicio mental sobre el aire. Señaló que, aunque que el 99 % del aire que respiramos es oxígeno altamente activo y nitrógeno ligeramente reactivo, aproximadamente el 1 % está compuesto por argón, un gas inerte. Al ser inerte, se inhala y se exhala sin que llegue a formar parte de nuestro cuerpo ni intervenga en transformaciones metabólicas. Shapley calculó que cada respiración contiene unos 30 000 000 000 000 000 (es decir, $3{,}0 \times 10^{19}$, átomos de argón más quintillones de moléculas de dióxido de carbono. Supongamos que exhalamos un solo aliento y hacemos un seguimiento de esos átomos de argón. En cuestión de minutos, se han difundido por el aire mucho más allá del lugar donde se liberaron, desplazándose por los alrededores. Al cabo de un año, esos átomos de argón se han mezclado en la atmósfera y se han esparcido por el planeta de tal modo que cada respiración que hagamos incluirá al menos quince átomos de argón liberados en esa única respiración un año antes. Todas las personas mayores de 20 años han realizado al menos 100 millones de respiraciones y han inhalado átomos de argón que fueron emitidos en la primera respiración de cada niño nacido en el mundo un año antes. Como señala Shapley:

> *Nuestra próxima respiración contendrá más de 400 000 de los átomos de argón que respiró Gandhi en su larga vida. Los átomos de argón de ahora proceden de las conversaciones de la Última Cena, de los argumentos de los diplomáticos en Yalta y de la recitación de los poetas clásicos. Tenemos argón de los suspiros y las promesas de antiguos amantes, de los gritos de batalla en Waterloo, incluso de la producción argónica del año pasado del escritor de estas líneas, que personalmente ha tenido ya más de 300 millones de experiencias respiratorias.*

El aire sale de nuestra nariz para ir a parar a la nariz de nuestro vecino. En la vida cotidiana absorbemos átomos del aire que en otro tiempo formaron parte de aves y árboles y serpientes y gusanos, porque todas las formas de vida aeróbicas comparten ese mismo aire (la vida acuática también intercambia gases que se disuelven una y otra vez en la interfase entre el aire y el agua).

---

### Cómo hacer frente a la hipoxia

Ballenas, delfines, focas y otros mamíferos marinos parecen tan a gusto en el agua que es fácil olvidar que son verdaderas criaturas del aire. Como nosotros, pueden ahogarse. Para lidiar con el hecho de que el tiempo que pasan en la interfase océano-aire es fugaz, los mamíferos marinos, en particular los que bucean a mayor profundidad, han adaptado estrategias para conservar el oxígeno de cada preciada respiración, frustrando así los riesgos metabólicos de la hipoxia (nivel bajo de oxígeno).

A diferencia de las criaturas terrestres, los mamíferos marinos respiran conscientemente, controlando cada respiración. Aprovechan al máximo esos pocos momentos en la superficie, exhalando con fuerza los gases de desecho e inhalando profundamente aire nuevo, rico en oxígeno. Los rorcuales comunes, por ejemplo, intercambian hasta el 90 % de su volumen pulmonar con cada potente respiración.

Los elefantes marinos son prodigios del buceo. Pueden sumergirse a más de un kilómetro de profundidad durante una hora y, sorprendentemente, solo pasan unos tres minutos en la superficie entre inmersión e inmersión. Los elefantes marinos no aguantan la respiración cuando se sumergen (imagínese intentar introducir una pelota de playa inflada en el agua), sino que sus pulmones, alvéolos y tráquea se desinflan. Solo un 5 % del aire permanece en sus pulmones.

En cambio, la mayor parte del oxígeno se transporta a la sangre y los músculos, donde un gran volumen de sangre (hasta un 20 % más que en los humanos) y enormes reservas de mioglobina (tres veces más que en los humanos) aumentan el uso eficiente de este recurso tan preciado.

Para conservar aún más el oxígeno, los elefantes marinos ralentizan su metabolismo durante una inmersión profunda. La sangre se desvía de las extremidades a los órganos centrales, como el corazón y el cerebro, y la frecuencia cardíaca disminuye de entre 110 y 120 latidos por minuto a entre 20 y 50 latidos por minuto.

Los seres humanos que viven a gran altitud también tienen adaptaciones a las condiciones de escasez de oxígeno. A medida que aumenta la altitud, el aire se vuelve más enrarecido: hay menos moléculas de oxígeno en cada bocanada de aire. Para compensarlo, los habitantes de las altas mesetas de los Andes tienen un mayor porcentaje de hemoglobina en la sangre y, por tanto, son capaces de retener más oxígeno. Curiosamente, esta estrategia no evolucionó universalmente en todas las poblaciones que viven a grandes altitudes. Los habitantes del Himalaya y de la meseta tibetana no tienen los mismos niveles elevados de hemoglobina (excepto en altitudes extremas de 4000 metros o más); en su lugar, compensan la falta de oxígeno respirando más veces por minuto.

El aire no es un vacío ni un espacio sin nada; es una sustancia física que está dentro de todos nosotros y nos llena. Cambia constantemente a medida que la vida y las fuerzas geofísicas añaden y quitan constituyentes a la composición del aire y, sin embargo, durante largos períodos de tiempo la composición básica del aire se ha mantenido en un equilibrio dinámico. Cuanto más vivamos, más probabilidades tendremos de absorber átomos que, en el pasado, formaron parte de Juana de Arco y de Jesucristo, de los neandertales y de los mamuts lanudos. Así como nosotros hemos respirado a nuestros antepasados, nuestros nietos y sus nietos nos respirarán a nosotros.

Estamos inseparablemente unidos al pasado y al futuro por el espíritu que compartimos.

Cada respiración es un sacramento, una afirmación de nuestra conexión con todos los demás seres vivos, una renovación de nuestro vínculo con nuestros antepasados y una contribución a las generaciones venideras. Nuestro aliento forma parte del aliento de la vida, el océano de aire que envuelve la Tierra. Único en el sistema solar, el aire es a la vez el creador y la creación de la vida misma.

## El origen del aire

La explicación científica del origen del aire es tan asombrosa como cualquier otra historia sobre orígenes, y tan majestuosa en su extensión temporal y en la escala de sus acontecimientos. Los científicos creen que tras el Big Bang que dio origen al universo, inmensas nubes de gases arremolinados se enfriaron y condensaron en grumos de materia atraídos por las fuerzas de atracción de su gravedad. La contracción de la materia calentó el núcleo de los cuerpos masivos hasta que los átomos vencieron las fuerzas electrostáticas de repulsión que los mantienen separados. Los átomos de hidrógeno se unieron con tanta fuerza que atravesaron las potentes fuerzas repelentes de los electrones circundantes. Los núcleos de estos átomos de hidrógeno se fusionaron y formaron helio al tiempo que liberaban energía, encendiendo así los hornos termonucleares de las estrellas que iluminaron los cielos en todo el universo en expansión.

Diez mil millones de años después del Big Bang, nació una estrella —nuestro Sol— en la Vía Láctea. Alrededor de esa estrella había nubes de gases que se fusionaron en cuerpos más pequeños llamados planetas. Uno de los planetas era la Tierra, que nació hace unos cuatros mil seiscientos millones de años a partir de una acumulación de polvo y meteoritos. Siguió creciendo durante millones de años, absorbiendo cualquier cuerpo que se cruzara en su camino, barriendo el polvo cósmico mientras orbitaba alrededor del Sol. El hidrógeno y el helio del manto original que rodeaba la Tierra eran demasiado ligeros para que la gravedad del planeta pudiera retenerlos y escaparon al espacio. Dejaron tras de sí una atmósfera primigenia que se cree estaba compuesta por un 98 % de dióxido de carbono, un 1,9 % de nitrógeno y un 0,1 % de argón.

Cuando la Tierra se enfrió, se volvió geológicamente activa: los volcanes escupieron grandes cantidades de lava, cenizas y gases. Entonces, al igual que ahora, la mayoría de las emisiones gaseosas consistían en vapor de agua, dióxido de carbono y compuestos de azufre, nitrógeno y cloro. Además, se formaron moléculas de metano y amoniaco a partir de los elementos presentes en los gases. Sin embargo, no había oxígeno libre, o puro, que es necesario para la vida animal. Los gases que sí estaban presentes, conocidos como gases de efecto invernadero, formaron una envoltura atmosférica transparente a los rayos solares. Estos rayos penetraban hasta la superficie del planeta en forma de longitudes de onda de luz más cortas. La radiación de estas longitudes de onda se reflejaba hacia el espacio, donde los gases de efecto invernadero se comportaban como el cristal de un invernadero y atrapaban las longitudes de onda más largas, como los infrarrojos, reteniendo el calor como una manta, lo que elevaba la temperatura de la superficie de la Tierra (figura 2.3).

Como la atmósfera terrestre era rica en gases de efecto invernadero y entre veinte y treinta veces más densa que la actual, la superficie de la Tierra se calentó hasta alcanzar una temperatura de entre 85 °C y 110 °C. Cuando la actividad volcánica remitió, la atmósfera se fue enfriando poco a poco lo suficiente como para que el vapor de agua se condensara en nubes, que acabaron convirtiéndose en lluvia que caía sobre la tierra. Así comenzó el ciclo del agua, el proceso continuo de condensación-precipitación-evaporación tan crucial para la vida. No había suelo y, durante cientos de millones de años, el agua se acumuló en ríos, lagos y océanos. Durante eones, cantidades infinitesimales de sales y elementos se filtraron de las rocas y se acumularon en los océanos.

**Figura 2.3**: La absorción de calor por los gases de efecto invernadero.

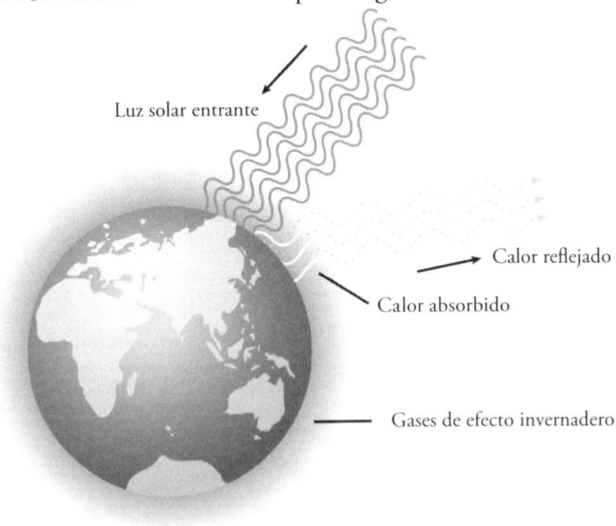


Adaptado de Jeremy Leggett, ed., *Global Warming: The Greenpeace Report* (Oxford: Oxford University Press, 1990), p. 15.

## La interacción de la vida y el aire

Los átomos y las moléculas simples (combinaciones de átomos) de la atmósfera se desplazaban por la superficie del océano y se disolvían en las aguas. Los átomos siguieron acumulándose a medida que los ríos fluían por la tierra y desembocaban en los mares. Con el tiempo, esta rica mezcla de átomos y moléculas interactuó para formar estructuras aún más complejas que se convertirían en los componentes básicos de los grandes compuestos en las células vivas —ácidos nucleicos, proteínas, lípidos e hidratos de carbono— que transmiten la información hereditaria, llevan a cabo reacciones metabólicas y forman las estructuras celulares de todos los organismos. En este entorno prebiótico, se fueron acumulando las condiciones que hicieron posible que la vida prendiera y se extendiera.

En menos de mil millones de años, la vida apareció espontáneamente en los océanos. Sólo podemos especular sobre las extrañas formas experimentales que adoptaron las primeras células, o protocélulas, pero finalmente una célula adquirió las propiedades que le permitieron triunfar donde otras, innumerables, habían fracasado. Fue capaz de ganar la competición contra todas las demás formas y de persistir mediante su replicación. Esa célula fue el antepasado de todos los seres vivos que existen hoy en día, una célula cuya descendencia acabó llenando los océanos, cubriendo la tierra y remontando los cielos.

Si inventáramos el viaje en el tiempo y retrocediéramos 2000 millones de años, la Tierra estaría llena de organismos, pero ninguno sería visible para el ojo humano. Era un mundo microbiano; las bacterias eran las únicas formas de vida sobre la Tierra. Sobrevivieron en los océanos del mundo, en lo que era esencialmente una extensa piscina de experimentación química. Su mundo era anóxico (carente de oxígeno) y estas bacterias extraían energía de las sustancias químicas que las rodeaban, como el sulfuro de hidrógeno o el dióxido de carbono. Posteriormente, hace unos dos mil quinientos millones de años, un grupo de microorganismos llamados cianobacterias desarrolló una forma de capturar la energía de los fotones que llegaban a la Tierra desde el Sol y convertirla en enlaces químicos de alta energía capaces de almacenarse en moléculas para su utilización cuando era necesario.

*El lenguaje de la vida es la química.*

—LYNN MARGULIS, citado en John Brockman, *The Third Culture*

Esta capacidad de convertir la energía del sol en alimento, un proceso llamado fotosíntesis, transformó la naturaleza de la vida en la Tierra. Antes de las cianobacterias, la vida tenía que buscarse la energía, extrayéndola de fuentes hidrotermales, volcanes y enlaces químicos. La luz del sol, sin embargo, era ilimitada. Con la fotosíntesis, la energía se hizo abundantemente accesible. La clave de la fotosíntesis es el pigmento llamado clorofila, que atrapa los fotones y transfiere la energía a lugares donde puede utilizarse para fabricar azúcar. En la fotosíntesis, las cianobacterias (y, más tarde, las algas y las plantas) añadían la energía captada de la luz a una mezcla de dióxido de carbono y agua para producir glucosa, una molécula simple de azúcar con una cadena principal de átomos de carbono y oxígeno. Por cierto, mientras las cianobacterias realizaban sus procesos químicos por la acción del sol, la vida comenzó el largo proceso de modificación de la atmósfera que continúa hasta nuestros días.

Por cada seis moléculas de dióxido de carbono transformadas mediante la fotosíntesis en una molécula de azúcar, se liberan seis moléculas de oxígeno ($O_2$). Durante 100 millones de años, las cianobacterias liberaron oxígeno en el océano. Allí reaccionaba con el hierro en solución para formar óxidos férricos. Esencialmente, el océano comenzó a oxidarse. Los óxidos de hierro se precipitaron y cayeron al fondo oceánico. Hoy en día, estos sedimentos son la fuente de gran parte del mineral de hierro del mundo.

El registro geológico revela que hace unos dos mil millones de años las rocas terrestres que contenían hierro también empezaron a oxidarse. Estas «bandas rojas» proporcionan una pista sobre el momento aproximado en que el océano se saturó definitivamente de oxígeno; era el turno de la atmósfera para recibir este regalo químico. Poco a poco, el equilibrio de gases se desplazó imperceptible pero inexorablemente hacia la atmósfera rica en oxígeno que conocemos hoy. Además, a medida que la vida alteraba la composición química de nuestra atmósfera, creaba nuevas oportunidades para la vida. La Gran Oxidación había comenzado.

Las cianobacterias transformaron la química de la Tierra y prepararon el entorno para la evolución de nuevas formas de vida. Con el tiempo, apareció nueva vida cuando una bacteria invadió a otra, y, de hecho, penetró la membrana del hospedador para alojarse en el interior del protoplasma.

### Una ventana al pasado

La bahía de Shark, en Australia, permite vislumbrar la historia de la Tierra, puesto que podemos ver nuestro planeta tal y como podría haber sido hace unos miles de millones de años. Los cantos rodados en forma de coliflor de los fondos marinos se denominan estromatolitos. ¿El equipo que los construyó? Las cianobacterias.

Los estromatolitos se formaron cuando alfombras de cianobacterias se cubrieron de arena y lodo. Como las cianobacterias necesitan luz, se desplazan a la superficie y siguen su proceso de construcción a medida que ascienden, formando una roca viviente estratificada de bacterias y lodo.

Desde estos discretos cúmulos de roca, las cianobacterias aprovecharon los abundantes recursos de su entorno. Utilizando la luz solar para alimentar una reacción que liberara el oxígeno del agua, crearon una atmósfera idónea para la vida en la Tierra.

Aunque probablemente se tratara de una simple estrategia de supervivencia —buscar comida o protegerse de un depredador, tal vez—, esta invasión resultó ser un punto de inflexión en la historia de la vida. En lugar de crear una unión antagónica, tanto el anfitrión como el invasor descubrieron ventajas mutuas en esta relación. El nuevo conjunto era, en realidad, mayor que la suma de sus partes: la cooperación prevalecía sobre la competencia.

De esta asociación entre dos bacterias surgió un nuevo tipo de célula —más compleja, con núcleo y orgánulos— que facilitó el origen de formas de vida más complejas. Aunque era una idea controvertida incluso en la década de 1980, hoy se acepta ampliamente que las mitocondrias celulares evolucionaron cuando una bacteria se fusionó con otra. (La mitocondria es la central eléctrica de las células, que utiliza oxígeno y sustancias químicas para crear combustible). Los cloroplastos que permiten a las plantas realizar la fotosíntesis son el resultado de una asociación simbiótica similar. El ADN de un cloroplasto se parece poco al del núcleo de la célula, pero es sorprendente su similitud con el ADN de las cianobacterias.

A partir de un mundo dominado por las bacterias, la fusión fortuita de los primeros microbios en los océanos de la Tierra posibilitó la formación de agregados multicelulares más complejos: algas, hongos, plantas y animales. Al principio, los organismos siguieron evolucionando en el lecho oceánico, y después en la arena húmeda, la arcilla y el polvo de sus márgenes. No fue hasta hace unos cuatrocientos setenta y cinco millones de años cuando algunas plantas verdes empezaron a colonizar la tierra y, al hacerlo, siguieron transformando la atmósfera.

La invasión de la tierra por las plantas provocó un florecimiento de la vida, un aumento masivo tanto de la diversidad como del número de seres vivos. Durante un inmenso período de tiempo, las plantas se establecieron como formas de vida dominantes en los océanos y en la tierra, lo que favoreció la evolución de los animales llamados herbívoros que podían aprovecharse de las plantas. Los animales que se alimentaban con pasto incorporaban los productos de degradación de las moléculas vegetales a sus propias estructuras corporales, y los carnívoros que se alimentaban de ellos incorporaban esos restos moleculares a sus cuerpos. Durante eones, florecieron y murieron generaciones de plantas y animales; a medida que sus cadáveres se amontonaban y descomponían, las moléculas que una vez los formaron se filtraban de nuevo al suelo. Con el tiempo, esas cadenas de carbono se convirtieron en los «combustibles fósiles» (carbón, petróleo y gas natural) que hoy explotamos por la energía que aún almacenan sus enlaces químicos.

Así pues, el aire y la vida han interactuado de forma constante, alterándose mutuamente en un proceso dinámico de cambio perpetuo. Mientras que el dióxido de carbono se eliminaba del aire y del agua y se retenía en conchas de carbonato cálcico (que acabaron formando depósitos de caliza) o combustibles fósiles, el oxígeno se liberaba mediante la fotosíntesis. Hace miles de millones de años, el dióxido de carbono dominaba la atmósfera. Poco a poco, los organismos vivos transformaron esa atmósfera, ya que los componentes dominantes del aire pasaron a ser el nitrógeno (78,08 %), el oxígeno (20,95 %) y el argón (0,93 %) (véase la tabla 2.1). Solo cuando la atmósfera se enriqueció con oxígeno la vida pudo evolucionar y florecer tal como la conocemos.

**Tabla 2.1:** Proporciones relativas de los gases en la baja atmósfera

| GAS | % EN VOLUMEN | PARTES POR MILLÓN |
|---|---|---|
| Nitrógeno | 78,08 | 780 840,0 |
| Oxígeno | 20,95 | 209 460,0 |
| Argón | 0,93 | 9340,0 |
| Dióxido de carbono | 0,035 | 350,0 |
| Neón | 0,0018 | 18,0 |
| Helio | 0,00052 | 5,2 |
| Metano | 0,00014 | 1,4 |
| Criptón | 0,00010 | 1,0 |
| Óxido nitroso | 0,00005 | 0,5 |
| Hidrógeno | 0,00005 | 0,5 |
| Xenón | 0,000009 | 0,09 |
| Ozono | 0,000007 | 0,07 |

## Una atmósfera para la vida

Si la Tierra se redujera al tamaño de un balón de baloncesto, la parte de la atmósfera donde se produce la meteorología y viven todos los organismos sería más fina que el papel más fino. En esa fina capa de limo arenoso, la vida se ha afianzado y ha florecido. El equilibrio entre el contenido atmosférico y la temperatura ha sido crucial para ese éxito, como puede comprobarse si comparamos la Tierra con sus planetas vecinos, Venus y Marte. La atmósfera venusina, cien veces más densa que la terrestre, está compuesta principalmente por los potentes gases de efecto invernadero vapor de agua y dióxido de carbono. Como consecuencia, la temperatura media de la superficie de Venus es de unos inhóspitos 460 °C. En cambio, Marte tiene una atmósfera con un 95,3 % de dióxido de carbono, pero el volumen total de la atmósfera supone solo el 0,6 % de la de la Tierra a nivel del mar.

La atmósfera marciana es demasiado difusa para atrapar el calor, por lo que la temperatura media de su superficie es de unos gélidos –53 °C. Nos balanceamos juntos por el espacio como una lección práctica: el horno ardiente, el frío trozo de roca y el mundo brillante y vivo del hogar.

La vida ha florecido en el efímero manto de aire de este planeta, que tiene una densidad total de $5{,}1 \times 10^{15}$ toneladas, menos de una millonésima parte de toda la masa de la Tierra. La atmósfera se extiende 2400 kilómetros por encima de la superficie terrestre, pero solo el 1 % de ella se encuentra a menos de 30 kilómetros del suelo, cinco millones de millones de toneladas de aire cada vez más denso a medida que se acerca a la superficie del planeta. En la capa inferior presiona con una fuerza de un kilogramo por centímetro cuadrado, una presión a la que nosotros, como las demás formas de vida con las que compartimos la superficie, estamos adaptados y de la que no podemos prescindir.

Nuestra relación con la presión atmosférica en la superficie de la Tierra está tan en sintonía que corremos peligro al poco de abandonar su manto protector, perfectamente presurizado. Gracias en gran parte a los esfuerzos de alpinistas y aeronautas pioneros, sabemos que no hace falta mucha altitud para salir de nuestra zona de confort en lo que respecta a la presión atmosférica y la disponibilidad de oxígeno. Incluso los más terrenales de nosotros hemos sentido uno de los primeros síntomas de los cambios de altitud: dolor de tímpanos. En tierra (sea cual sea la altitud sobre el nivel del mar a la que vivamos), la presión del aire a ambos lados del tímpano está igualada. Cuando la presión atmosférica disminuye al aumentar la altitud, el aire con mayor presión dentro del oído empuja el tímpano hacia fuera, lo que provoca un dolor intenso a menos que se pueda liberar la presión. (Lo contrario sucede cuando un buceador desciende: el tímpano es empujado hacia dentro por la presión del agua).

A medida que ascendemos, recuperar el aliento también se hace cada vez más difícil; hay menos oxígeno disponible para cada respiración. Además, la elevada altitud y la baja presión atmosférica pueden hacer que el líquido se filtre desde los capilares y se acumule en los pulmones y el cerebro. Al final, no podremos obtener suficiente oxígeno para cubrir nuestras necesidades y, si no descendemos o utilizamos un respirador, la muerte sobreviene rápidamente. La capacidad de embotellar aire a su presión en la superficie de la Tierra amplió nuestro hábitat —aunque durante breves incursiones— abriendo los cielos y los mares a los exploradores humanos.

Debemos explorar el complejo pastel de capas de gases que presiona nuestras cabezas para comprender qué ocurre allí y por qué. En la Europa medieval, la Tierra se imaginaba como una serie de esferas cristalinas que giraban constantemente unas dentro de otras, transportando las estrellas.

Mientras se movían, cantaban, creando inmensas armonías celestiales: la música de las esferas. Hoy podemos adaptar esta concepción a una visión radicalmente distinta, pero no por ello menos singular: la atmósfera y todas sus esferas más pequeñas que envuelven a este planeta (figura 2.4). Podemos imaginarlas como un conjunto de zonas, cada una de las cuales contiene diversos materiales con distintas propiedades, que se mueven unas dentro de otras. Aunque no cantan, estas regiones brillan, reflejan, protegen, calientan y enfrían: son el hábitat de la vida. Refugiados en nuestras esferas, somos los únicos que podemos mirar hacia arriba y cantar.

Vista desde la superficie de la Tierra, la atmósfera parece homogénea, constantemente mezclada por los vientos y la convección. De hecho, los primeros 83 kilómetros desde la superficie terrestre se denominan homosfera porque el aire se mantiene uniformemente mezclado. La mitad de la masa de la atmósfera se encuentra a menos de seis kilómetros de la Tierra. Incluso este velo difuso presenta diferencias que reflejan las variaciones de la radiación solar, el calentamiento por la superficie terrestre, la gravedad, la evaporación y la radiación cósmica entrante. Por ejemplo, la gravedad mantiene los elementos más pesados más cerca del suelo, mientras que los más ligeros, como el helio, se encuentran en mayor abundancia relativa a altitudes extremas.

**Figura 2.4**: La absorción de calor por los gases de efecto invernadero.

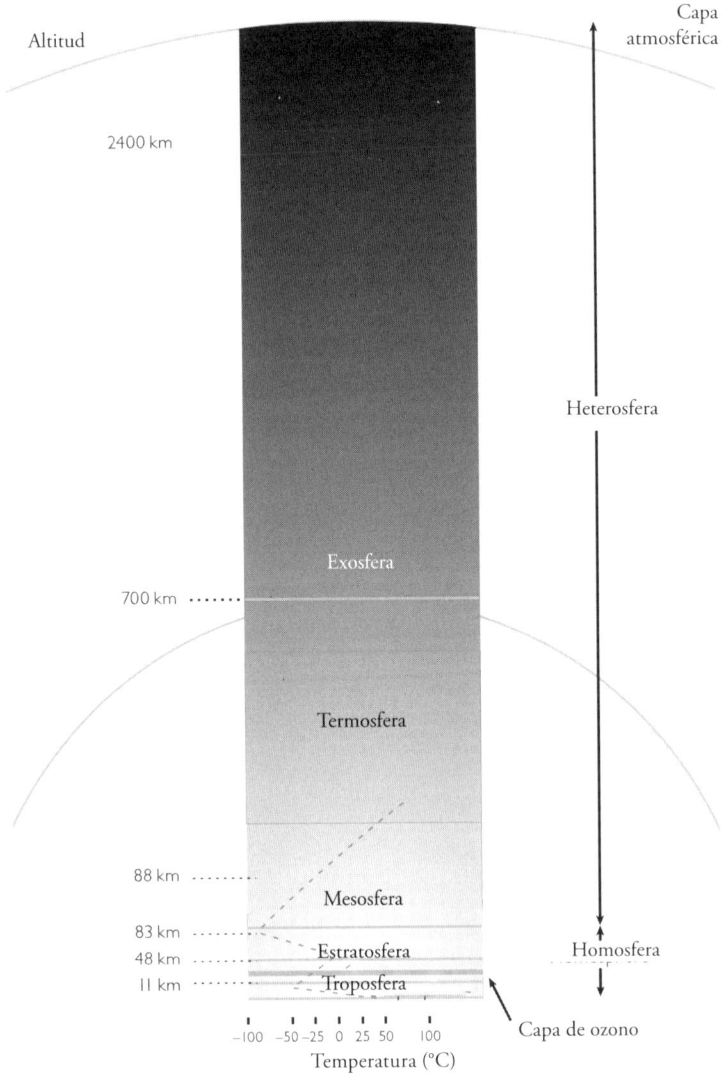


La línea de puntos indica la temperatura en la baja atmósfera.
Adaptado de *Science Desk Reference* (Nueva York: Macmillan, 1995).

El nivel más bajo de la homosfera es la troposfera, donde se encuentra la vida y se produce el clima. Está a una altura media de 11 kilómetros sobre la superficie terrestre, pero se encuentra a ocho kilómetros sobre los polos y a 16 kilómetros sobre el ecuador. Por encima de la troposfera está la estratosfera (a una altura de entre 11 y 48 kilómetros desde la superficie terrestre), donde los gases se vuelven más ligeros; esta región contiene la capa de ozono, que está a entre 16 y 48 kilómetros sobre la Tierra. Por encima de la estratosfera se encuentra la mesosfera, a una altura de entre 48 y 88 kilómetros desde la superficie terrestre.

Aquí abajo en la troposfera, donde vivimos, hay diferentes niveles de acción atmosférica, muchos de los cuales se solapan e interactúan. Los vientos de alta velocidad separan el flujo de aire cálido de la zona ecuatorial y el aire frío de las regiones polares. Estos vientos se denominan corrientes en chorro y se producen a una altitud de entre 7620 y 13 716 metros sobre la Tierra. En general, las corrientes en chorro se mueven de oeste a este tanto en el hemisferio norte como en el sur, pero pueden curvarse temporalmente hacia el norte o el sur. En el hemisferio norte, los vientos del oeste suelen seguir la trayectoria de las corrientes en chorro.

La mayor parte del tiempo no somos conscientes de los grandes movimientos de la Tierra y su atmósfera. Sin embargo, a veces, estamos directamente en contacto con el motor que impulsa la vida. A cualquiera que haga un viaje de ida y vuelta en avión entre Vancouver y Toronto o entre San Francisco y Nueva York le llamará la atención que se tarden más de cinco horas en volar hacia el oeste, pero menos de cuatro horas yendo de oeste a este por la misma ruta. La razón de la diferencia son los vientos de frente que sopla de oeste a este a medida que la atmósfera es arrastrada por la rotación de la Tierra. Estas corrientes de aire mezclan continuamente aportes de distintas partes del globo —vapor de agua de los océanos y selvas tropicales del planeta, polvo de los desiertos y emisiones de los centros industriales humanos—, transportando y esparciendo desechos como inmensos ríos en el aire.

La troposfera está constantemente agitada y mezclada por corrientes de convección que surgen de las diferencias de temperatura entre el aire, la tierra y el mar; de las cadenas montañosas, el clima y la humedad; de las floraciones de algas marinas y la transpiración de los bosques. Aunque la complejidad de estas perturbaciones hace que la meteorología local sea difícil de predecir, es posible cartografiar y comprender los patrones globales del viento. El aire entre el hemisferio norte y el hemisferio sur no se mezcla mucho: a medida que el aire se calienta alrededor del ecuador, se generan corrientes de aire a ambos lados que quedan separadas por la zona intermedia sin viento de calmas ecuatoriales.

---

### El efecto saltamontes

Glaciares en lo alto de las Montañas Rocosas, vastas extensiones árticas de tundra, nieve, hielo y mar: el vértice de Canadá y la cima del mundo. Lejos de la industria, los automóviles y las grandes ciudades, estos son los últimos lugares en los que uno imaginaría encontrar niveles preocupantes de contaminación. Sin embargo, por desgracia, estas zonas frías y remotas son los receptores involuntarios de algunos de los contaminantes más persistentes del mundo.

El difunto David Schindler tomó durante años testigos de hielo del glaciar Snow Dome, en lo alto de las Montañas Rocosas canadienses. Como se forma una nueva capa de hielo cada año, se conserva un registro anual de contaminantes atmosféricos, autoestopistas en los vientos del mundo. El balance es alarmante: plaguicidas, PCB y otros contaminantes orgánicos persistentes quedan atrapados, dejando un rastro en el hielo de nuestras creaciones químicas.

El recorrido de estos contaminantes hasta el hielo puede haber sido largo. Probablemente comenzó en un clima más cálido, donde las sustancias químicas se evaporaron y se unieron al sistema de transporte de larga distancia de los vientos atmosféricos. Fueron arrastrados hasta chocar con aire más frío, donde se condensaron y cayeron a la Tierra, a caballo de la lluvia o la nieve. Este ciclo de calentamiento (evaporación), enfriamiento y precipitación podría haberse producido una y otra vez antes de que los contaminantes detuvieran por fin su vagabundeo por el mundo, en climas más altos, fríos y septentrionales. Dado que el viaje se produce a grandes «saltos» hacia el norte, este fenómeno se conoce como «efecto saltamontes».

La dieta tradicional basada en productos del mar de los pueblos indígenas del norte circumpolar está considerada una de las más saludables del mundo. Sin embargo, ahora esta dieta, que no solo les sirve de sustento sino que define sus culturas, amenaza su salud. A medida que los contaminantes se precipitan en el agua o el suelo, entran en el eslabón inferior de la cadena alimentaria marina. Estas toxinas se transmiten, acumulan y concentran, desde el plancton a los caracoles y a los peces, hasta que llegan al final de las cadenas alimentarias del ártico: los habitantes del norte y los principales depredadores, como osos polares, focas y ballenas.

*Se supone que la leche materna es un regalo. No debe ser un veneno.*
—ERIC DEWAILLY, citado en Marla Cone, *Silent Snow*

Aunque todas las personas del mundo llevan algún rastro de sustancias químicas tóxicas, es una triste ironía que las personas que viven en uno de los lugares menos industrializados de la Tierra lleven en sus cuerpos un registro tóxico de los pesticidas y compuestos industriales a los que hemos dado rienda suelta sobre el planeta. Las mujeres de Nunavik, a orillas de la bahía de Hudson, tienen siete veces más PCB en la leche materna que las de algunas de las mayores ciudades de Canadá; los niveles medios de PCB y de mercurio en la leche materna de las mujeres de Groenlandia son entre veinte y cincuenta veces superiores a los registrados en las zonas urbanas de Estados Unidos y Europa; el aumento de los niveles de contaminantes tóxicos en los osos polares está provocando cambios en sus sistemas hormonal e inmunitario. Y la lista continúa.

Más grave aún fue cuando el 26 de abril de 1986 se declaró un incendio en la central nuclear de Chernóbil (Ucrania); fueron científicos suecos los primeros en alertar al mundo de que algo catastrófico había ocurrido en la Unión Soviética. Los radioisótopos liberados por el reactor nuclear de Chernóbil se filtraron desde las ruinas a la atmósfera. Al atravesar Escandinavia, los instrumentos detectaron un enorme pico de radioactividad. Como etiquetas de identificación, esos radioisótopos se desplazaron por el hemisferio norte revelando la trayectoria del aire procedente de Ucrania. Lejos de allí, en Gales, la lluvia radioactiva fue tan intensa que las ovejas se contaminaron y se prohibió su venta. Un año después, la prohibición seguía vigente.

Chernóbil y la contaminación del ártico ilustran gráficamente el carácter global del aire. El aire no es un recurso nacional o local, sino un bien común mundial al que aportamos nuestros residuos y del que extraemos aire para alimentar nuestros cuerpos.

## La atmósfera como escudo contra la radiación

La atmósfera ha desempeñado otro papel crucial en el desarrollo y la supervivencia de la vida en la Tierra: el de escudo contra la radiación. Además de la luz visible, el planeta es bombardeado constantemente por la luz ultravioleta invisible de longitud de onda corta procedente del sol. Los ácidos nucleicos, el material hereditario de los organismos vivos, son especialmente sensibles a esta longitud de onda de la luz. Cuando la luz ultravioleta incide sobre una molécula de ADN, partes específicas de la molécula absorben energía de la luz, induciendo de este modo una modificación y una reacción químicas. Aunque los «mecanismos de reparación» han evolucionado para tratar los daños en el ADN inducidos por los rayos ultravioleta, no todos los daños se reparan y pueden producirse alteraciones genéticas. Dado que la vida ha evolucionado durante largos períodos de tiempo, es probable que casi cualquier alteración del material genético rompa el equilibrio de refinadas reacciones celulares mediadas por genes y resulte más perjudicial que beneficiosa.

En la atmósfera, cuando una molécula de oxígeno formada por dos átomos de oxígeno es alcanzada por la luz ultravioleta, se divide en dos radicales libres, es decir, en átomos altamente reactivos. Un radical libre de oxígeno puede reaccionar con una molécula de oxígeno compuesta por dos átomos para crear una molécula de oxígeno de tres átomos, es decir, ozono. De este modo, el oxígeno de la atmósfera se descompone y se recombina constantemente en ozono. A treinta kilómetros por encima del suelo, en una capa tan gruesa como una hoja de periódico, se encuentra la zona donde se forma y degrada el ozono. Esta zona se denomina capa de ozono. Como el ozono es una forma de oxígeno, tiene la capacidad de atrapar la energía de la luz ultravioleta; como consecuencia, la capa de ozono filtra gran parte de la luz ultravioleta antes de que pueda incidir en la Tierra.

*Una vez que se disponga de una fotografía de la Tierra, tomada desde el exterior, se desatará una idea tan poderosa como cualquiera otra en la historia.*

—FRED HOYLE, citado en E. Goldsmith *et al.*, *Imperiled Planet*

Esta interacción química es parte de una espléndida simetría, parte de la ancestral relación de reciprocidad entre la vida y la atmósfera, cada una creando, ajustándose, modificando y protegiendo a la otra a lo largo de los milenios. En el contexto de la evolución planetaria y biológica, ha sido una colaboración extraordinaria, y puede que haya alcanzado un equilibrio. Vista desde el largo recorrido de los cambios geológicos, la atmósfera terrestre ha estado en constante cambio, afectando a la vida y siendo afectada por ella. Sin embargo, durante varios cientos de miles de años, a través de glaciaciones y períodos interglaciares, la atmósfera ha permanecido relativamente estática. La presencia del oxígeno se ha situado en torno a un 21 % en la atmósfera, un nivel propicio, ya que un 25 % de oxígeno bien podría incendiar la atmósfera; si esta contuviera solo un 15 % de oxígeno, sería letal para la vida. El dióxido de carbono y el vapor de agua, que son gases de efecto invernadero y favorecen la fotosíntesis, han mantenido la temperatura de la superficie del planeta dentro de los límites de una cómoda variación de 7 °C en los últimos tres millones de años. Estas proporciones y relaciones pueden ser las armonías que oímos, acurrucados en nuestro hueco en la Tierra, sorbiendo el aire. Moviéndose y girando sobre nosotros, a nuestro alrededor, en nuestro interior, está el elemento invisible que animó por primera vez el planeta: el aliento de la vida. Como alguien dijo, no sería un pez el primero en descubrir el agua. Por eso, tuvimos que salir de casa para comprender el significado pleno de lo que el aire y la vida han creado juntos.

> *Cuando miramos al cielo, nos parece interminable... Pensamos sin reflexionar en el infinito océano de aire, y entonces te sientas a bordo de una nave espacial, te alejas de la Tierra y en diez minutos te han sacado directamente de la capa de aire, ¡y más allá no hay nada! Más allá del aire solo hay vacío, frío, oscuridad. El «infinito» cielo azul, el océano que nos da aliento y nos protege de la negrura sin fin y de la muerte, no es más que una película infinitesimal. Qué peligroso es amenazar siquiera la parte más pequeña de esta delgada cubierta, esta conservadora de la vida.*
>
> —VLADIMIR SHATALOV, citado en K.W. Kelley, ed., *The Home Planet*

### Aire para toda la vida

Invisible e indivisible, el aire es un lugar sin fronteras ni dueños, compartido por toda la vida sobre la Tierra. Es la herencia legítima de todas las generaciones futuras, la matriz que ha moldeado el rumbo de la evolución. El aire nos une a todos como una única entidad viva que se extiende a través del tiempo y el espacio. Cada uno de nosotros —los que han vivido en el pasado, los que viven en el presente y los que vivirán en el futuro— necesitamos aire cada minuto de cada día que vivimos, en las proporciones y la pureza a las que nuestros cuerpos están adaptados.

La calidad del aire depende ahora, como siempre, de la interacción dinámica entre la vida y la atmósfera, de lo que entra y lo que sale. Durante largos períodos de tiempo, a medida que ha cambiado la proporción de gases en la atmósfera, también lo han hecho los tipos de organismos que prosperan. En la actualidad, sin embargo, el cambio se está produciendo a gran celeridad, a medida que la tecnología humana empuja al sistema. Las exhalaciones de nuestras máquinas se suman a los componentes del aire y los alteran.

Para muchos grupos de cazadores-recolectores, proteger los espíritus de los animales que matan es una responsabilidad sagrada. Realizar los rituales adecuados, no matar más de lo que necesitan y no desperdiciar ninguna parte de su presa son formas de expresar su gratitud y reconocer su dependencia de estos animales. Del mismo modo, pero aún más profundamente, debemos reconocer nuestra responsabilidad en proteger el aire que respiramos.

Los científicos, como ocurre con muchas otras cosas, no saben muy bien cómo mantiene la Tierra su capacidad de conservar un aire apto para la vida. Pero las prioridades son bastante obvias. La capa de organismos fotosintetizadores del planeta es crucial para aportar oxígeno a la atmósfera. Los automóviles son una fuente considerable de dióxido de carbono. Desde la Revolución Industrial, los niveles de dióxido de carbono en la atmósfera no han dejado de aumentar y podrían más que duplicarse de aquí a 2100 si no se hace un esfuerzo por limitar nuestra dependencia de la quema de combustibles fósiles. Un acuerdo mundial para proteger y aumentar los bosques y las plantas marinas es un comienzo esencial, que afirma la prioridad del aire como base de la vida: nuestra vida, toda la vida, siempre. No obstante, un acuerdo de este tipo serviría de poco para resolver el problema a largo plazo si no se reducen en todo el mundo las emisiones procedentes de la tecnología humana. Eso significa desengancharnos de nuestra adicción mortal a los combustibles fósiles.

Desde nuestro primer llanto con el que anunciamos nuestra llegada a la Tierra hasta nuestro último suspiro en el momento de la muerte, nuestra necesidad de aire es absoluta. Cada respiración es un sacramento, un ritual esencial. Al imbuirnos de este elemento sagrado, nos vinculamos físicamente a todos nuestros parientes biológicos actuales, a innumerables generaciones que nos han precedido y a las que nos seguirán. Nuestro destino está ligado al del planeta por las emisiones gaseosas generadas por los incendios, los volcanes y las máquinas e industrias creadas por el hombre.

Una vez que hayamos devuelto al hálito de vida la primacía que le corresponde —por encima de todos los demás derechos y responsabilidades del ser humano, el punto de referencia del que emanan todas las decisiones—, podremos empezar a trabajar a largo plazo para revivir un antiguo equilibrio. Utilizando la naturaleza como referente, podremos volver a desempeñar nuestro papel en la larga colaboración de la vida con el aire.

# 3

# Los océanos que fluyen por nuestras venas

*Y que creamos del agua a todo ser vivo.*
—CORÁN 21:30

*De los manantiales sacas los ríos, para que fluyan entre los montes; en ellos beben las fieras de los campos, el asno salvaje apaga su sed.*
—SALMOS 104:10-11[4]

Si los primeros exploradores de nuestro sistema solar hubieran sido aventureros transgalácticos de otra parte del universo, su primera visión de este planeta podría haberles llevado a llamarlo Agua. Desde el espacio se ve que el nuestro no es el planeta verde, sino el planeta azul, con sus grandes océanos y su delicado velo de nubes.

Un asombroso 70,8 % de la superficie de la Tierra corresponde a océanos; con una profundidad media de 3,73 kilómetros, los océanos contienen un total de 1370 millones de kilómetros cúbicos de agua. Si se incluyen los mares interiores, los lagos, los glaciares y los casquetes polares, un total de 379,3 millones de kilómetros cuadrados (el 74,35 % de la superficie del planeta) está cubierto de agua. Las masas de tierra por encima de la superficie son meras protuberancias. Si se alisara y nivelara la par-

[4] N. del T.: Traducción de https://www.conferenciaepiscopal.es/biblia/salmos/.

te sólida de la Tierra, un solo océano envolvería todo el globo hasta una profundidad de 2,7 kilómetros.

Los seres humanos somos marineros de agua dulce en este planeta acuático, isleños varados en tierra firme, rodeados y dependientes de un elemento extraño, un viejo hogar que abandonamos hace mucho tiempo y que aún llevamos dentro. El agua es la materia prima de la creación, la fuente de la vida. Cuando las aguas se rompen, el niño nace de ellas, igual que los dioses de antaño dividieron el oscuro océano primigenio y dieron forma a la Tierra, igual que las primeras criaturas terrestres se abrieron paso a través de la corriente.

Quizá por eso el agua está en el corazón del ritual humano. El bautismo, por ejemplo, suele dar la bienvenida al niño a la familia humana, limpiando el pasado y marcando un nuevo comienzo. El poderoso simbolismo del agua —como transformación, purificación, intercambio— impregna nuestras vidas. El agua fluye por nuestros recuerdos: ese baño al sol en un arroyo, ese deseo formulado al tirar una moneda en una fuente, ese primer suspiro de placer cuando los pies cansados se deslizan en un frío arroyo de montaña. Nuestra literatura está repleta de nuestra incierta relación con esta sustancia crucial: el agua de la que procedemos, el agua de la que no podemos prescindir, el agua que puede ahogarnos o inundar nuestro mundo.

*A más de cinco brazas*
*Tu padre hundido está;*
*sus ojos son ya perlas*
*y sus huesos coral;*

*la arcilla de su cuerpo*
*los olas cambiarán*
*en objetos preciosos*
*de riqueza sin par.*

—WILLIAM SHAKESPEARE, *La tempestad*[5]

El océano —cambiante, voluble, misterioso— ejerce una poderosa influencia en la vida humana y se apodera de su imaginación. Subiendo y bajando por las costas de la Tierra, se mueve a ritmos más que terrestres. Arrastradas en tres direcciones, por la Tierra, la Luna y el Sol, las mareas suben y bajan día tras día, mes tras mes, estación tras estación, bailando al ritmo de los giros del planeta, el satélite y la estrella.

### El hipermar: un océano que fluye por la tierra

Puede que la vida haya evolucionado en el océano —donde permaneció unos tres mil quinientos millones de años—, pero, en comparación, el éxito de la vida sobre la tierra ha sido espectacular y rápido. Una vez que las plantas empezaron a colonizar los márgenes terrestres del planeta, hace unos cuatrocientos setenta y cinco millones de años, la diversidad de la vida se expandió con celeridad. En la actualidad, se calcula que hay dos especies sobre la tierra por cada una en el océano. Además, toda esta vida se agolpa en un espacio de una fracción de la profundidad y amplitud del océano. ¿Qué es lo que provocó esta espectacular explosión de vida?

Sabemos que los organismos terrestres llevan el océano en su interior, en células llenas de líquido, por ejemplo. Así es como los organis-

[5] N. del T.: Traducción de https://emothe.uv.es/biblioteca/textosEMOTHE/EMOTHE0253_LaTempestad.php.

mos pudieron explotar la tierra, pero Dianna y Mark McMenamin llevaron la idea más lejos. Sugieren que hay otro «océano» que fluye a través de la vida sobre la tierra. Mientras que los organismos marinos se bañan pasiva e individualmente en líquido, los terrestres están conectados físicamente con otros organismos, creando complejas redes por las que pueden circular líquidos. Por ejemplo, los parásitos pueden viajar por la sangre de un animal, las raíces de los árboles se entrelazan con los diminutos hilos, o hifas, de un hongo que tejen el suelo, y los pulgones beben la savia de una planta. El quid de la idea de los McMenamin es que los organismos terrestres tuvieron cada vez más éxito, presionados en gran medida por la influencia de hongos y parásitos, y fueron capaces de separarse y colonizar nuevos hábitats a medida que aprendían a explotar los líquidos. Sin embargo, no utilizaban solo los líquidos obvios, como el agua superficial, sino también los mares internos que fluyen en la sangre, la savia y el líquido celular. Estas conexiones a través de los líquidos dieron lugar a otro hábitat acuático en tierra firme, un mar interior que fluye entre los seres vivos.

De algún modo, siempre lo hemos sabido y hemos escuchado mensajes sobrenaturales en los movimientos del mar. Los antiguos griegos llamaban al mensajero Proteo el viejo del mar, pastor de las focas del océano. Veía el futuro y nos diría la verdad sobre él... si pudiéramos atraparlo. La metamorfosis era su vía de escape; cambiando de forma, de león a dragón, a una corriente de agua, convirtiéndose en llama, en árbol, se escurría entre los dedos en una vertiginosa serie de transformaciones. Del mismo modo, las aguas que representaba son criaturas eternas capaces de metamorfosearse, que se transforman continuamente a sí mismas y al resto del planeta. Nos traen una extraña y antigua verdad que nos cuesta comprender: una visión de las fuentes de la vida y de sus infinitas metamorfosis.

## El ciclo hidrológico

Si el aire es el combustible, el espíritu que anima a todos los seres vivos, el agua les confiere cuerpo y sustancia. El agua era absolutamente necesaria para que evolucionara la vida tal como la conocemos. La vida se originó en los océanos, y el sabor salado de nuestra sangre nos recuerda nuestro nacimiento evolutivo marino. Sin embargo, nosotros, como muchos otros animales y plantas, no podemos vivir en el agua salada. Nuestras vidas son posibles gracias al ciclo hidrológico, el milagroso proceso por el que el agua salada se transforma en dulce mediante evaporación y se redistribuye por el planeta. La energía del sol hace que el agua se evapore del océano en forma de vapor de agua, que asciende a la atmósfera y cae de nuevo sobre la tierra en forma de precipitaciones. El agua que llega a la superficie terrestre en forma de lluvia se filtra en el suelo o corre hacia ríos y lagos para terminar de vuelta en los océanos (figura 3.1).

El ciclo hidrológico es crucial para toda la vida, aunque a veces nos gustaría que no lo fuera. «¡Otra vez lloviendo!» es una queja habitual en Seattle y Vancouver. «Lleva lloviendo a cántaros cinco días», refunfuña un turista decepcionado en la selva tropical del Chocó, en Colombia, olvidando que el exuberante esplendor que ha venido a contemplar ha sido creado y mantenido por la lluvia de la que se lamenta. La lluvia da vida. Quienes trabajan en estrecho contacto con la tierra lo saben. Los pescadores de bajura contienen la respiración si el tiempo cálido y seco se prolonga hasta bien entrado el otoño. Observan ansiosos cómo los salmones, repletos de huevos y esperma, se arremolinan en los estuarios a la espera de que lleguen las lluvias y se llenen los ríos. Los agricultores de las praderas que miran sombríamente hacia un cielo despejado entienden el ciclo hidrológico mejor que la mayoría. También lo hacen los pueblos indígenas, que en sus danzas de la lluvia ruegan a las nubes que lloren, y las culturas de otras partes del mundo, que en sus elaborados festivales ruegan a los dioses que envíen los fértiles monzones.

**Figura 3.1**: El ciclo hidrológico.

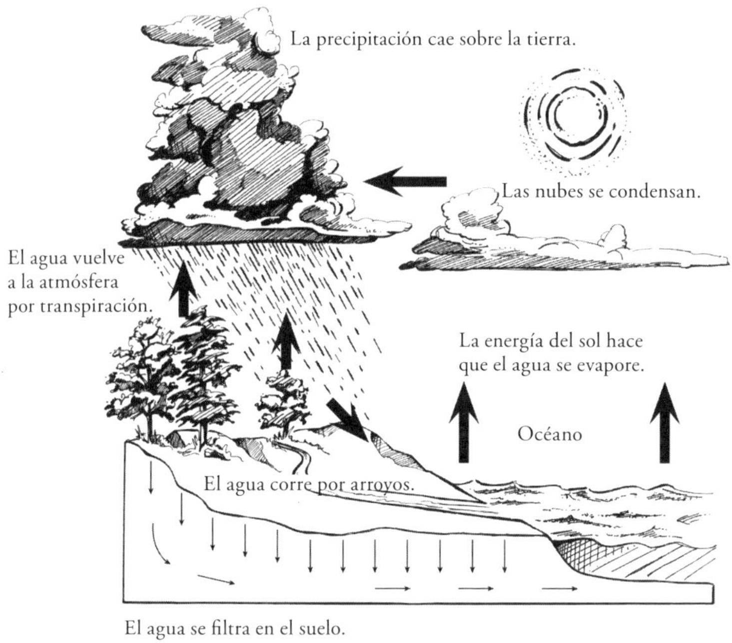


Los organismos vivos participan activamente en el ciclo hidrológico, absorbiendo y filtrando el agua y devolviéndola a la atmósfera a modo de exhalación. Las plantas desempeñan un papel especialmente importante por medio de la transpiración, es decir, la pérdida de agua a través de sus hojas.

Un bosque es un intrincado dispositivo para captar, retener, utilizar y reciclar el agua. Podríamos asemejarlo a una gran esponja, salvo que es mucho más complejo. Esa maraña de raíces arbóreas que serpentea por el suelo del bosque absorbe el agua a la vez que sustenta el suelo de forma tan eficaz que los arroyos no se desbordan y el agua que fluye por ellos es limpia y clara después de muchos días de lluvia. En las selvas tropicales, millones de toneladas de agua son extraídas del suelo y devueltas al cielo mediante la transpiración. En esencia, en los bosques llueve hacia arriba, hacia los cielos.

Los bosques también recogen la humedad del cielo. Sobre todo en las zonas costeras, donde hay mucha niebla y bruma, los árboles peinan el aire. Las gotas de agua se condensan en las agujas y las hojas y caen al suelo del bosque, gota a gota, contribuyendo a sus reservas de agua. Además, la capacidad de los árboles para recoger agua puede ser considerable. En estudios realizados en Australia se demostró que los «bosques nubosos» pueden captar entre un 10 % y un 25 % más de agua del vapor atmosférico que la que cae en forma de lluvia. Imaginemos lo que pasaría si estos árboles, con sus imponentes copas que se extienden hacia el cielo, desaparecieran.

Dentro y fuera, los bosques ayudan a regular el clima y el ciclo hidrológico. Los bosques retienen el agua en el suelo, en las raíces, los troncos y las ramas. El agua se distribuye lentamente a lo largo de días y semanas, y la que sobre se devuelve al aire.

Las grandes extensiones de bosque crean su propio clima local, lloviendo sobre sí mismas y manteniéndose húmedas durante los períodos secos. Al mismo tiempo, modifican el clima de toda la región y más allá. Cuando se eliminan grandes extensiones de bosque, el suelo estéril se endurece, haciendo que la lluvia se evapore o se drene rápidamente.

---

### La vida de Aqua, una molécula de agua

Supongamos que siguiéramos a una sola molécula de agua expulsada por un volcán activo de una isla hawaiana. Llamaremos a esta molécula Aqua. Liberada con una mezcla de otros gases de las profundidades del planeta, Aqua se eleva hacia el cielo, azotada por las fuerzas de convección y los vientos atmosféricos que soplan constantemente por todo el planeta. Finalmente, Aqua se encuentra fluyendo hacia el este de las islas, a 10 kilómetros sobre el océano, moviéndose a lo largo de una franja de humedad que es como un gran río atmosférico.

Al llegar a la costa de Norteamérica, Aqua se desplaza hacia el interior hasta encontrarse con la fuerza ascensional de las Montañas Rocosas. La nube en la que se encuentra Aqua comienza a enfriarse, condensarse y finalmente licuarse, y la molécula de agua cae hacia la tierra como parte de una gota de lluvia. Al golpear la Tierra, Aqua serpentea por el suelo, arrastrada por las fuerzas de la gravedad, moviéndose erráticamente alrededor de granos de arena que asoman como planetas en miniatura.

Cuando Aqua se hunde en el suelo, se encuentra con una fina raicilla de un árbol que la absorbe en su tejido xilemático, arrastrando a la molécula hacia arriba por capilaridad a través del tronco hasta las ramas. Al final, Aqua acaba en una de las semillas de una piña. Un pájaro picotea la piña, quitando y tragando la semilla que contiene a Aqua. Cuando el ave vuela hacia el sur en su migración anual, absorbe a Aqua en su torrente sanguíneo.

Mientras descansa en una selva tropical de Centroamérica, el ave es presa de un mosquito. Aqua es succionada al intestino del mosquito y, cuando el insecto cargado de sangre cae cerca de un arroyo, es atrapado por un pez de mirada aguda, que incorpora a Aqua a su tejido muscular. Un pescador indígena clava su arpón en el pez y se lo lleva triunfalmente, junto con Aqua, a casa para comer. Y así continúa el interminable y azaroso peregrinaje de cada molécula de agua.

Este ciclo entre aire, agua y bosque es más llamativo en la selva tropical de la cuenca del Amazonas. Esta extensión de bosque tropical, la mayor de la Tierra, es un importante motor térmico que mueve diariamente enormes cantidades de agua a través del bosque, ya que los árboles y otras plantas absorben agua y luego la devuelven a modo de exhalación. Cada año, un solo árbol de gran tamaño puede mover 700 toneladas de agua desde el suelo, que pasan a través de su tronco hasta la copa y, en última instancia, a la atmósfera. Hay tanta humedad encerrada en los bosques del Amazonas que actúa como un océano verde, sembrando de humedad las nubes que navegan sobre él, igual que las nubes se forman sobre los mares. La influencia de la selva amazónica es de gran alcance, ya que alimenta las principales corrientes atmosféricas y oceánicas, que a su vez impulsan los patrones climáticos y meteorológicos mundiales.

## El sistema circulatorio de la Tierra

A través de los continentes, la red de vías fluviales se asemeja al sistema circulatorio de un cuerpo. De hecho, ese es el papel que desempeñan los sistemas lacustres y fluviales. El agua que se desliza tras la lluvia o por el deshielo de la nieve o desde las raíces de las plantas se acumula en acequias y arroyos, que la llevan a los ríos que desaguan en lagos u océanos, donde se evapora de nuevo para pasar a la atmósfera. Patrones de raicillas, raíces y ramas; riachuelos, arroyos y ríos; venas y capilares en los tejidos vivos: todos ellos reflejan las mismas realidades físicas y nos unen a todos en los procesos vitales de la Tierra. En palabras del ecologista acuático Jack Vallentyne:

> *Si el agua es la sangre de la Madre Tierra y el suelo la placenta, los cursos de los ríos son venas, los océanos son compartimentos del corazón y la atmósfera es una aorta gigante. Comparando los latidos de la Tierra con los del corazón humano, la esperanza de vida de los ríos variaría entre millones y miles de millones, dependiendo de si los latidos de la Tierra se miden en días o en años.*

El agua no solo fluye, sino que también permanece quieta, formando una película alrededor de diminutas partículas de tierra, acumulándose en los intersticios de las rocas y creciendo hasta cubrir una vastedad en los profundos acuíferos subterráneos, que existen desde que los dinosaurios vagaban por la tierra. Esta agua «fósil» puede desplazarse unos metros cada miles de años; se considera que el agua del acuífero situado bajo la ciudad de Londres tiene veinte mil años. El agua no se genera constantemente *de novo*; lo que hay aquí en la Tierra siempre ha estado aquí. Sin embargo, el proceso de transformación por el que mantiene la vida, dando vueltas alrededor del planeta, pasando de una nube a la lluvia y al suelo y viceversa en el ciclo hidrológico, no ha existido siempre. Es el producto de una multitud de factores: la temperatura, la química, el suelo y la propia vida.

## La primera inundación

En los primeros tiempos de la Tierra, la atmósfera estaba demasiado caliente para que el agua existiera en forma líquida. El agua expulsada por los volcanes se evaporaba, y solo después de decenas de millones de años, cuando la atmósfera se había enfriado lo suficiente, pudo condensarse en nubes. Finalmente, esas nubes pudieron liberar su contenido lloviendo sobre la roca que formaba la superficie del planeta.

Imaginémonos el paisaje rocoso, seco y sin vida que era entonces la Tierra: inmensas montañas perforan el cielo; profundas zanjas hienden la superficie. A medida que la lluvia cae sin cesar, el agua se acumula en cada depresión, llenando cada una de ellas y fluyendo hacia la siguiente contención. Atraída por la gravedad, el agua desborda las depresiones, convirtiéndose en arroyos y ríos, arrastrando rocas, surcando canales, corriendo siempre hacia lugares más bajos.

Después de millones de años, el agua dulce cubrió la mayor parte de la Tierra. La incesante corriente de agua disolvía los compuestos de las rocas y desgastaba cantidades ínfimas de elementos, arrastrándolos hasta las mayores masas de agua. Los mares salados se formaron por esta imperceptible acumulación, un enorme cambio logrado por alteraciones infinitesimales a lo largo de inmensos períodos de tiempo.

La vida comenzó en el período arcaico, hace entre 3800 y 2500 millones de años, e incluso en esos primeros tiempos parece haber desempeñado un papel en el mantenimiento del suministro de agua de la Tierra. Durante ese periodo, los óxidos de la roca basáltica reaccionaban de continuo con el dióxido de carbono y el agua, produciendo diversos carbonatos (compuestos de oxígeno y carbono) de sodio, potasio, calcio, magnesio y hierro, y liberando hidrógeno a la atmósfera. Como el hidrógeno es extremadamente ligero y la fuerza de la gravedad del planeta no puede retenerlo, se perdió en el espacio. Si esta reacción hubiera continuado durante mil millones de años o más, se habría perdido toda el agua del planeta y la atmósfera de la Tierra sería como la de Marte. En cambio, las cianobacterias (y, posteriormente, las algas y las plantas) aprovecharon los abundantes recursos de que disponían —agua, luz solar y dióxido de carbono— para alimentar una reacción química que cambiaría su mundo. La fotosíntesis generaba oxígeno como un subproducto, pero también retenía parte del hidrógeno del agua en el anillo de carbono de la glucosa, aferrando así el hidrógeno al planeta. Además, el hidrógeno libre producido por la oxidación del hierro en la roca era aprovechado por las bacterias como fuente de energía. El oxígeno, el hidrógeno y el azufre reaccionan químicamente para producir agua y sulfuro de hidrógeno, que contiene energía recuperable en su estructura. Así pues, es muy posible que las fuerzas de la vida hayan evitado la desecación del planeta al atrapar el hidrógeno necesario para el agua e impedir así su deriva hacia el espacio.

## Nuestra necesidad de agua

*La vida es agua animada.*

—VLADIMIR VERNADSKY, citado en M.I. Budyko, S.F. Lemeshko y V.G. Yanuta, *The Evolution of the Biosphere*

Al igual que el aire, el agua es esencial para nuestra supervivencia. Sin embargo, mientras que la falta de aire nos matará en cuestión de minutos, el agua tarda más en hacernos sentir su necesidad. Privados de agua durante unas horas, sobre todo después de hacer ejercicio o en un día caluroso, sentimos que se nos reseca la garganta; el cuerpo nos pide beber. Si no hay agua disponible, podríamos sobrevivir hasta 10 días, dependiendo de la temperatura ambiente, nuestro grado de actividad y la ropa que llevemos puesta. Sin embargo, al final tendríamos una muerte terrible. El agua es el elixir de la vida; sin ella, este planeta habría permanecido estéril.

Los seres vivos necesitan este elixir porque están hechos de él. El protoplasma, la materia viva de todas las células vegetales y animales, es en su mayor parte agua. Alrededor del 60 % del peso de un ser humano medio es agua, casi 40 litros repartidos en billones de células. Las tres quintas partes del agua de nuestro organismo están dentro de las células y se denominan líquido intracelular, y las dos quintas partes restantes están fuera de las células, en el plasma sanguíneo, el líquido cefalorraquídeo, el tubo digestivo, etc. La proporción de agua en peso varía con la edad y el sexo, como se muestra en la tabla 3.1.

La razón de la diferencia radica en la proporción de líquido que hay dentro y fuera de las células y en la proporción de grasa corporal, ya que las células grasas contienen menos agua que otras células.

> *Aunque parezcamos sólidos, en realidad somos cuerpos líquidos, similares en cierto modo a la gelatina, que también parece sólida pero en realidad es en gran parte agua, «gelificada» por la presencia de un material orgánico.*
>
> —DANIEL HILLEL, *Out of the Earth*

**Tabla 3.1:** Proporción de agua en peso en los seres humanos por edad y sexo

| GRUPO | % DE PESO EN AGUA |
|---|---|
| Bebés | 75 % |
| Hombres jóvenes | 64 % |
| Mujeres jóvenes | 53 % |
| Hombres mayores | 53 % |
| Mujeres mayores | 46 % |

Básicamente, cada uno de nosotros es una gota de agua con suficiente espesamiento macromolecular para darnos cierta solidez y evitar que nos escurramos. Cada día, alrededor del 3 % del agua de nuestro cuerpo se repone con nuevas moléculas. Las moléculas de agua que inundan cada parte de nuestro organismo proceden de todos los océanos del mundo, evaporadas de las praderas y de las copas de los grandes bosques tropicales. Al igual que el aire, el agua nos une físicamente a la Tierra y a todas las demás formas de vida.

## Preservar el equilibrio

Aunque vivimos en la tierra, somos criaturas de agua y, como tales, tenemos nuestro propio ciclo hidrológico. Perdemos humedad con cada respiración, en cada gota de sudor, en cada lágrima que derramamos, cada vez que orinamos y defecamos. Podemos reponer parte de esta agua mediante procesos metabólicos como la descomposición de hidratos de carbono y grasas, que genera dióxido de carbono, agua y energía. No obstante, la producción metabólica de agua solo cubre un 11,5 % de los 2,5 litros diarios que se necesitan normalmente. El resto suele proceder de los líquidos que bebemos (52,2 % de nuestras necesidades diarias) y de los alimentos sólidos (36,3 %). Este consumo se equilibra con nuestras pérdidas diarias: alrededor de 1,5 litros en la orina, 0,9 litros en el aire expirado y el sudor, y 0,1 litros en las heces.

Nuestro cuerpo está siempre en alerta hídrica, porque nuestro consumo diario debe estar perfectamente adaptado a nuestra producción diaria. Cuando empezamos a deshidratarnos, la concentración de sales en los líquidos corporales comienza a aumentar. Basta un pequeño cambio para inducir al lóbulo posterior de la hipófisis a liberar la hormona adiuretina (ADH, también llamada vasopresina). La ADH actúa directamente sobre el riñón y lo induce a disminuir la excreción de agua.

Otras alarmas biológicas se activan cuando la deshidratación reduce el volumen de sangre. Los receptores de estiramiento controlan el volumen sanguíneo dentro del corazón y envían señales al «centro de la sed» del hipotálamo en el cerebro para inhibir la producción de saliva. La sequedad de la boca se registra en nuestra consciencia como «sed», lo que nos impulsa a beber. Una sensación algodonosa en la boca es uno de los primeros signos de deshidratación, que suele producirse tras hemorragias extensas, quemaduras o diarrea, junto con una sudoración profusa.

Si bebemos demasiada agua, estos sistemas de alarma funcionan a la inversa. Cuando la concentración de sales en los líquidos corporales se diluye, se inhibe la producción de ADH, lo que impulsa a los riñones a excretar más agua. Se envía a la vejiga una concentración de orina más diluida y, por lo general, el exceso se elimina en una hora.

Además de mantener el equilibrio hídrico en el organismo, el riñón desempeña una importante función limpiadora mediante la depuración de los líquidos esenciales de la sangre. Elimina los desechos metabólicos disueltos, como el amoníaco procedente de la descomposición de los aminoácidos, la urea producida en el hígado a partir de productos proteínicos degradados, el ácido úrico procedente del ácido nucleico, y los ácidos fosfórico y sulfúrico procedentes de subproductos proteínicos. Estos compuestos tóxicos se filtran de la sangre y se eliminan. Por los riñones pasan aproximadamente 1,2 litros de sangre cada minuto, lo que supone un total de casi dos mil litros al día. Las nefronas y su red de diminutas estructuras de filtración filtran 180 litros de sangre al día.

Como veremos en el capítulo 5, sobre la energía, una propiedad del agua, su elevada absorción de calor para pasar del estado líquido al gaseoso, desempeña un papel fundamental en la regulación de la temperatura corporal. El agua del organismo llega a la superficie de la piel por difusión *(perspiratio insensibilis)* o a través de las glándulas sudoríparas activadas por el sistema nervioso autónomo, que funciona sin que seamos conscientes de ello. Después de llegar a la superficie de la piel en forma de sudor, el agua se evapora. La evaporación requiere energía, por lo que para secar el sudor se usa el calor del cuerpo como energía, enfriando de este modo la piel. La evaporación de un litro de líquido requiere 2428 kilojulios de calor.

Existe un equilibrio increíble entre el cuerpo y su entorno. El interior y el exterior de nuestro cuerpo se combinan para controlar el flujo y reflujo del agua en nuestro interior y a nuestro alrededor. La humedad ambiental y la temperatura del aire, junto con el nivel de actividad física, determinan la cantidad de agua que pasa de la piel al aire circundante. Del mismo modo, las condiciones externas e internas regulan el agua que bebemos y el agua que eliminamos. Lo mismo ocurre con todas las demás criaturas; este acto de equilibrio a lo largo de toda la vida forma parte de un circo global, un escenario de espectáculos gestionado conjuntamente por el planeta y sus habitantes.

El agua entra en nuestro cuerpo, circula por él al ritmo del corazón, y transporta sin cesar alimentos, sustratos energéticos y detritos celulares y moleculares hacia y desde los distintos órganos del cuerpo. El agua penetra por la piel, escapa de los pulmones en forma de vapor y sale por todos los orificios del cuerpo. A continuación, vuelve a entrar en el ciclo hidrológico, filtrándose en el suelo, penetrando en las plantas, evaporándose a la atmósfera e introduciéndose en las masas de agua. De este modo, el agua circula sin cesar desde el cielo hasta los océanos y la tierra, retenida brevemente en el interior de todos los seres vivos antes de continuar el ciclo. Podríamos ver toda la aventura de la vida como un simple medio para la transformación del agua. Si la gallina es la forma que tiene el huevo de nacer, el ser humano es la forma que tienen las moléculas de agua de comunicarse entre sí.

## Las propiedades especiales del agua

Mirándolas de cerca, las moléculas de agua resultan ser algo muy extraño. El agua nos resulta tan familiar que la mayoría aceptamos su comportamiento como normal. Sin embargo, para un físico el agua es una anomalía. Por ejemplo, el agua es líquida a temperatura ambiente. Eso es muy extraño; un compuesto como el sulfuro de hidrógeno, que tiene un peso molecular bajo similar al del agua, se convierte en gas a –60,7 °C. Mientras que la mayoría de las sustancias se contraen al solidificarse, el agua se expande. Esto significa que el agua es menos densa como sólido que como líquido. El agua tiene otras propiedades insólitas, como unos puntos de fusión, ebullición y evaporación elevados.

> *La vida depende por completo de la constancia del agua. La capacidad del agua para absorber grandes cantidades de energía amortigua la fotosíntesis en el citoplasma y la transferencia de oxígeno en la sangre animal frente a un flujo caótico; modera el clima de la Tierra utilizando océanos y lagos para almacenar calor; facilita el cambio de estaciones y la adaptación de nuestros cuerpos a él al enlentecer, sin sobresaltos, el cambio de tiempo; y protege a plantas como los cactus de la ebullición bajo los cielos desérticos. Ante todo, el calor específico, el calor de la evaporación y el calor de la fusión del agua confieren a la vida su capacidad de mantenerse en tiempos difíciles. Sin estos rasgos moleculares, los extremos climáticos devolverían a los seres vivos a su Hacedor a ritmos sin precedentes.*
>
> —PETER WARSHALL, «The Morality of Molecular Water»

El agua tiene una propiedad especialmente llamativa: la cantidad de calor necesaria para elevar 1 °C la temperatura de una unidad de agua es diez veces superior a la del hierro, treinta veces superior a la del mercurio y cinco veces superior a la del suelo. Esta propiedad convierte al agua en un eficaz «disipador» de calor: absorbe grandes cantidades de calor y luego lo irradia al exterior. Debido a esta propiedad, las grandes masas de agua, como lagos y océanos, absorben gran cantidad de calor en verano, lo liberan en invierno y modulan de este modo las temperaturas en la superficie. Las corrientes oceánicas absorben grandes cantidades de calor en los trópicos y lo transportan a las regiones templadas, donde calienta el aire circundante. Cuando el agua llega a las zonas polares, se enfría y se desplaza de nuevo hacia el ecuador, donde bajará la temperatura del aire al absorber más calor. Las reservas de agua del planeta también tienen otros efectos sobre el clima: la blancura de la nieve y las nubes refleja la luz solar lejos de la Tierra, mientras que el vapor de agua se comporta como un gas de efecto invernadero y refleja el calor hacia la superficie.

Las cualidades especiales del agua son el resultado de la potente atracción que existe entre sus moléculas, que les confiere una gran cohesión interna. A nivel molecular, el agua es una sustancia engañosamente simple, formada por dos átomos de hidrógeno combinados con un átomo de oxígeno. Los átomos de hidrógeno no se alinean con el átomo de oxígeno en una disposición lineal como H-O-H, sino que forman un ángulo de 105 grados entre sí (figura 3.2). Están en un lado de la molécula y tienen carga positiva, mientras que el gran átomo de oxígeno sobresale por el otro extremo y tiene carga negativa. Como consecuencia, se dice que esta molécula es dipolar, como un diminuto imán.

## Seguir el agua

El agua es tan fundamental para la vida que la búsqueda de vida extraterrestre es esencialmente una búsqueda de agua. Guiados por el mantra «Sigue el agua», los investigadores buscan agua en todo nuestro sistema solar. Hasta ahora, el principal candidato es Marte, con sus casquetes polares y pruebas de la mayor inundación conocida del sistema solar. Hace tres mil quinientos millones de años, Marte estaba inundado, pero ¿adónde fue a parar el agua de esta antigua inundación? Es posible que, en 2002, la sonda espacial *Mars Odyssey* diera con la respuesta al descubrir bajo la superficie del planeta suficiente suelo helado como para llenar dos veces el lago Michigan. Nuevas y prometedoras imágenes proporcionadas por astromóviles y naves espaciales en Marte sugieren que también puede haber reservas subterráneas de agua que irrumpan en la superficie del planeta en forma de manantiales.

> *Marte está compuesto por setecientos trillones de toneladas de hierro y roca, envueltas en un paisaje desconocido de cañones, cráteres y calderas. No obstante, lo más emocionante que podríamos encontrar en este enorme orbe anaranjado sería un microgramo de química húmeda capaz de reproducirse, moverse, crecer y evolucionar.*
>
> —SETH SHOSTAK, astrónomo, Instituto SETI

Aunque Marte es el principal candidato para albergar vida extraterrestre, también hay otros planetas y satélites en liza. Europa, una de las lunas de Júpiter, no solo está cubierta de hielo, sino que también se cree que tiene un océano a unos 20 kilómetros por debajo de su superficie. Si, como se presupone, los respiraderos volcánicos situados bajo este mar arrojan agua caliente y rica en nutrientes a su abismo, es posible que exista la receta para la vida (agua, más una fuente de energía y nutrientes). Las lunas jovianas Ganímedes y Calisto también pueden albergar grandes océanos bajo sus costras heladas, pero recientemente todas las miradas se han vuelto hacia Encélado, una de las lunas de Saturno. Las imágenes captadas por la nave espacial *Cassini* muestran prometedoras imágenes de géiseres de los que sale agua a borbotones, lo que convierte a Encélado en el primer mundo distinto de la Tierra con las pruebas más convincentes de la existencia de agua líquida.

**Figura 3.2**: Estructura atómica de una molécula de agua.

Ligera carga negativa en este extremo

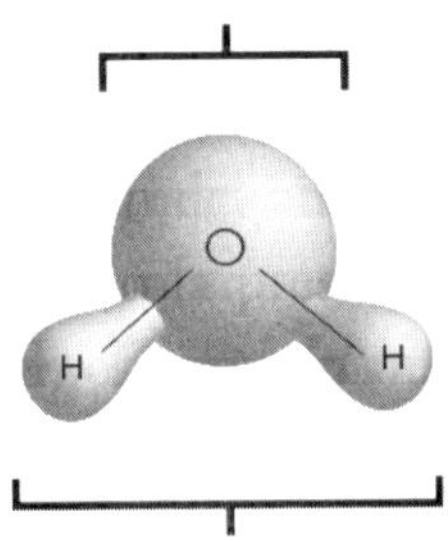


Ligera carga positiva en este extremo

**Figura 3.3**: Estructura atómica de una molécula de agua.

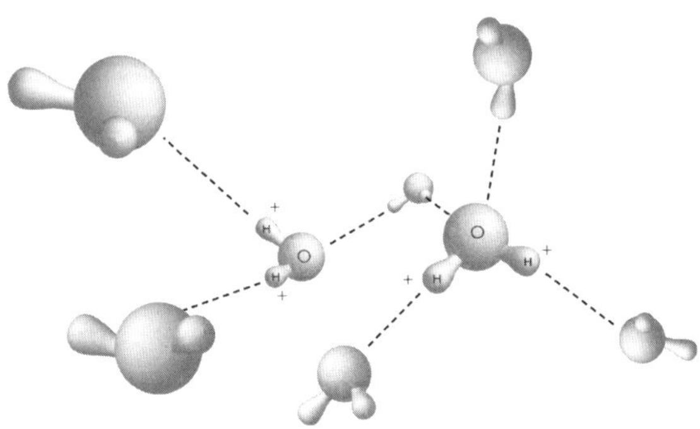

Figuras 3.2 y 3.3 adaptadas de Cecie Starr y Ralph Taggart, *Biology: The Unity and Diversity of Life*, 6.ª ed. (Belmont, CA: Wadsworth, 1992), p. 27.

Esta disposición dipolar confiere a los átomos de hidrógeno una atracción por un núcleo de oxígeno de otra molécula de agua, un tipo de afinidad química que se denomina enlace de hidrógeno (figura 3.3). Las extraordinarias ramificaciones de la dipolaridad del agua pueden observarse en la formación de cristales o copos de nieve. Hay tantas formas posibles de combinación de esta sencilla molécula que las formas de los copos de nieve parecen infinitas. Tuvo que ser un joven agricultor curioso y autodidacta quien nos lo demostró. En 1885, Wilson «Snowflake» Bentley se convirtió en la primera persona en fotografiar un único cristal de nieve. Llegó a fotografiar más de cinco mil copos de nieve y, efectivamente, nunca encontró dos iguales. Sus imágenes siguen estando entre las mejores jamás tomadas del agua en su estado cristalino.

Las moléculas de agua se adhieren unas a otras, pero a diferencia de los enlaces químicos reales, los enlaces de hidrógeno cambian constantemente. Una molécula puede cambiar de pareja de hidrógeno entre 10 000 y 100 000 millones de veces por segundo, uniendo así moléculas adyacentes en un abrazo fugaz. Estas trepidantes interacciones son como una frenética danza de moléculas de agua. El químico Richard Saykally describe la danza con las siguientes palabras:

> *... es como si el agua tuviera dos manos y dos pies. Las manos del agua son los hidrógenos que están más o menos cargados positivamente, y los pies son los pares de electrones que son la parte negativa asociada al oxígeno. Estas dos manos quieren agarrar los pies de otras dos moléculas de agua, y los dos pies quieren interactuar con las manos de otras dos moléculas de*

*agua. Por lo tanto, en cada molécula de agua, el hidrógeno se une a otras cuatro, formando redes muy extensas en el líquido.*

Este cambio constante hace que el agua líquida sea tan estable que requiere una gran cantidad de energía térmica para que las moléculas puedan liberarse en forma de gas.

En el hielo, cada molécula de agua agarra las «manos» y los «pies» de sus cuatro vecinas más cercanas. Se forma así un tetraedro, una pirámide con cuatro caras triangulares. ¿Qué le ocurre a esta forma cuando el hielo se derrite? Según Richard Saykally y otros químicos, el agua líquida se parece sorprendentemente al hielo. La única diferencia es que se rompen alrededor del 10 % de los enlaces de hidrógeno. Las moléculas con enlaces rotos siguen reformándose, rompiéndose y desplazándose. La capacidad del agua para retener la mayoría de los enlaces de hidrógeno puede ser el secreto para explicar por qué el agua, el agua líquida en particular, tiene tantas propiedades insólitas. Cuando el agua se congela, el cristal que forma tiene más espacio entre las moléculas que el que hay en la fase líquida. Como consecuencia, el hielo se expande y, por lo tanto, flota en lugar de hundirse, que es lo que hacen la mayoría de los líquidos al congelarse.

Por eso, en lugar de formarse en el fondo de lagos y ríos, el hielo sube a la superficie. Lo que es más importante, el hielo que se forma aísla el resto de la masa de agua y la mantiene en estado líquido, lo que permite a la vida acuática sobrevivir al invierno.

El agua es un disolvente universal que disuelve muchos minerales y compuestos orgánicos. Es posible porque la dipolaridad de las moléculas de agua les permite rodear átomos o moléculas en sitios de carga eléctrica (figura 3.4). Al ser un disolvente universal, es un agente eficaz en la meteorización y descomposición de las rocas. Al filtrarse por el suelo, disuelve nutrientes y materiales y los arrastra consigo. También vuelve solubles las moléculas celulares y, como consecuencia, transporta materiales dentro de los organismos vivos. No obstante, el agua es más que un disolvente; también interviene en reacciones metabólicas para formar parte de los productos de degradación o se libera como subproducto cuando se descomponen moléculas grandes como las grasas.

**Figura 3.4**: La base de la capacidad del agua para disolver la sal.

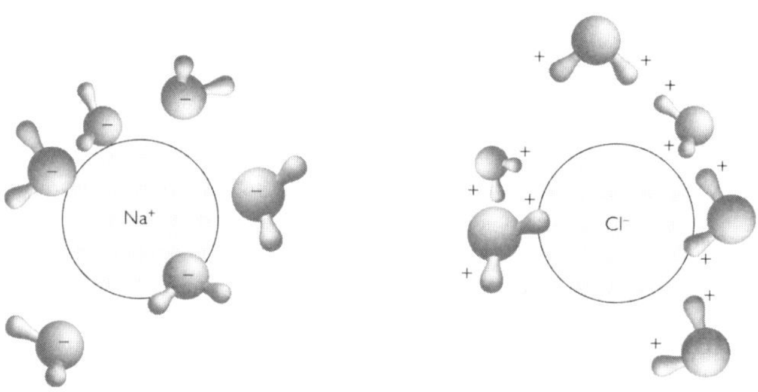


Adaptado de Cecie Starr y Ralph Taggart, *Biology: The Unity and Diversity of Life*, 6.ª ed. (Belmont, CA: Wadsworth, 1992), p. 29.

Muchos de los sistemas para cuantificar y medir el mundo físico utilizan el agua como punto de referencia, en reconocimiento del lugar único que ocupa en este planeta y en nuestras vidas. El sistema métrico de pesos y medidas define un gramo como el peso de un mililitro de agua. La escala centígrada establece que el punto de congelación del agua es de 0 °C y el punto de ebullición, de 100 °C. Las unidades de energía se miden en calorías, definidas como la cantidad de energía necesaria para elevar 1 °C la temperatura de un centímetro cúbico de agua; en la nutrición, 1000 calorías o 1 kilocaloría es 1 Caloría.

## Reservas de agua dulce

*Agua, agua, por doquier,*
*Pero ni una gota para beber.*

—SAMUEL TAYLOR COLERIDGE, *La balada del viejo marinero*

Los seres humanos, como la mayoría de los animales y plantas terrestres, tienen una necesidad absoluta de agua dulce, que es la forma de agua más escasa en la Tierra. Más del 97 % del agua del planeta es salada, tóxica para los organismos terrestres, que necesitan agua dulce para mantener la vida. Más del 90% del agua que está suficientemente libre de sal para beber se encuentra encerrada en glaciares y capas de hielo o profundamente en el subsuelo. Solo alrededor del 0,0001 % del agua dulce es fácilmente accesible.

Los seres humanos vivían a lo largo de vías fluviales que utilizaban para alimentarse y desplazarse mucho antes de que existiera la historia. Podemos deducir este hecho a partir de los concheros prehistóricos y los lugares de asentamiento. Además, fue en las grandes llanuras aluviales donde los humanos establecieron por primera vez asentamientos permanentes, aprovechando para la agricultura las inundaciones periódicas que fertilizaban los deltas.

**Tabla 3.2**: Distribución del agua sobre la Tierra

| UBICACIÓN | VOLUMEN (km³) | % DEL TOTAL |
|---|---|---|
| Océanos | 1 322 000 000 | 97,2 |
| Casquetes polares y glaciares | 29 200 000 | 2,15 |
| Aguas subterráneas (por debajo de la capa freática) | 8 400 000 | 0,62 |
| Lagos de agua dulce | 125 000 | 0,009 |
| Lagos salinos y mares epicontinentales | 104 000 | 0,008 |
| Humedad en el suelo (por encima de la capa freática) | 67 000 | 0,005 |
| Atmósfera | 13 000 | 0,001 |
| Lechos fluviales | 1250 | 0,0001 |
| Total de agua líquida en zonas terrestres | 8 630 000 | 0,635 |
| **Total en el mundo (redondeado)** | **1 360 000 000** | **100,00** |

En la confluencia de los ríos Tigris y Éufrates, en Mesopotamia, surgieron las primeras civilizaciones, seguidas de asentamientos a lo largo del río Nilo. Otros grandes ríos de la Tierra, como el Amazonas, el Mississippi y el Ganges, han proporcionado sustento a los pueblos indígenas durante milenios. Los orígenes de pueblos y ciudades están estrechamente ligados a la presencia de agua; aún hoy, la mayoría de las grandes ciudades están junto a océanos, lagos o ríos. En otros lugares, los pueblos han tenido que aprender a encontrar agua, cavando pozos, recogiendo y almacenando el agua de lluvia, incluso atrapando neblinas y nubes para poder cultivar en regiones áridas.

> *En Edén nacía un río que regaba el jardín.*
>
> —GÉNESIS 2:10

Es el ciclo hidrológico el que permite que el agua no potable de los océanos se eleve a los cielos como agua dulce y sustente la vida en la tierra. Aunque los organismos terrestres pueden acceder fácilmente a una cantidad ínfima de agua potable, el sistema hidrológico extrae agua dulce de los océanos y de la tierra y la devuelve en forma de lluvia y nieve. Cada año caen a la Tierra más de 113 trillones de metros cúbicos de agua, suficiente para cubrir todos los continentes hasta una profundidad de 80 centímetros. Dos tercios de esta cantidad se evaporan de nuevo a la atmósfera, mientras que las aguas superficiales y subterráneas se reponen con el resto. Por supuesto, esa agua no se distribuye uniformemente; algunas regiones reciben mucha agua y otras muy poca.

La cantidad de agua determina la naturaleza y abundancia de la vegetación de cada región. El vasto continente australiano, por ejemplo, suele calificarse de «infrapoblado»; de hecho, tiene una gran escasez de agua con respecto a su superficie terrestre como para sustentar a una población humana de mayor tamaño. A diferencia de los grandes sistemas fluviales que serpentean por Norteamérica —el Mississippi, el Columbia, el Mackenzie—, un enorme desierto ocupa el centro de Australia.

*Grandes ríos fluyen bajo tierra.*

—LEONARDO DA VINCI

Canadá es uno de los países «con mayores reservas de agua» del mundo, con más de la mitad del agua dulce del planeta por superficie y entre el 15 % y el 20 % por volumen. Puede costar creerlo, pero este país fue bendecido por la última glaciación, hace más de entre ocho y diez mil años, cuando los glaciares excavaron la tierra para crear depresiones en las que se asentó el agua. Solo los Grandes Lagos, que Canadá comparte con Estados Unidos, contienen casi el 20 % de toda el agua dulce de la superficie terrestre y satisfacen las necesidades de unos cuarenta millones de personas que viven en sus inmediaciones. Los canadienses disponen de un volumen de 130 000 metros cúbicos de agua fluvial al año por persona, frente a los 90 metros cúbicos al año por persona en Egipto.

*Allí donde el sagrado río Alfa discurría*
*A través de cavernas inconmensurables para el hombre*
*Hasta precipitarse en un mar sin sol.*

—SAMUEL TAYLOR COLERIDGE, «Kubla Khan»

El agua desafía las fronteras humanas y la propiedad humana. Barre invisiblemente el aire en forma de vapor, fluye por la superficie del planeta, se filtra por el suelo, atraviesa cavernas y canales subterráneos, moviéndose en todo momento a su manera misteriosa. La movilidad del agua complica los asuntos humanos en muchos niveles. Los vecinos que se abastecen en el mismo acuífero para el agua de su pozo deben compartir una fuente que tiene poca o ninguna relación con sus lindes. Los residuos industriales que entran en un arroyo o se vierten en el suelo en un punto concreto tienen ramificaciones para las plantas, los animales y los seres humanos en una zona extensa y a menudo imprevisible. Una de las mayores masas de agua dulce del mundo, los Grandes Lagos, junto con sus ríos, están administrados por dos gobiernos federales y dos jurisdicciones provinciales y cuatro estatales, mientras que decenas de ciudades y pueblos tienen un interés vital en esta agua. El río Nilo, en África, atraviesa siete países, cada uno de los cuales se abastece de él para el riego y el agua potable, al tiempo que vierte en él aguas residuales y efluentes. Egipto, el última país río abajo, hereda las consecuencias colectivas. No es de extrañar que el agua, y no el petróleo, sea el verdadero problema por el que se librarán las guerras en Oriente Próximo y en otros lugares.

## Los océanos

*Todos los ríos se encaminan al mar, y el mar nunca se llena.*
—ECLESIASTÉS 1:7

Junto con el sol, los océanos determinan el clima del planeta. Mientras que la temperatura del aire cambia rápidamente, los océanos absorben grandes cantidades de energía y la liberan lentamente. Por lo tanto, los océanos estabilizan la temperatura de la Tierra. En las latitudes medias, enormes giros impulsados por el viento (sistemas circulares de corrientes) transportan el calor hacia los polos desde las proximidades del ecuador, aliviando las temperaturas terrestres y el clima.

La corriente cálida de Kuroshio, que fluye desde el océano Pacífico occidental, al sur de Japón, hasta Norteamérica, afecta al tiempo en zonas tan interiores como el Medio Oeste y desde California hasta Alaska. Su homóloga en el Atlántico, la corriente del Golfo, serpentea hacia el norte desde el golfo de México, llevando el regalo del calor a la costa este de Canadá. Al sur de Terranova, la corriente del Golfo se encuentra con las frías aguas árticas de la corriente del Labrador; el encuentro de corrientes cálidas y frías crea las famosas nieblas de esta región. Al atravesar el Atlántico norte, la corriente del Golfo se divide; la rama septentrional envuelve las islas británicas, llevando palmeras a lugares resguardados del noroeste de Escocia y un clima más suave a todo el país que el que se disfrutaría en esa latitud. El brazo meridional se curva hacia el sur pasando por Portugal para unirse a la corriente Norecuatorial (figura 3.5).

También hay corrientes de aguas profundas, grandes cintas transportadoras acuáticas que desplazan aguas de diferentes temperaturas y salinidades. En invierno, en la Antártida, por ejemplo, cuando el agua del mar se congela y se convierte en hielo, la sal se concentra y el agua se vuelve superfría y superdensa, se hunde hasta el fondo y fluye en inmensos «ríos» de movimiento lento que transportan agua helada alrededor del océano Índico, pasando por la punta de África hacia el norte, en las profundidades de la fosa del Pacífico.

Al recorrer grandes distancias, las corrientes transportan huevos y larvas de animales que han evolucionado para cabalgar con el movimiento del océano. Las corrientes arrastran hacia el fondo oceánico restos de plantas y animales, así como minerales, elementos y tierra. Los humanos llevamos mucho

**Figura 3.5**: Corrientes oceánicas de las latitudes medias

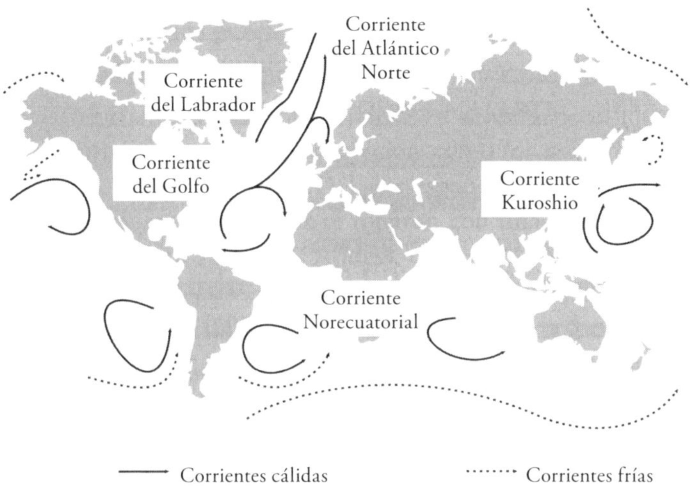


tiempo aprovechándonos de las corrientes oceánicas: aceptando regalos que nos llegan al umbral de nuestras costas, pescando en las zonas ricas en nutrientes donde confluyen las corrientes cálidas y frías, y utilizando estas corrientes como autopistas en movimiento, rutas para un comercio rentable. No obstante, son mucho más que eso; cuando utilizamos las corrientes, estamos en contacto con las grandes fuerzas del planeta: su rotación en el espacio, los vientos dominantes, la lenta y ondulante deriva del agua oceánica que transporta calor y mantiene el equilibrio atmosférico del planeta. Conectando continente con continente, polo con polo, las corrientes son como una red viva, que se mueve, serpentea y mezcla, envolviendo perpetuamente el mundo entero.

## Las obras del agua

Cuando observamos la maravillosa variedad de plantas y animales sobre la Tierra, la lección abrumadora es que la vida es oportunista y aprovecha los nichos mediante mutaciones y nuevas combinaciones de genes. Las plantas y los animales han evolucionado para explotar tanto los medios marinos como los de agua dulce. Los océanos están llenos de plantas, inmensos bosques de algas y floraciones masivas de fitoplancton que son la base de la cadena alimentaria marina. La abundancia de formas que cooperan para formar la comunidad de arrecifes de coral, los bosques de manglares que bordean las playas oceánicas, las reuniones de criaturas en los estuarios... todo da fe del poder de la evolución para perfeccionar los organismos en hábitats diversos. En tierra, plantas y animales por igual han encontrado estrategias para prosperar donde el agua abunda y donde escasea. Se encuentran especies en el hielo de los casquetes polares, en las áridas cimas de las montañas y en el seco corazón del desierto. Los peces anádromos, como la anguila y el salmón, han desarrollado ciclos vitales que aprovechan tanto el medio marino como el agua dulce, y numerosas especies habitan tanto en el agua como en el aire o en el agua y la tierra en distintas fases de sus ciclos vitales. Muchas especies tienen adaptaciones que les ayudan a retener cada preciosa molécula de agua. En lugar de hojas anchas, los cactus tienen agujas con una superficie pequeña y un revestimiento exterior duro para reducir al mínimo la pérdida de agua; las fosas nasales extremadamente peludas de los camellos atrapan y condensan la humedad al exhalarla. El microscópico tardígrado, u oso de agua, puede vivir durante decenios, incluso siglos, en estado inactivo y desecado. A las pocas horas de recibir el regalo de una sola gota de agua, el tardígrado revive y vuelve a su estado normal. Los huevos de la artemia pueden desecarse y seguir siendo viables durante años. Cuando se introducen en el agua, los huevos eclosionan y el crustáceo se desarrolla. (De ahí el secreto de cómo se podían enviar por correo colonias de «Sea Monkeys»[6] a los ansiosos lectores de cómics) Muchos organismos pueden soportar la escasez de agua, pero ninguna especie ha evolucionado para prescindir de ella, y ninguna especie ha sido tan imaginativa y exigente en su uso del agua como el ser humano.

## Uso y abuso

Todos los días cada uno de nosotros necesita cierta cantidad de agua para compensar la que se pierde y para mantener un equilibrio interno constante, pero esa cantidad es una pequeña fracción del agua que utilizamos por otras razones o que se utiliza en nuestro nombre. Sin embargo, en los países ricos se utiliza mucha más agua que en los pobres. Para aumentar la desigualdad, gran parte del agua de los países en desarrollo es de mala calidad. En 2020, se calcula que 2000 millones de personas viven sin agua potable limpia y que 829 000 personas, entre ellas 297 000 niños, mueren cada año por enfermedades de transmisión hídrica. Eso supone unos 800 niños al día, es decir, un aula de niños cada hora.

Muchos países con una gran riqueza hídrica, como Canadá, la utilizan como si fuera ilimitada. A menudo, satisface-

[6] N. del T.: Marca comercial para la venta de artemias salinas como mascotas.

mos nuestras necesidades alimentarias, energéticas y materiales mediante el uso copioso de agua, lo sepamos o no. En cualquier mesa norteamericana, el riego puede haber producido las verduras, la energía hidroeléctrica puede haberlas cocinado y el plato en el que se sirven puede haber necesitado litros de agua para su fabricación. Además, las cantidades de agua utilizadas para la agricultura y la fabricación pueden ser asombrosas. Por ejemplo, se necesitan unos 20 000 litros de agua para producir un kilo de café, 11 000 litros para una hamburguesa de 113,40 gramos, entre 2000 y 5000 litros para un kilo de arroz, y entre 2000 y 4000 litros para un litro de leche. Hoy cultivamos el doble de alimentos que hace una generación, pero utilizamos el triple de agua para cultivarlos. Para saciar la sed de estos cultivos, muchos necesitan un regadío intensivo, y gran parte del agua se bombea de las reservas subterráneas, que tardan eones en reponerse. La industria utiliza el agua en nuestro beneficio de muchas maneras: como parte de la mezcla de reacción cuando se utilizan productos químicos o como medio para transportar material, como las fibras de madera en la pasta de celulosa, o para eliminar el material sobrante.

### Mensaje en una botella

La venta de agua embotellada se ha disparado en los últimos años; en 2019, los estadounidenses gastaron la asombrosa cifra de 19 000 millones de dólares en agua embotellada, que cuesta de media mil veces más que el agua del grifo. El marketing inteligente ha posicionado las marcas de agua como más seguras, más sanas o más modernas. En realidad, el agua embotellada es un fenómeno de marketing y un desastre medioambiental. A pesar de la promesa de que son una alternativa más saludable, no hay ninguna garantía de que el agua embotellada sea más segura que el agua del grifo. La regulación del sector es desigual, y los análisis han revelado agua embotellada con bacterias coliformes, arsénico y sustancias químicas sintéticas. Los análisis del agua del grifo son mucho más rigurosos que los del agua embotellada.

La fuente de agua también es un problema. Aproximadamente una cuarta parte de las aguas embotelladas son simplemente agua del grifo embotellada, mientras que otros «fabricantes» bombean su agua de manantiales y acuíferos, reservas críticas de agua para nuestro planeta.

Luego están también las botellas de plástico. Cada una de esas botellas consume energía y recursos para su fabricación, transporte y reciclaje o eliminación. Solo en Estados Unidos se necesitan 1,5 millones de barriles de petróleo para fabricar botellas durante un año, y nueve de cada diez de estas botellas acaban como basura o desperdicios. El plástico también puede contaminar el agua que debe contener. En un estudio de *Consumer Reports se* demostró que ocho de los diez envases de plástico analizados lixiviaban el disruptor endocrino bisfenol A en el agua.

Cuando tantas personas en el mundo carecen del derecho humano básico al agua potable, parece insensato destinar tanto dinero y tantos recursos al agua embotellada de diseño. Seguramente sería mejor dirigir estos esfuerzos a defender un agua del grifo segura, accesible y asequible para todos.

La suerte de los Grandes Lagos ilustra el dilema al que nos enfrentamos. Para los pueblos indígenas que vivían a orillas de los Grandes Lagos, las aguas eran sagradas, una fuente inagotable de alimentos y agua y una gran vía navegable hacia otras partes del continente. La llegada de los europeos inició una relación diferente con los lagos. A medida que se talaban los bosques que rodeaban los lagos, se alteraban las cuencas hidrográficas y disminuía la calidad del agua. Los peces autóctonos, antaño abundantes, se redujeron por la sobrepesca y se introdujeron nuevos tipos de peces para sustituirlos. Cuando se construyó el canal de Welland para que los barcos pudieran evitar las cataratas del Niágara, las lampreas pudieron llegar como parásitos a los lagos superiores, donde devastaron poblaciones de peces. Más recientemente, los exóticos mejillones cebra han crecido con fuerza explosiva desde que se introdujeron a partir de los lastres de agua que llevan los barcos en otras partes del mundo. Como resultado, los Grandes Lagos se encuentran ahora en un período de agitación masiva, ya que las especies exóticas alteran su composición ecológica. Las aguas han sido requisadas para el riego agrícola, para la industria y para el agua potable; al mismo tiempo se han convertido en depósito de aguas residuales y efluentes de las poblaciones urbanas circundantes. Las costas se han visto alteradas por el desarrollo urbano, quedando expuestas a una rápida erosión, mientras que las marismas lacustres que antaño filtraban la materia orgánica y alimentaban a la fauna autóctona han sido rellenadas, pavimentadas o contaminadas. El incesante aumento de la población ha añadido una carga intolerable a la capacidad de los lagos para sustentar formas de vida saludables.

El lago Erie, en torno al cual viven unos 11,6 millones de personas, ha sido objeto de escrutinio y estudio científico durante decenios. El Erie sufre el mayor estrés de todos los Grandes Lagos, con 17 grandes ciudades en sus orillas y el enorme impacto en él de la urbanización, la industria y la agricultura. Alcanzó quizá su punto más bajo en junio de 1969, cuando el río Cuyahoga, que desemboca en el lago, se incendió. Los medios de comunicación afirmaron que el lago estaba muerto y se sucedieron las declaraciones políticas para limpiar el Erie y otros Grandes Lagos. Ha habido mejoras a lo largo de los años, con normativas más estrictas sobre efluentes, mejor control y tratamiento de las aguas residuales, reducción de los fosfatos en los detergentes y prohibición de pesticidas como el DDT. Aun así, persisten graves problemas.

Son muy preocupantes las sustancias químicas «heredadas», como los PCB o los PBDE (presentes en los retardantes de llama), que son extremadamente estables y se transmiten a través de las cadenas alimentarias. Durante años, los biólogos siguieron sin poder determinar por qué encontraban tantos organismos con deformidades insólitas, tamaño reducido, esterilidad o comportamientos parentales aberrantes, como aves poco atentas a sus huevos o polluelos. En la actualidad, se ha demostrado en estudios que muchas de las sustancias químicas persistentes en las cadenas alimentarias de los Grandes Lagos afectan al sistema endocrino, que regula las hormonas de las glándulas relacionadas con el metabolismo y la reproducción. Esta alteración interfiere en el desarrollo sexual de la fauna salvaje. Por ejemplo, el salmón de los Grandes Lagos tiene las glándulas tiroideas muy agrandadas, lo que se debe a concentraciones insuficientes de hormonas tiroideas. Esta deficiencia, a su vez, altera la reproducción y el desarrollo normal de los huevos y la descendencia. Las pruebas apuntan de forma contundente a la existencia de sustancias químicas persistentes en la cadena alimentaria que bloquean el correcto funcionamiento de las hormonas tiroideas.

Los seres humanos, por supuesto, no son inmunes a estas toxinas persistentes. En estudios realizados en mujeres que vivían cerca del lago Michigan se demostró que cuanto mayor era el consumo de pescado del lago por parte de la madre, menor era el peso de su bebé al nacer.

En Toronto, cuya agua potable depende del lago Ontario, el último de la cadena de cinco lagos, muchos ciudadanos pagan por el agua embotellada en lugar de beberla del grifo.

Si carecemos de los conocimientos necesarios para mantener el agua pura, tiene sentido controlar los factores que *sabemos* que causan problemas con el agua y proteger la naturaleza, que ha proporcionado agua limpia desde el principio de los tiempos. El agua es esencial para sustentar y mantener la vida en este planeta, puesto que modera el clima, favorece el crecimiento y modela la sustancia viva de todas las criaturas de la Tierra. Es la marea de la vida misma, la fuente sagrada.

Somos agua: los océanos fluyen por nuestras venas, nuestras células están hinchadas de agua y nuestras reacciones metabólicas se producen en solución acuosa. Al igual que los anfibios y los reptiles, los mamíferos hemos dejado atrás la inmersión continua en el agua, pero no podemos evitar la necesidad de agua en la reproducción. En el más íntimo de los actos humanos, los espermatozoides se liberan en el semen para que naden hacia su objetivo, el óvulo fecundado se incrusta en las ricas paredes recubiertas de sangre del útero y el embrión en crecimiento flota en un mar primigenio de líquido amniótico, faltando solo que aparezcan branquias en una síntesis de nuestros orígenes acuáticos. El agua se crea en el metabolismo de la vida; la absorbemos de los alimentos sólidos y de cualquier líquido que bebemos. Al igual que el aire es un gas sagrado, el agua es un líquido sagrado que nos une a todos los océanos del mundo y nos hace retroceder en el tiempo hasta el lugar de origen de la vida.

*De todos nuestros recursos naturales, el agua se ha convertido en el más preciado... En una época en la que el hombre ha olvidado sus orígenes y es ciego incluso ante sus necesidades más esenciales para sobrevivir, el agua junto con otros recursos se ha convertido en víctima de su indiferencia.*

—RACHEL CARSON, *Silent Spring*

## La pérdida de vida en el lago Erie

En el transcurso de nuestra vida, los lagos han cambiado a una velocidad vertiginosa. A finales de la década de 1940, vivía en el centro de Canadá, a orillas del lago Erie, en Leamington, una ciudad cercana a Point Pelee, la zona más meridional del país. Cada primavera, una inmensa eclosión de efímeras emergía del lago, llenando el aire con el palpitar de sus alas y envolviendo casas y carreteras. Sus cadáveres se amontonaban en las orillas a una profundidad de un metro y más. Los peces del lago entraban en un frenesí alimenticio, mientras que aves, pequeños mamíferos y otros insectos se daban un festín con este banquete anual. En 10 años, esta enorme biomasa que daba pruebas tangibles de la productividad del agua desapareció y el lago fue declarado «muerto». La eutrofización —el crecimiento excesivo de algas estimulado por los fosfatos— había privado de oxígeno a otros organismos acuáticos, mientras que el DDT de las escorrentías agrícolas acabó con los invertebrados.

A finales de la década de 1950, mientras cruzaba el río Niágara en tren, eché un vistazo al desfiladero y vi a unos pescadores que sacaban peces del agua con la misma rapidez con la que podían lanzar un anzuelo. Estaban interceptando el desove anual de la lubina plateada, un espectáculo maravilloso de agua atestada de cuerpos centelleantes. De nuevo, en la década de 1960, las lubinas habían desaparecido, víctimas de la sobrepesca y la contaminación. En la actualidad, los Grandes Lagos se tambalean por el impacto de las especies introducidas de peces y plantas, los efluentes agrícolas e industriales, y el urbanismo en las cuencas hidrográficas que los recargan.

# 4

## Hecho de la tierra

*Comerás el pan con sudor de tu frente,*
*hasta que vuelvas a la tierra, porque de ella fuiste sacado;*
*pues eres polvo y al polvo volverás.*
—GÉNESIS 3:19

La tierra es a la vez el planeta en el que vivimos y el material del que vivimos. En los relatos sobre nuestros orígenes es la materia de nuestra existencia:

> *Entonces el Señor Dios modeló al hombre del polvo del suelo e insufló en su nariz aliento de vida; y el hombre se convirtió en ser vivo. Luego el Señor Dios plantó un jardín en Edén, hacia oriente, y colocó en él al hombre... El Señor Dios tomó al hombre y lo colocó en el jardín de Edén, para que lo guardara y lo cultivara.*

El primer hombre de la Biblia se llama Adán, del hebreo *adama,* que significa «tierra» o «suelo». La primera mujer, creada de la costilla de Adán, es Eva, de *hava,* que significa «la que da vida». Juntos establecen las conexiones eternas: la vida viene de la tierra; la tierra está viva. En otros relatos de la creación, la conexión fundamental entre la tierra y la vida se expresa de distintas maneras; en algunos, el primer ser humano se forma a partir de materiales producidos por la tierra: tallado en madera, moldeado con harina de maíz, formado a partir de semillas, polen y savia. A veces, la tortuga o el escarabajo de agua transportan tierra desde el fondo del mar; otras, los seres humanos emergemos del vientre subterráneo de la Tierra, cuando la lluvia y el sol, la arena y las semillas se combinan para dar forma a nuestro primer antepasado. De un modo u otro, somos de barro. Estas historias nos dicen la verdad: la tierra es la fuente de la vida. A lo largo de los siglos ha sido tratada como algo precioso, incluso sagrado, por los dones que nos proporciona. Como señala Daniel Hillel:

> *El culto a la Tierra es muy anterior a la agricultura y continuó tras su aparición. La Tierra se consideraba sagrada como encarnación de un gran espíritu, el poder creador del universo, que se manifiesta en todos los fenómenos de la naturaleza. Se creía que el espíritu de la Tierra daba forma a las características del paisaje y regulaba las estaciones, los ciclos de fertilidad, y la vida de los animales y los humanos. Rocas, árboles, montañas, manantiales y cuevas eran reconocidos como receptáculos de este espíritu.*

Sin embargo, algunos niños crecen despreciando a sus madres; se marchan de casa con la esperanza de mejorar e intentan ocultar sus orígenes, incluso a sí mismos. A medida que los países se industrializan, las personas ven la tierra como «suciedad», un material inmundo que las «mancha». En nuestro hábitat urbano, dominado por el hormigón y el asfalto o el césped cuidadosamente cortado, nos encontramos separados de la fuente de la vida. Acostumbrados a pensar en los alimentos como una mercancía envasada suministrada por los supermercados, también olvidamos que todos nuestros alimentos proceden de la tierra. Al desvincularnos de la tierra, olvidamos una verdad fundamental: cada parte de la nutrición que nos mantiene con vida estuvo una vez viva, y todo el alimento suministrado por la tierra procede directa o indirectamente del suelo. Como señala la botánica Martha Crouch, nuestra relación con los alimentos es la más íntima de todas las que mantenemos con otros seres, pues nos la llevamos a la boca y, de hecho, la incorporamos a nuestras células. Cada parte de nuestro cuerpo, así como los azúcares, grasas y enzimas que impulsan el metabolismo de nuestras células y alimentan la vida, se construyen a partir de componentes básicos absorbidos de los cadáveres de otras formas de vida. Privados de otros seres que comer, empezamos a pasar hambre y, por tanto, a consumirnos a nosotros mismos; si la inanición continúa, moriremos en un plazo de setenta días.

*Tierra, suelo, suciedad, terreno, territorio:* estos términos engloban ideas de extraordinaria complejidad. En ellos se esconde el sentido de nuestros orígenes, nuestro lugar, nuestra dependencia de la tierra que pisamos; cuando desenterramos la verdad, encontramos una mina de oro. En la época medieval, *suciedad* significaba excremento, abono o fertilizante; un buen agricultor cuidaba la tierra esparciendo la suciedad, o *ensuciándola*, como se decía entonces. Lo que hoy llamamos suciedad, en la sabiduría de la historia de nuestra lengua, es la tierra fértil, la fuente cuidada de alimentos, la vida del planeta. Es un sistema de sustento, una red de suministro, como los demás elementos de los que dependemos, y la mayoría de los pueblos que han vivido alguna vez en la Tierra han reconocido esa verdad y han vivido de acuerdo con ella. El *terreno* es algo sólido, el espacio que ganamos o perdemos en la batalla, el lugar donde adoptamos una postura, la base de todos los buenos argumentos, los cimientos sobre los que asentamos nuestros edificios. El *territorio* denota lugar o contexto: significa el país o la región a la que pertenecemos, así como la parte de ella que nos pertenece; también es un lugar de seguridad: anhelamos tierra firme, buscamos un lugar para aterrizar.

## El suelo sagrado

*Los niños de Dakota comprenden que somos de la tierra y la tierra de nosotros, que amamos a los pájaros y a las bestias que crecieron con nosotros en esta tierra. Existe un vínculo entre todas las cosas porque todas beben la misma agua y respiran el mismo aire.*

—LUTHER STANDING BEAR, *My People the Sioux*

*La conservación es un estado de armonía entre el hombre y la tierra. Por tierra se entiende todo lo que hay sobre, encima o dentro de la Tierra. La armonía con la tierra es como la armonía con un amigo; no puedes apreciar su mano derecha y cortarle la izquierda. Es decir, no se puede amar la caza y odiar a los depredadores; no se pueden conservar las aguas y malgastar las cordilleras; no se puede construir el bosque y minar la granja. La tierra es un organismo.*

—ALDO LEOPOLD, *A Sand County Almanac*

## Vida a partir de la arcilla

El propio suelo bajo nuestros pies puede haber sido el catalizador que desencadenó la síntesis de la vida. La teoría de la arcilla para explicar el origen de la vida propone que las moléculas orgánicas simples surgieron al unirse primero a material no orgánico como las partículas de arcilla. La arcilla servía esencialmente de matriz o esqueleto alrededor del cual se formaban moléculas orgánicas simples, atraídas y unidas a la arcilla por una carga diminuta.

Por ejemplo, la arcilla concentrará los aminoácidos fuera de la solución. Estas moléculas, que son las «cuentas» que, ensartadas, forman un «collar» de proteínas, se concentran en la superficie de la arcilla. Los metales presentes en la arcilla sirven de catalizadores para unir las moléculas simples en cadenas, unas moléculas orgánicas más complejas llamadas polímeros. La arcilla proporciona una plantilla o entramado, una especie de plataforma de lanzamiento, para las moléculas orgánicas que en última instancia podrían migrar fuera de la arcilla.

En un estudio, los investigadores descubrieron que la estructura de la arcilla era propicia para albergar y proteger moléculas orgánicas simples. En este modelo, las moléculas no se adherían al exterior de la arcilla, sino que se deslizaban entre las láminas de minerales que la componían. La arcilla ofrecía un refugio protegido a las moléculas orgánicas, que los investigadores describieron como una especie de «útero primordial». Con el tiempo, las moléculas orgánicas pudieron ser expulsadas de la arcilla después de que el calor y la presión cambiaran la estructura de la arcilla, cerrando el espacio entre las láminas.

Para la mayoría de los pueblos indígenas, la tierra ha sido el fundamento de la vida y la fuente de inspiración, identidad, historia y significado. El líder kayapó Paiakan describió una vez la tierra como «nuestro supermercado y nuestra farmacia». Durante la mayor parte de la existencia humana, fuimos cazadores-recolectores nómadas que nos desplazábamos constantemente mientras buscábamos comida, por lo que el concepto de propiedad de la tierra era una noción ajena. Esos antiguos vagabundos creían que tenían derecho a utilizar la tierra, así como la responsabilidad de cuidarla. Esta actitud persiste en la actualidad entre los pueblos indígenas. Delgam Uukw, gitxsan contemporáneo y jefe hereditario, declaró en 1987 ante los tribunales por una importante reclamación de tierras:

> *Cada Jefe tiene un antepasado que conoció y reconoció la vida de la tierra. De ese conocimiento procede el poder. La tierra, los animales y las personas tienen el espíritu: todos deben ser respetados. Esa es la base de nuestra ley.*

Por lo tanto, la relación humana con la tierra exige que las personas la protejan y mantengan su fecundidad. Su función no era tomar demasiado, sino dejar algo para otros o para otro momento y devolver a la Tierra los restos de su caza o recolección. Como señalan los jefes hopi:

> *La tierra de los hopi se mantiene en fideicomiso de forma espiritual para el Gran Espíritu, Massau'u... Esta tierra es como la cámara sagrada de una iglesia, nuestra Jerusalén.*
>
> *Esta tierra fue concedida a los hopi por un poder superior al que el hombre puede explicar. El derecho sobre ella está enraizado en la composición de la vida de los hopi. Todo depende de ella. La tierra es sagrada y si se hace un mal uso de ella, el carácter sagrado de la vida de los hopi desaparecerá y el de todas las demás vidas también.*

*Recibimos estas tierras del Gran Espíritu y debemos mantenerlas para él, como administradores, como cuidadores, hasta que regrese.*

Este sentido indígena de la responsabilidad por la tierra se refleja en un documento firmado por eminentes científicos como Carl Sagan, Stephen Schneider, Freeman Dyson, Peter Raven y Stephen Jay Gould. Destaca por el uso de una palabra como *creación* en un sentido espiritual y por su clara condena del camino ecológicamente destructivo que estamos siguiendo:

*La Tierra es el lugar de nacimiento de nuestra especie y, por lo que sabemos, nuestro único hogar... Estamos a punto de cometer —muchos dirían que ya estamos cometiendo— lo que en nuestro lenguaje se denomina a veces crímenes contra la creación.*

## El mundo oculto del suelo

El suelo ofrece mucho menos para atraer nuestra atención que una marisma o una poza de marea. Una inspección más minuciosa puede revelar ramitas, guijarros, tal vez un gusano o un escarabajo y una matriz de diminutas partículas de arena. Sin embargo, el microscopio expone un mundo mucho más rico, un lugar de antigua alquimia donde se combinan lo duro y lo blando, lo líquido y lo gaseoso, y donde interactúan lo orgánico y lo inorgánico, lo animal, lo vegetal y lo mineral. Pétalos, hojas y tallos caen de una planta para convertirse en compost para las semillas de esa planta; la muerte se convierte en vida, crece, alimenta la vida y vuelve a morir, regresando al taller subterráneo para ser devuelta a la vida. Casi todo el nitrógeno esencial para la vida debe proporcionarse mediante la acción de microorganismos fijadores de nitrógeno, la mayoría de los cuales se encuentran en el suelo. El suelo es un microcosmos donde se desarrollan todas las relaciones del mundo en general; en este elemento, la tierra se une a los otros tres elementos —aire, agua y energía— y juntos crean la fuerza vital del suelo. Cada centímetro cúbico de suelo y sedimento rebosa de miles de millones de microorganismos; el suelo produce vida porque él mismo está vivo.

> *Irónicamente, el dinero y la imaginación invertidos en sondear los secretos de Marte (820 millones de dólares solo para los dos últimos róveres) superan con creces lo que se ha gastado en explorar la tierra bajo nuestros pies. Sin embargo, son los suelos de nuestros jardines, campos, pastos y bosques, así como los sedimentos bajo los arroyos, lagos, marismas y mares, los que albergan la red de vida más diversa y abundante conocida en el universo.*
>
> —YVONNE BASKIN, *Under Ground: How Creatures of Mud and Dirt Shape Our World*

Los organismos del suelo constituyen una parte importante de la diversidad total de la vida. De hecho, se calcula que dos tercios de la diversidad biológica de la Tierra viven en el suelo y en los sedimentos submarinos. En este mundo oscuro y repleto, diminutos depredadores acechan a sus presas, minúsculos herbívoros pastan en las algas, miles de microorganismos acuáticos se agolpan en una sola gota de agua del suelo, y hongos, bacterias y virus desempeñan su papel en este escenario invisible. En su vida y en su muerte, estos organismos crean y mantienen la textura y la fertilidad del suelo; son cuidadores del misterioso material creador de vida del que ellos, y nosotros, dependemos de forma absoluta.

> *Sabemos más sobre el movimiento de los cuerpos celestes que sobre el suelo que pisamos.*
>
> —LEONARDO DA VINCI

Lo que era cierto en tiempos de Leonardo sigue siéndolo hoy, a pesar de todos los avances de la ciencia del suelo en los últimos cuatrocientos años. Sabemos que en el suelo habita un número asombroso de organismos (tabla 4.1), pero la mayoría de las especies que se han identificado siguen prácticamente sin estudiarse. Por ejemplo, solo se reconocen formalmente cuatro mil especies de bacterias y, sin embargo, como explica la ecóloga del suelo Elaine Ingham, una *cucharita de* suelo forestal puede contener mil millones de bacterias, repartidas entre cuarenta mil especies. Las bacterias comparten esa cucharita con veinte mil especies de hongos, que, estirados, podrían extenderse a lo largo de 150 kilómetros. En un suelo agrícola saludable, hay unos seiscientos millones de bacterias en una cucharita, junto con diez mil protozoos (organismos unicelulares como las amebas) y de veinte a treinta nematodos beneficiosos.

**Tabla 4.1**: Número relativo de flora y fauna en el suelo superficial

| ORGANISMOS | NÚMERO/METRO$^2$ | NÚMERO/GRAMO |
|---|---|---|
| *Microflora* | | |
| Bacterias | $10^{13}$-$10^{14}$ | $10^8$-$10^9$ |
| Actinomicetos | $10^{12}$-$10^{13}$ | $10^7$-$10^8$ |
| Hongos | $10^{10}$-$10^{11}$ | $10^5$-$10^6$ |
| Algas | $10^9$-$10^{10}$ | $10^4$-$10^5$ |
| *Microfauna* | | |
| Protozoos | $10^9$-$10^{10}$ | $10^4$-$10^5$ |
| Nemátodos | $10^6$-$10^7$ | 10-$10^2$ |
| Otra fauna | $10^3$-$10^5$ | |
| Lombrices de tierra | 30-300 | |

La mayoría de estos organismos no han sido identificados por los científicos. Según una estimación generosa, tal vez se haya identificado el 5 % de las especies de animales del suelo.

A pesar de su tamaño microscópico, los microorganismos del suelo son tan abundantes que constituyen una biomasa considerable; de hecho, pueden ser la principal forma de vida en una zona determinada (tabla 4.2). Es más, la vida existe incluso *bajo* el suelo, en el propio lecho rocoso de nuestro planeta. Los científicos habían supuesto durante mucho tiempo que la vida se limitaba a las cuatro capas del suelo por encima del lecho rocoso. Sin embargo, las reiteradas informaciones de que las bacterias estaban contaminando las brocas de perforación de los pozos petrolíferos situados a cientos de metros de profundidad incitaron a los científicos a investigar. Para su

**Tabla 4.2**: Biomasa de los animales del suelo bajo la cubierta forestal y de pastizales.

| GRUPOS DE ORGANISMOS | PASTIZAL | ROBLE | ABETO |
|---|---|---|---|
| Herbívoros | 17,4 | 11,2 | 11,3 |
| Dentritívoros, grandes | 137,5 | 66,0 | 1,0 |
| Dentritívoros, pequeños | 25,0 | 1,8 | 1,6 |
| Depredadores | 9,6 | 0,9 | 1,2 |
| **Total** | **189,5** | **79,9** | **15,1** |

sorpresa, sí existen microorganismos, no solo a cientos de metros, sino a varios kilómetros por debajo de la superficie terrestre, donde las temperaturas superan los 50 °C. El biólogo Tullis Onstott encontró, por ejemplo, poblaciones de bacterias incrustadas en las paredes de las profundidades de las minas de diamantes de Sudáfrica. Aquí, en un entorno caracterizado por temperaturas abrasadoras y una presión aplastante, se descubrieron nuevos microbios distintos de los que crecen en la superficie terrestre. Privados de luz solar y oxígeno, las fuentes de energía de la mayor parte de la vida terrestre que conocemos, estos microbios podrían incluso funcionar con energía nuclear, alimentados por una reacción entre el agua y la radiación nuclear emitida por las rocas.

### El inframundo viviente

Si la vida subterránea se distribuye en la densidad que se encuentra en los pozos de las minas, el peso del protoplasma bajo tierra será mayor que el peso de *todos* los seres vivos (ballenas, bosques, manadas de mamíferos, etc.) sobre la superficie. No sabemos prácticamente nada de este inframundo viviente: cuántas especies hay y cómo se distribuyen, cómo interactúan con otras formas de vida, cómo intervienen en el desplazamiento del calor y los nutrientes desde el núcleo del planeta o incluso cómo contribuyen al suelo. Sin embargo, hoy en día, para reducir las emisiones de $CO_2$ que favorecen el cambio climático, el «secuestro de carbono» se presenta como una solución. La propuesta consiste en bombear cientos de millones de toneladas de dióxido de carbono al subsuelo, donde no tenemos ni idea de cómo se conserva, qué tipo de enlace se produce, dónde se retiene, cuánto tiempo permanecerá bajo tierra y qué hará a las formas de vida que allí existen. Como criaturas que vivimos en la superficie de la Tierra, consideramos el oscuro inframundo como una matriz uniforme y sin vida que podemos utilizar para secuestrar carbono sin preocuparnos. Ya es hora de que aprendamos a reconocer nuestra ignorancia y adquiramos la humildad necesaria para tener mucho cuidado cuando no sabemos lo suficiente.

..........

Según Onstott, incrustadas en la corteza terrestre hay prósperas comunidades de bacterias con firmas de ADN que no guardan una estrecha correlación con nada que se haya encontrado en la superficie de la Tierra. «Así que aquí estamos, esencialmente, con nuevas ramas del árbol de la vida, algunas de ellas muy distintas de cualquier cosa que se haya descubierto antes». Por tanto, mientras las placas continentales se desplazaban y chocaban entre sí, las montañas se elevaban y desplomaban, los océanos se llenaban y vaciaban, y los períodos cálidos y fríos iban y venían, estos organismos de las profundidades subterráneas seguían adelante, dividiéndose quizá cada milenio más o menos. Estos descubrimientos, y los de otros extremófilos que sobreviven en entornos físicamente extremos como fuentes termales o respiraderos hidrotermales de aguas profundas, demuestran la capacidad de la vida para arraigar y prosperar, incluso en los lugares más difíciles de la Tierra. De hecho, en la Tierra, incluso las rocas pueden estar vivas.

Los habitantes del suelo desempeñan muchas funciones diferentes en su ciclo de fertilidad. Los organismos de mayor tamaño que excavan túneles en el suelo ayudan a introducir agua y aire y a mezclar minerales y materiales orgánicos a través de las capas del suelo, añadiendo sus excrementos y finalmente sus cuerpos a la mezcla de nutrientes. Los organismos más pequeños actúan como compostadores, descomponiendo y reciclando la materia orgánica y liberando nutrientes para un renovado crecimiento. Fijan elementos cruciales en formas que las plantas pueden utilizar e interactúan con ellas en muchos de los procesos de crecimiento. Gusanos, hormigas y termitas, colémbolos, protozoos, hongos, bacterias... desde lo visible hasta lo inimaginablemente diminuto, forman parte de las funciones cruciales que desempeña el suelo del planeta. Más que un sustrato para favorecer el crecimiento, el suelo es el principal filtro de la Tierra, que limpia y recicla el agua y la materia en descomposición; también es un componente importante de los procesos de almacenamiento y reciclaje del agua en el planeta.

> *Tal vez nuestra fuente más preciosa y vital, tanto física como espiritual, sea la materia más frecuente bajo nuestros pies, que apenas percibimos y que a veces llamamos «suciedad», pero que en realidad es la veta madre de la vida terrestre y el medio purificador en el que se descomponen y reciclan los desechos y se regenera la productividad.*
>
> —DANIEL HILLEL, *Out of the Earth*

## El orígenes del suelo

La región terrestre del planeta no siempre fue la conocida superficie incrustada de suelo que nos nutre. El suelo es una mezcla compleja de partículas minerales, materia orgánica, gases y nutrientes. Cómo se combinan estos ingredientes para formar el suelo es parte de la larga historia de la evolución de la Tierra, un relato de construcción y reconstrucción en el que, una vez más, la propia vida desempeña un papel protagonista.

El suelo se forma cuando las rocas se descomponen por efecto de la meteorización, el poderoso ataque de las fuerzas naturales. Como consecuencia, el tipo de suelo de una zona depende en cierta medida de los minerales contenidos en las rocas que se encuentran en ella. El mineral más abundante de la Tierra es el feldespato, un grupo de minerales cristalinos que son un componente esencial de casi todas las rocas cristalinas. En los primeros tiempos de la Tierra, al enfriarse y solidificarse el planeta, los feldespatos, que se funden a temperaturas de tan solo 700 °C a 1000 °C, pronto se derritieron y subieron a la superficie, donde son extremadamente frecuentes, y acabaron convirtiéndose en la fuente mineral de la arcilla.

Las rocas formadas por el enfriamiento del magma —roca fundida bajo la superficie de la Tierra— se denominan rocas ígneas (los otros dos tipos de rocas son las sedimentarias y las metamórficas); en la superficie, están expuestas a una meteorización constante. Los cambios de temperatura, el viento, la lluvia, la nieve y la humedad descomponen las rocas; el material resultante se desplaza por la superficie de la Tierra por efecto de la gravedad, las corrientes de agua, los glaciares, el viento y las olas. Hace solo doscientos años, se pensaba que las montañas, los lagos y los desiertos eran permanentes e inmutables. Ahora sabemos que la superficie del globo ha estado sometida a cambios constantes desde sus inicios... y que aún lo está; incluso las montañas pueden desgastarse con el tiempo a causa de la meteorización y la erosión. (Las montañas también pueden crecer. En la actualidad, el Himalaya se eleva aproximadamente un centímetro cada año).

Para comprender las fuerzas de la meteorización, podemos pensar en una acera de hormigón recién colocada. Con el paso del tiempo y de las personas, esa superficie lisa e impecable se volverá áspera; el desgaste agujereará la superficie y empezarán a aparecer piedras; las raíces de los árboles levantarán y agrietarán el hormigón; el agua que desagua de las calzadas erosionará los canales. Imaginemos los pies de la gente desgastando la superficie partícula a partícula, los vientos cargados de polvo azotando la superficie, la lluvia invernal filtrándose por mil poros diminutos y expandiéndose al congelarse. En muchos aspectos, la roca se ve afectada de forma similar a lo largo de enormes períodos de tiempo.

Existen tres tipos de meteorización: mecánica, química y biológica. La meteorización mecánica rompe la roca en fragmentos más pequeños sin alterar su estructura química. El agua se filtra por grietas y fisuras y, al congelarse, se expande y puede dividir la roca. Las rocas expuestas por la erosión del material que las rodea se rompen y se deslizan colina abajo, aplastando de paso otras rocas. Cuando las temperaturas suben y bajan entre el día y la noche, las rocas se dilatan y contraen, formando fisuras por efecto de la tensión repetida. El goteo lento y repetitivo del agua a lo largo del tiempo puede desgastar la ladera de una montaña.

La meteorización química altera la estructura química de la roca al eliminar algunos componentes y dejar otros; este proceso también es parte de la formación del suelo. El agua suele ser el agente de la meteorización química. Por ejemplo, el agua puede disolver minerales de pirita y sulfito para formar ácido sulfúrico altamente reactivo. Algunos de los productos disueltos se convierten en posible nutriente para la vida o reaccionan con los minerales de las rocas. El agua capta dióxido de carbono de forma natural al caer desde el cielo y filtrarse por el suelo. Este proceso da como resultado un agua ligeramente ácida; de hecho, forma ácido carbónico débil. Con el tiempo suficiente, el agua tiene la capacidad de disolver casi cualquier cosa. El agua puede descomponer el feldespato para formar arcilla y granos de arena. El trabajo constante del agua sobre la caliza ha dado lugar a los sistemas de cuevas más excepcionales del mundo, como las Cavernas de Carlsbad, en Nuevo México, o la elaborada y misteriosa red de toboganes, túneles y sumideros en la caliza del cañón de Maligne, en el Parque Nacional de Jasper.

Cuando la roca se rompe, una mayor superficie queda expuesta a una posible meteorización química, que descompone los componentes de esta roca en nuevos compuestos (figura 4.1). La meteorización mecánica y química puede producir un gramo de arcilla con partículas que tengan una superficie total cercana a los ochocientos metros cuadrados, una gran área reactiva análoga a la superficie de los alvéolos pulmonares y las vellosidades intestinales.

**Figura 4.1**: El aumento de la superficie tras la fragmentación.

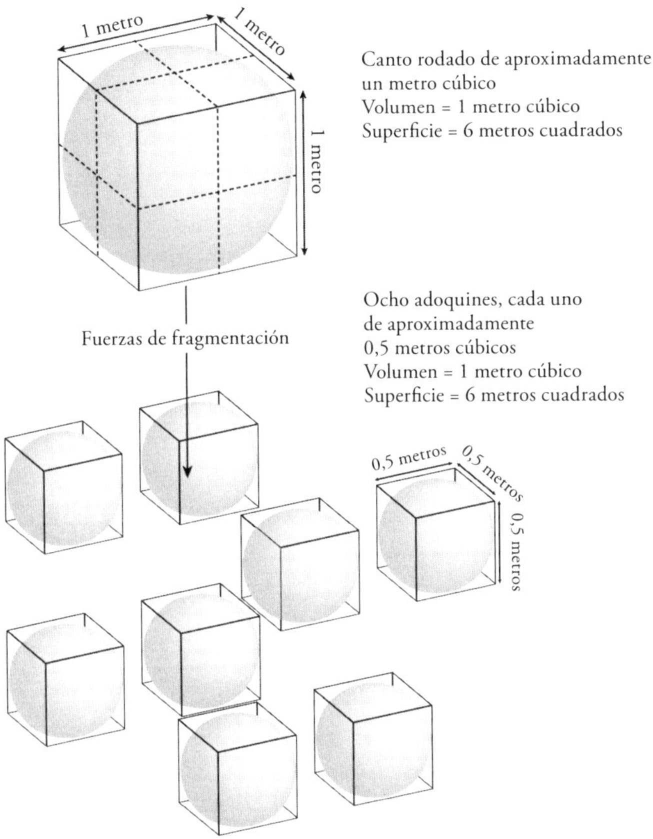


Adaptado de Frank Press y Raymond Siever, *Earth* (San Francisco: W.H. Freeman and Company, 1982), p. 92.

Durante los primeros tiempos de la meteorización en este planeta, los silicatos cálcicos del basalto se disolvieron completamente en el agua, produciendo carbonatos cálcicos y ácido silícico en disolución, que terminaron fluyendo hacia los océanos y acabaron en el fondo en forma de sedimentos. En los océanos estériles comenzó a formarse una mezcla de elementos que transformaría la Tierra.

Cuando la vida evolucionó, los organismos vivos introdujeron un tercer tipo de meteorización: la meteorización biológica. Los microorganismos extruían sustancias químicas que lixiviaban la roca en busca de elementos útiles. Al infiltrarse en las grietas, masas de organismos ejercían presión, como hacen las raíces de las plantas en busca de minerales y un asidero en las paredes rocosas.

### Florecimiento de la vida a través de la meteorización

La intensidad de la meteorización depende del clima, la tectónica, la composición original de la roca y el tiempo. La meteorización mecánica y química produjo arcillas, suelos, sedimentos y sales en los océanos, mientras que la rotura de las rocas dio lugar a cantos rodados, guijarros, arena y limo. A primera vista, estos procesos pueden parecer enormemente destructivos, pero fueron, y siguen siendo, de crucial importancia en el florecimiento de este planeta.

La meteorización fue el medio por el que la Tierra produjo vida, así como el instrumento que la vida utilizó para crear un nuevo medio en el que pudiera prosperar y diversificarse.

Así cuentan los científicos esa extraordinaria historia. Los elementos disueltos y las sales de los océanos formaron un rico caldo de átomos y moléculas; fueron los precursores de la vida. Mucho antes de que las superficies terrestres del planeta fueran hospitalarias, las condiciones de los océanos evolucionaron rápidamente hasta hacer inevitable la vida. Las primeras células que surgieron hace más de 3600 millones de años fueron bacterias; durante la mitad del tiempo transcurrido desde entonces, las únicas formas de vida que existieron en cualquier lugar de la Tierra fueron bacterias.

La evolución posterior requería un sustrato: el suelo. Al igual que los organismos vivos habían interactuado con la atmósfera y el agua e influido profundamente en su composición, los organismos vivos alteraron el planeta para siempre al crear el suelo. Las bacterias se trasladaron a la tierra y empezaron a disolver la roca estéril, desmenuzándola para obtener los nutrientes que necesitaban. Fueron la invasión de vanguardia de la vida en tierra firme.

---

### El mito griego de Gaia

*Madre Tierra*
*La madre de todos nosotros,*
*la más antigua de todos,*
*dura,*
  *espléndida como una roca*
*Todo lo que es de la tierra*
  *es ella*
  *que lo alimenta,*
*Es la Tierra*
  *que canto.*

—HOMERO

La gran deidad de los primeros griegos era Gea, o Gaia, la «Tierra de pechos profundos». Era la diosa madre de la que surgía todo lo demás. Creó a Urano, el cielo estrellado; juntos poblaron el universo recién creado. Gea era la creadora cósmica: de ella surgieron los titanes (la primera raza de dioses), los gigantes, los espíritus de las tormentas y todas las demás fuerzas de la naturaleza, así como los seres humanos. «Hombres y dioses», escribió el poeta Píndaro, «somos de la misma familia, debemos el aliento de la vida a la misma madre».

En mitos posteriores, una de las descendientes de Gaia, Deméter, asumió parte del papel de la gran madre Tierra como guardiana del suelo cultivado, la fertilidad y la cosecha. La historia de la pérdida y el reencuentro de Deméter con su hija Perséfone dramatiza los ciclos naturales de la Tierra como fuente de vida, renovación y regeneración del suelo. Un día, mientras Perséfone recogía flores en un campo soleado, fue raptada por su tío Hades, rey del inframundo. El oscuro reino de Hades era el temible destino de los muertos, pero también era fuente de vida y crecimiento. Cuando Perséfone desapareció bajo tierra, todo crecimiento se detuvo en la Tierra mientras Deméter buscaba por el mundo a su hija perdida. Finalmente, los dioses la devolvieron a su madre para que pudieran reanudarse las cosechas, pero no antes de que la muchacha hubiera comido algunas semillas de la granada en el reino de los muertos. Esas semillas la condenaron a volver bajo tierra durante parte de cada año.

Todo crecimiento, toda cosecha, procede del reino oscuro y rico del suelo; la nueva vida se nutre de la muerte, de las hojas y plantas en descomposición, los restos acumulados de innumerables generaciones de organismos. Cada año el mundo debe morir para renacer de nuevo de la tierra —del suelo y del planeta— como escribe Homero, de la madre de todos nosotros.

Cuando las plantas salieron finalmente del agua hace 350 millones de años, tuvieron que afianzarse en rocas sólidas o buscar grava o arena incrustada en bacterias. Las raíces de las plantas se abrían paso buscando acomodo en cualquier grieta o agujero, segregando enzimas que disolvían la roca para proporcionar elementos esenciales. Sin embargo, fueron las bacterias las que destacaron en la explotación de la dura superficie terrestre, disolviendo y concentrando sustancias que descubrieron cómo aprovechar. Desarrollaron formas de crear carbonatos, fosfatos, silicatos, óxidos y sulfuros. De este modo, tanto las bacterias como las plantas rompieron los cantos rodados. Durante inmensos períodos de tiempo, las bacterias y las plantas, combinadas con otras formas de meteorización, redujeron las montañas a escombros. Las raíces de las plantas mantenían unidos los granos de arena y los protegían del viento y la lluvia. A medida que innumerables generaciones de animales, bacterias y plantas morían, sus cadáveres se sumaban a la arena. Cuando sus tejidos y células se descomponían, se liberaban moléculas para formar la materia orgánica que constituye ese rico brebaje de *materia* desmenuzable, arenosa y pardusca que proporciona el hábitat y el alimento a la vida en la Tierra.

A lo largo de millones de años, los microorganismos y las plantas se fueron adentrando cada vez más en la tierra. Extrayendo su sustento del sol, el agua y los minerales, se extendieron por las costas, los valles y las llanuras. A medida que los siglos se convirtieron en milenios y luego en cientos de milenios, los restos orgánicos de las plantas se fueron apilando, proporcionando una matriz en la que florecieron las bacterias. Con el tiempo, los pequeños animales —gusanos, artrópodos— encontraron formas de explotar el suelo en desarrollo, acelerando la descomposición de rocas y minerales con sus excavaciones y sumando sus cadáveres a los materiales de compostaje.

A medida que el suelo se hacía más rico y profundo, las plantas se volvieron más grandes y abundantes. Los organismos en descomposición ayudaban a retener las rocas y las partículas en un suelo rico en materia orgánica. Mientras los continentes se cubrían con este cúmulo de moléculas complejas que solo se encuentran en los organismos vivos, las plantas florecieron, proporcionando hábitat y alimento a una creciente colección de animales terrestres, de los cuales los seres humanos eran la incorporación más reciente.

### El equilibrio entre la vida y la muerte

En la década de 1970, después de que el embargo de petróleo árabe estimulara la búsqueda urgente de petróleo por parte de los distintos países, yo estaba trabajando en una película sobre los peligros de perforar en busca de petróleo en una zona fronteriza por encima del círculo polar ártico. Caminando por una isla del Ártico, sobre un suelo rocoso manchado de líquenes, divisé una incongruente mancha de color resplandeciente. Era un jardín en miniatura de pequeñas flores y hierbas con una nube de insectos revoloteando a su alrededor. En el centro de este diminuto edén estaban los huesos desmenuzados de un buey almizclero que había muerto hacía muchos años. Blanqueados por el sol y quebradizos por la lixiviación de sus minerales, los huesos aún tenían suficientes nutrientes para sustentar a esta comunidad de criaturas en el implacable entorno del Ártico.

En el otro extremo del mundo, visité una antigua estación ballenera en la Antártida. Entre las cubas oxidadas utilizadas para extraer la grasa y los edificios decolorados y en ruinas que habían albergado a los balleneros, crecían plantas y flores sobre la sangre y los huesos de incontables leviatanes varados en la arena estéril. En el norte de Europa, la sangre y los huesos dejados tras las terribles batallas de la Primera Guerra Mundial siguen alimentando los vastos campos de amapolas que son, literalmente, la reencarnación de generaciones pasadas.

Todos estos ejemplos demuestran el exquisito equilibrio entre la vida y la muerte, un ciclo que emerge del otro.

## Establecer conexiones para crear vida

A menudo, los hongos se describen como agentes de la descomposición y la decadencia en los sistemas naturales. Son fundamentales para el reciclado de la materia orgánica, pero también son aliados aparentemente incompatibles de la salud general y la solidez de los ecosistemas. Los altísimos bosques y las praderas —de hecho, casi el 90 % de todas las especies vegetales— se mantienen gracias a su asociación con los hongos del suelo.

En Europa, las trufas son desde hace mucho tiempo manjares del más alto nivel epicúreo. Como las trufas exudan un compuesto parecido a las feromonas de los cerdos macho, se utiliza a las hembras de cerdo, a las que se ofrece la vana esperanza de un encuentro sexual, para detectar las delicias odoríferas. A finales del siglo XIX, el rey de Prusia decidió arrebatar a Francia parte del comercio de la trufa al encontrar una forma de cultivar las setas. Encomendó la tarea al micólogo A.B. Hatch, que rastreó minuciosamente las hifas que se extendían desde el cuerpo fructífero, para descubrir que invariablemente se enredaban en los pelos radiculares de los árboles con tal intimidad que parecían formar parte natural del árbol. (Las «setas» que asoman por el suelo son el cuerpo fructífero de un hongo: transportan las esporas. La mayor parte de la biomasa de un hongo procede de una malla de diminutas hifas en forma de raíz que se enredan en el suelo).

Había descubierto una notable asociación de enorme importancia, la asociación mutuamente beneficiosa de los hongos micorrícicos y los árboles. Alrededor de sus raíces, cada árbol puede tener docenas de especies diferentes de hongos micorrícicos, algunos específicos de esa especie de árbol, otros no.

Como muchos saben por los escritos de Suzanne Simard y Peter Wohlleben, las plantas y los hongos se sustentan mutuamente en una relación simbiótica beneficiosa. Para la planta, las micorrizas aumentan la superficie de absorción de sus raíces, facilitando una mayor captación de agua, minerales y nutrientes como el nitrógeno y, sobre todo, el fósforo. En esencia, los micelios filiformes actúan como extensiones de las raíces de la planta, infiltrándose en una superficie de suelo mucho mayor que la que la planta podría alcanzar por sí sola. Como parte del trato, el hongo también estimula el crecimiento y produce antibióticos que pueden proteger a la planta de agentes patógenos. A cambio, el hongo se beneficia al recibir un suministro constante de azúcar que su huésped sintetiza en sus hojas.

Tan importante es el papel de esta relación de cooperación que se reconoce ampliamente que las plantas crecen mal, o no crecen en absoluto, en suelos sin los hongos micorrícicos. De hecho, se cree que gracias a esta relación las plantas pudieron colonizar la tierra de forma tan fructífera. Los fósiles de algunas de las primeras plantas de la Tierra muestran signos de micorrizas.

Hoy en día, el suelo es una mezcla compleja y diversa, que varía maravillosamente de un lugar a otro y sustenta multitud de comunidades. En las selvas tropicales del planeta, muy por encima de la superficie del suelo, inmensos árboles se tensan hacia el sol, formando un denso dosel repleto de otras formas de vida. Estos colosos vegetales se sostienen en lo alto gracias al anclaje de serpenteantes raíces que se entretejen a lo largo del suelo tropical, infértil debido a la intensa erosión y lixiviación, o se hunden en la tierra en las regiones templadas.

En los diversos suelos de las praderas, los humedales árticos o las sabanas ecuatoriales, musgos, hierbas, arbustos y plantas con flores se sustentan mutuamente, así como muchas especies diferentes de insectos voladores y rastreros y multitud de mamíferos herbívoros. Las grandes manadas de caribúes del norte de Canadá, los ñus del Serengeti o los millones de bisontes de las praderas ya desaparecidos, son solo algunos de los miembros de la abundante familia de la tierra.

**Figura 4.2**: Perfil de suelo fértil.

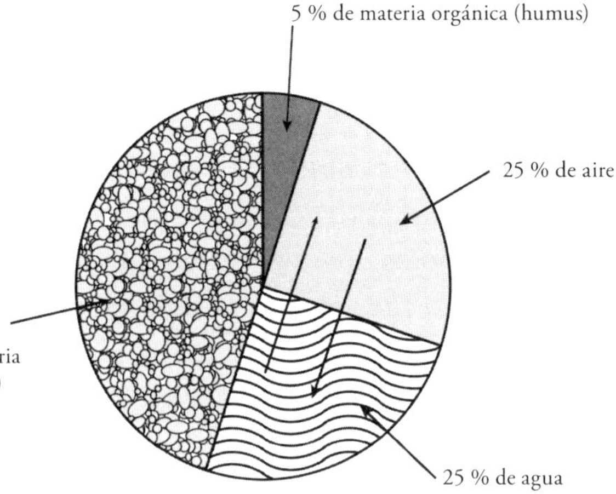


Adaptado de Frank Press y Raymond Siever, *Earth* (San Francisco: W.H. Freeman and Company, 1982), p. 124.

## Horizontes profundos

Se ha dicho que el suelo es el puente entre la vida y el mundo inanimado. El puente se construye, como hemos visto, con minerales y materia orgánica, pero también necesita aire y agua. El suelo actúa como reservorio de carbono y, por tanto, controla en gran medida la partición del carbono terrestre y el carbono atmosférico. La mitad del volumen de un suelo superficial de buena calidad es una mezcla de roca desintegrada y descompuesta y humus (restos descompuestos de materia animal y vegetal); el humus aumenta la capacidad del suelo para retener el agua (figura 4.2). La otra mitad se compone de poros por los que circulan el aire y el agua. Los poros son tan vitales como las zonas sólidas porque el aire y el agua circulantes aportan oxígeno y dióxido de carbono a los microorganismos y las plantas.

Los grandes árboles del bosque pueden verse como una de las formas en que los mundos inanimado y animado se encuentran en la tierra.

Las raíces de estos árboles se extienden lateralmente en una red cada vez más ramificada de filamentos cada vez más finos que sondean el suelo en busca de humedad y nutrientes. En el suelo, la humedad se mantiene en la matriz de sus partículas y se desplaza muy lentamente, por lo que las raíces de las plantas están en constante movimiento tratando de encontrarla.

La longitud total del sistema radicular de un árbol puede ser de varios cientos de kilómetros, con una superficie de varios cientos de metros cuadrados nada menos.

El suelo se forma desde la superficie hacia abajo, lo que da lugar a variaciones en su composición, textura, estructura y color. Dado que pueden observarse diferencias a distintas profundidades, el suelo puede definirse como una serie de zonas, capas u horizontes. Aunque los científicos del suelo identifican las capas de diferentes maneras, comúnmente se definen cuatro de arriba abajo como O, A, B y C (figura 4.3).

El horizonte O es en gran parte materia orgánica. La parte superior contiene principalmente hojarasca vegetal reconocible, como hojas y tallos, mientras que la inferior está compuesta por materia orgánica parcialmente descompuesta y humus. El horizonte A está compuesto en gran parte por minerales y humus. Contiene una gran actividad biológica y es mucho más fértil que el suelo subyacente. Esta capa se vuelve más gruesa en sus regiones inferiores porque las partículas

**Figura 4.3**: Los cuatro horizontes del suelo.

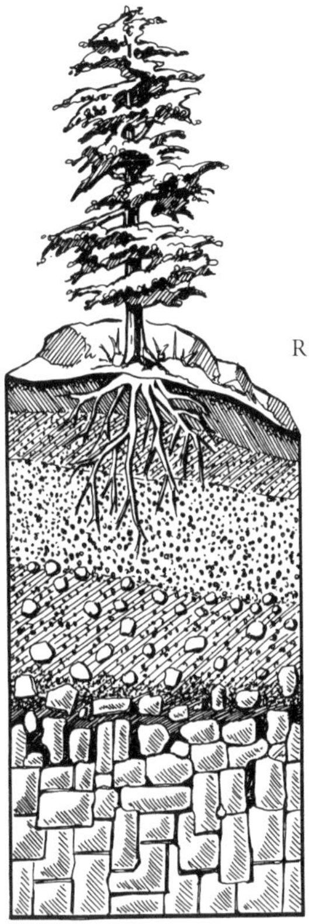


Adaptado de Frank Press y Raymond Siever, *Earth* (San Francisco: W.H. Freeman and Company, 1982).

pequeñas se eliminan a medida que el agua se filtra y arrastra hacia abajo los materiales inorgánicos disueltos en un proceso llamado lixiviación. El horizonte B es generalmente más grueso y recubre el lecho rocoso meteorizado. El horizonte B se compone de finas arcillas acumuladas que se compactan como alio; contiene organismos vivos y materia orgánica, pero mucho menos que en la capa A. Los horizontes O, A y B constituyen el verdadero suelo, es decir, el solum. El horizonte C está formado por restos rocosos parcialmente alterados, pero poca materia orgánica, que es el componente crucial para la fertilidad.

En la naturaleza, la diferencia entre los comensales y los comidos puede ser solo cuestión de tiempo. La vida se nutre de la vida; es una regla de la naturaleza. A lo largo de miles de años, este proceso generó materia orgánica en el suelo que se acumuló de forma inexorable, pero casi imperceptible. En los climas templados, donde los bosques caducifolios y las plantas anuales amontonan hojarasca en el suelo cada año, la tasa media de crecimiento de suelo vegetal es de cinco centímetros por milenio. Esto es lo que hace fructífero a nuestro planeta.

*tierra de trigo y cebada, de viñas, higueras y*
*granados, tierra de olivares y de miel,*
*tierra en que no comerás tasado el pan.*

—DEUTERONOMIO 8:8-9

## Alimentarse de la tierra

El aire es el aliento de la vida; el agua, su bebida; y la tierra, su alimento. Por supuesto, no comemos tierra directamente, pero la absorbemos cada día de nuestras vidas por necesidad. La Tierra verde es la pradera en la que pastamos, el suelo que nos da forma, el pan de cada día que mantiene unidos cuerpo y alma.

Imaginemos la Tierra como un orbe de 70 metros de diámetro cubierto por una piel del grosor de la de un tomate. Esa fina capa exterior corresponde a la fina envoltura de suelo que cubre la superficie de nuestro inmenso planeta. La renovación constante de la vida en la Tierra se produce en esa fina capa; nosotros, como todas las demás formas de vida terrestre, dependemos de ella, directa o indirectamente, para alimentarnos.

Nuestra supervivencia y bienestar diarios dependen del consumo de cantidades suficientes de energía, proteínas, hidratos de carbono, sustancias inorgánicas, oligoelementos, ácidos grasos esenciales, vitaminas, agua y fibra (componentes no digeribles de las plantas, como la celulosa). Cada día, las grasas aportan el 25 % de nuestras necesidades energéticas, las proteínas el 12 % y los hidratos de carbono el 63 %. En la actualidad, gran parte de nuestros alimentos se procesan y se envasan para disimular su origen biológico, pero todo lo que se incorpora a nuestro organismo, salvo las moléculas sintetizadas químicamente como los edulcorantes y las grasas alternativas, procede de la vida preexistente; gran parte procede directamente del suelo.

Las vitaminas son un recordatorio especial de nuestra dependencia de otras formas de vida. Las vitaminas son compuestos biológicos complejos necesarios para la fisiología humana, pero no pueden sintetizarse en nuestro organismo. Las fabrican otras especies, de las que nos alimentamos y de las que obtenemos las vitaminas esenciales. Sin vitaminas, sufrimos problemas comprobados como ceguera nocturna (causada por la carencia de vitamina A), escorbuto (carencia de vitamina C), raquitismo (carencia de vitamina D), anemia megaloblástica (carencia de ácido fólico), anemia perniciosa (carencia de vitamina B), beriberi (carencia de vitamina B), pelagra (carencia de ácido nicotínico) y trastornos de la coagulación de la sangre (carencia de vitamina K).

Nuestro cuerpo está maravillosamente adaptado para obtener la nutrición que necesitamos. Al igual que la creación del suelo, la alimentación es cuestión de desmontar cosas para juntar otras. Podríamos considerar la digestión como otra versión de la meteorización; realizamos actos heroicos de meteorización física y química en nuestros alimentos para descomponerlos y utilizarlos en nuestros propios procesos vitales.

La mayor parte del proceso de absorción de los alimentos se realiza de forma refleja, sin pensamiento consciente; al igual que respirar, comer es tan fundamental para nuestra existencia que nuestro cuerpo está diseñado para eludir la consciencia y ponerse manos a la obra.

La digestión comienza justo en la boca, cuando introducimos los alimentos más allá de los labios y empezamos a desgarrarlos y masticarlos en trozos pequeños (figura 4.4). Formados por un esmalte duro sobre una dentina ósea que recubre una pulpa rica en nervios y sangre, los treinta y dos dientes de un adulto humano son maravillas de la ingeniería. Los incisivos a modo de cincel cortan la comida, mientras que los molares de punta plana la trituran.

Los receptores que reaccionan ante el olor, el sabor y el tacto, así como ante el propio acto de masticar, estimulan la producción de saliva por diversas glándulas. La saliva es mucho más que un simple escupitajo. Contiene mucosidad, que humedece los alimentos para que puedan desplazarse más fácilmente por

**Figura 4.4**: Los componentes del aparato digestivo.

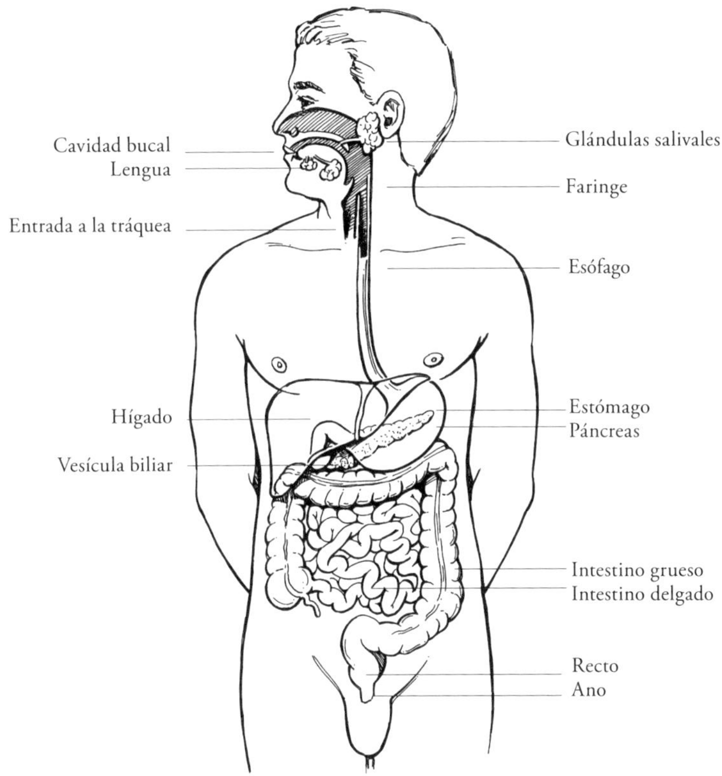


Adaptado de Cecie Starr y Ralph Taggart, *Biology: The Unity and Diversity of Life*, 6.ª ed. (Belmont, CA: Wadsworth, 1992), fig. 37.4.

la boca para su masticación y deglución, y la enzima α-amilasa, que descompone los hidratos de carbono. La saliva también contiene inmunoglobulina A, lisozima y peroxidasa, potentes agentes que combaten las infecciones causadas por virus, bacterias y otros organismos patógenos.

La deglución no es sencilla, pero la conseguimos con estilo gracias a una serie de reflejos. El alimento masticado se recoge en una masa llamado bolo y es impulsado por la lengua hacia la faringe, situada en la parte superior del esófago.

Cuando el bolo entra en contacto con la faringe, los receptores sensitivos estimulan una oleada secuencial de contracciones denominada peristaltismo. Con el peristaltismo se contrae el bolo y se empuja hacia el esfínter que controla la entrada en el estómago.

El alimento que pasa a través del esfínter distiende el estómago, haciendo que se contraiga y empuje el bolo hacia la mitad «inferior» del estómago. Las hormonas regulan el ritmo de las contracciones. En un plazo de 10 a 20 minutos, la mitad del agua de los alimentos habrá sido absorbida por la mucosa del estómago. Estimulado por la vista, el olfato y el gusto, el estómago segrega diariamente unos tres litros de jugos gástricos: pepsinógenos para descomponer las proteínas, mucosidad para proteger el revestimiento del estómago de los jugos digestivos, y ácido clorhídrico y gastroferrina para absorber el hierro. Los alimentos se convierten por acción química y mecánica en un estado licuado denominado quimo, al que las contracciones del estómago empujan hacia el fondo de este, lo comprimen y luego lo impulsan de vuelta. Esta acción de vaivén sirve para aumentar la licuefacción, mezclar los jugos gástricos, digerir parcialmente el quimo y emulsionar las grasas.

A continuación, el quimo sale del estómago a través del esfínter pilórico hacia el intestino delgado, que mide unos dos metros de longitud. En él se completa la absorción de productos de degradación, agua y electrólitos. Al igual que los alvéolos pulmonares, los intestinos presentan una serie de intrincadas evaginaciones que forman proyecciones en forma de dedos denominadas vellosidades y microvellosidades para maximizar la superficie de contacto con el quimo (figura 4.5).

La superficie de las vellosidades y microvellosidades supera los cien metros cuadrados. Las puntas de las vellosidades se desprenden constantemente al moverse de un lado a otro por la contracción muscular. Oleadas de contracciones peristálticas en el intestino empujan la mezcla de productos de degradación, agua y electrólitos hacia el ano.

Cada día, el páncreas libera unos dos litros de jugo rico en ácido carbónico para neutralizar el quimo, así como enzimas digestivas para descomponer las proteínas, las grasas y los hidratos de carbono.

**Figura 4.5**: Estructura fina de las vellosidades y microvellosidades.

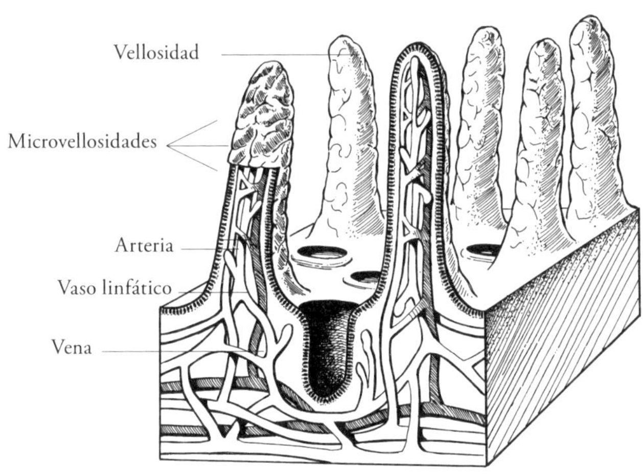


Adaptado de Cecie Starr y Ralph Taggart, *Biology: The Unity and Diversity of Life*, 6.ª ed. (Belmont, CA: Wadsworth, 1992), fig. 37.9.

Para digerir las grasas, el hígado produce diariamente unos 0,7 litros de bilis, parte de la cual se almacena en la vesícula biliar. Alrededor del 85 % de la bilis es bilirrubina, que es el producto de degradación de la hemoglobina de los glóbulos rojos muertos. Los productos de degradación de la bilirrubina que se excretan por los intestinos son los que dan a las heces su color marrón.

La última porción del tubo digestivo está constituida por alrededor de 1,3 metros de colon, o intestino grueso, donde se siguen eliminando agua y electrólitos. Al final de este tortuoso recorrido, lo que queda son heces, principalmente materia vegetal no absorbida, células desprendidas, bacterias y algo de agua. En el colon adulto hay entre $10^{10}$ y $10^{20}$ bacterias por mililitro, y constituyen un tercio del peso seco de las heces.

Si nos hemos alimentado bien, los aminoácidos, los azúcares simples y los ácidos grasos entran en el torrente sanguíneo a medida que avanza la digestión. La glucosa, uno de los azúcares, actúa como mecanismo regulador. Cuando la glucosa en sangre es elevada, estimula al páncreas para que produzca insulina, que estimula el almacenamiento de moléculas de glucosa en las células hepáticas, grasas y musculares. Al mismo tiempo, se inhibe en el hígado la secreción de glucagón, que convierte el glucógeno almacenado en glucosa. De este modo, la glucosa se almacena eficazmente para utilizarla cuando se necesite energía.

En condiciones de ayuno o inanición, al descender las concentraciones de glucosa en sangre, la glándula suprarrenal produce adrenalina y noradrenalina, hormonas específicas del hígado, el tejido adiposo, los músculos y otros tejidos. Estas hormonas convierten las grasas en ácidos grasos para obtener energía, lo que permite reservar muchas moléculas de glucosa para el cerebro. Al equilibrar la conversión de glucógeno y grasas, el hígado puede mantener constante la cantidad de glucosa en sangre durante varios días antes de que caiga drásticamente. Poco a poco, si la inanición continúa, las proteínas de los músculos y otros tejidos se descomponen en aminoácidos, que el hígado utiliza para crear nuevas moléculas de glucosa para su utilización por el cerebro. Cuando no entra nada del exterior para que su degradación mediante la digestión, el cuerpo se desintegra a sí mismo, sacrificando tejidos para que el órgano de mando, el cerebro, siga funcionando el mayor tiempo posible.

Los componentes moleculares de nuestros tejidos y órganos se desgastan y consumen constantemente. Los glóbulos sanguíneos, por ejemplo, solo duran 120 días; las células epiteliales que recubren el intestino, cinco días; y las células epidérmicas que cubren la superficie de la piel, unas dos semanas. Las células mueren por millones cada día y deben ser reemplazadas. Nuestro cuerpo está en un estado constante y equilibrado de muerte y renovación: incluso nuestro esqueleto se sustituye por completo cada pocos años. Por eso nuestra necesidad de nutrición es absoluta. Como todos nuestros alimentos estuvieron vivos en algún momento, esas plantas y animales absorbieron lo que había en el aire, el agua y el suelo. A lo largo de la historia de la vida en la Tierra, los excrementos o residuos de una especie han sido un recurso para otras especies en un ciclo interminable de uso, eliminación y reutilización. Al igual que el aire y el agua, el suelo es una fuente esencial de vida que se introduce en lo más profundo de nuestro cuerpo y, de hecho, se convierte en nosotros. Como el aire y el agua, el suelo exige un gran respeto: lo que le hacemos, nos lo hacemos a nosotros mismos.

## La agricultura: una nueva fase en el desarrollo humano

Hace entre diez mil y doce mil años, los seres humanos se dieron cuenta de que las semillas colocadas sobre el suelo o en su interior se convertían en plantas útiles para las personas. Esta toma de conciencia dio lugar a la revolución agrícola, que alteró de manera fundamental el comportamiento humano y sentó las bases de la civilización. En general, los primeros agricultores trabajaban dentro de las limitaciones de su entorno. Para alimentarse, tenían que conocer los caprichos de la tierra, el clima y las plantas que cultivaban. Aprendieron a reconocer las diferencias entre suelos y, mediante prueba, error, observación y experiencia, las generaciones de estos primeros agricultores domesticaron plantas con las cualidades —como tamaño, sabor y contenido de azúcar, fibra o grasa— que deseaban. Al guiar la selección de plantas que se ajustaban a sus necesidades —y a las de su entorno—, estos primeros agricultores crearon cultivos alimentarios resistentes y adaptados localmente que alimentaron al mundo durante siglos: el arroz y el mijo en China, el sorgo en África, y el maíz y la calabaza en América, por ejemplo.

Al domesticar las plantas y luego los animales, los agricultores liberaron a la humanidad de las exigencias de la caza y la recolección nómadas, proporcionando una base para los asentamientos permanentes en los que los individuos podían desarrollar funciones especializadas en una sociedad cada vez más compleja. Como ahora la agricultura producía más alimentos de los que la gente necesitaba, los alimentos podían almacenarse para su uso posterior o venderse e intercambiarse por otros bienes. En los florecientes asentamientos, los individuos empezaron a desarrollar habilidades que facilitarían tanto la agricultura como el crecimiento de sus comunidades: carpintería, fabricación de herramientas, alfarería y tejido, por ejemplo. Ya no se desplazaban y empezaron a acumular bienes materiales.

A medida que nos volvimos expertos en alimentarnos, esa pericia permitió que nuestro número creciera y que nuestras sociedades cambiaran. Las jerarquías establecieron una división del trabajo: había quienes poseían la tierra y quienes la trabajaban. Con el tiempo, esta estructura social dio lugar a una competencia por la tierra y el agua dentro de las comunidades y entre las sociedades.

Con cada nueva innovación e invento, la agricultura y las sociedades cambiaban. Hace unos siete mil años, por ejemplo, la invención de un arado de metal que podía ser tirado por animales domésticos permitió ampliar las parcelas y cultivar tierras que antes eran demasiado difíciles de roturar a mano. En las regiones áridas, se crearon sistemas de riego primitivos, principalmente cursos de agua desviados. Las sociedades agrícolas empezaron poco a poco a cambiar la tierra que las alimentaba.

Sin embargo, el efecto de la actividad humana sobre el suelo no comenzó únicamente con la agricultura. Incluso en el Paleolítico preagrícola, los seres humanos armados con poco más que lanzas y hachas de piedra fueron capaces de hacer que se extinguieran grandes mamíferos en lo que hoy es Norteamérica y Sudamérica. No obstante, fue la invención de la agricultura, en particular la agricultura industrial moderna, la que alteró el ritmo y el alcance del cambio. Las técnicas agrícolas modernas, como el uso de maquinaria pesada, el regadío y el uso extensivo de fertilizantes químicos, han tenido un efecto devastador sobre el suelo. Las técnicas modernas han aumentado la productividad por hectárea, pero la materia orgánica producida no se devuelve al suelo para completar el ciclo de la naturaleza, sino que suele acabar en alcantarillas, vertederos o incineradoras.

> *... el hombre civilizado ha intentado sistemáticamente hacer que la tierra se adapte a su modelo de agricultura, cuando debería hacer que la agricultura se adapte al modelo de la tierra.*
>
> —VERNON GILL CARTER y TOM DALE, *Topsoil and Civilization*

En 1984, el senador canadiense Herbert Sparrow documentó en su informe *Soil at Risk* (El suelo en peligro) el rápido agotamiento del suelo vegetal acumulado durante milenios que se ha producido en Canadá en los últimas decenios, un patrón que se repite en Estados Unidos y Australia. Según el informe, el tipo de agricultura industrializada que se ha convertido en la norma en los países industrializados desde la última guerra, con su excesivo hincapié en la productividad, ha sido el principal culpable. Los problemas descritos en el informe de Sparrow no han hecho más que agravarse. La urbanización, junto con las malas prácticas agrícolas y forestales, ha provocado compactación, pérdida de suelo por erosión y disminución de la materia orgánica, lo que a su vez significa que entra menos agua en el suelo para su limpieza de contaminantes. Además, el rápido deshielo y las lluvias intensas provocan con más frecuencia inundaciones porque el suelo más fino no puede retener tanta agua.

> *El hombre civilizado ha marchado por la faz de la Tierra y ha dejado un desierto tras sus huellas.*
>
> —ANÓNIMO

El increíble aumento de la población humana de la Tierra en los últimos cincuenta años ha ido acompañado de un incremento similar de la productividad agrícola. Sin embargo, esta productividad se ha conseguido saltándonos deliberadamente los límites naturales del suelo y del sistema vivo que hace que el suelo sea tan productivo. Según el biólogo poblacional David Pimentel, los métodos agrícolas modernos agotan el suelo vegetal unas treinta veces más rápido de lo que puede reponerse:

> *Más del 99 % de los alimentos del mundo proceden del ecosistema del suelo. La rápida erosión del suelo está reduciendo la producción de alimentos... y provocando graves pérdidas de biodiversidad. En los últimos 40 años, aproximadamente el 30 % de las tierras de cultivo del mundo se han vuelto improductivas... lo que ha contribuido a la desnutrición de más de tres mil millones de personas.*

Se tarda una media de quinientos años en acumular 2,5 centímetros de suelo vegetal. Según explicó Pimentel, la pérdida mundial de suelo vegetal supera actualmente la producción de suelo nuevo en 23 000 millones de toneladas al año, lo que equivale al 0,7 % del suelo mundial. A ese ritmo, en 2040 habrá desaparecido más del 30 % del suelo vegetal, pero que la población humana y la demanda seguirán creciendo.

Los diversos seres vivos de la Tierra limpian, alteran y regeneran el aire, el agua y el suelo, elementos que ayudan a crear y de los que dependen por completo. Sin embargo, ahora una especie entre incontables millones se ha apoderado de casi la mitad del suelo del planeta. Según el Dr. Bernard Campbell, los seres humanos «utilizamos, acaparamos o destruimos el 40 % de las alrededor de cien mil millones de toneladas de materia orgánica que produce anualmente el ecosistema terrestre». De este modo, llevamos a la extinción a muchos otros organismos que mantienen habitable el planeta.

### El fuego y la agricultura

Cuando los humanos aprendieron a hacer fuego, quemaron deliberadamente bosques, humedales y praderas y, de paso, provocaron la erosión del suelo, deslizamientos y sedimentación. En Australia, cuando los antepasados de los actuales aborígenes llegaron hace entre cuarenta mil y setenta mil años, transformaron la composición vegetal y animal del continente con el uso generalizado de la quema controlada. Sin embargo, el fuego no debe considerarse necesariamente una fuerza destructora. De hecho, el fuego es un fenómeno natural, incluso necesario, en muchos entornos.

En climas secos, los incendios forestales ayudan a reducir la «carga de combustible» de un ecosistema. Los incendios periódicos son de intensidad relativamente baja y tienden a quemar en parches, lo que da lugar a un mosaico de vegetación de distintas edades. Los incendios ayudan a descomponer la hojarasca natural, devolviendo los nutrientes al suelo y estimulando de este modo el crecimiento de las plantas. (Muchas plantas incluso dependen del fuego, ya que necesitan el calor de una hoguera para liberar las semillas). Si los incendios se reprimen durante demasiado tiempo, aumenta la intensidad del fuego inevitable, lo que provoca incendios que pueden quemar hasta el lecho rocoso.

La agricultura «de quema» tradicional de los aborígenes australianos reducía el riesgo de incendios catastróficos e incontrolados. El uso periódico y calculado del fuego era una de las formas en que controlaban su entorno, abriendo densas zonas de arbustos para la fauna y revitalizando el crecimiento de las plantas para ellos y sus presas.

El uso del fuego era fundamental para los aborígenes. En el libro *Nourishing Terrains,* la autora Deborah Bird Rose explica que los fuegos que los exploradores europeos veían arder por toda Australia significaban que «todo iba bien, que la gente y el país hacían lo correcto».

> *... el fuego que quema el país no es solo fuego, humo y vegetación ennegrecida. El país del fuego lo integran personas que tienen formas de interpretar su lugar en el entorno en el que viven, en el país al que llaman hogar. Su relación con el fuego en su aspecto más básico es como una herramienta, pero el fuego siempre está relacionado con acontecimientos asociados al pasado y al futuro... Se puede considerar que el fuego forma parte de una ecología de relaciones internas; ningún acontecimiento ocurre de forma aislada.*
>
> —JOHN BRADLEY, citado en *Nourishing Terrains*

---

> *Ahora sabemos que, por desgracia, la naturaleza es finita en su beneficencia, y que nos hemos acercado a sus límites... La mayoría de las zonas del mundo capaces de mantener un alto nivel de productividad agrícola ya están desarrolladas; las que no lo están (como la cuenca del Amazonas) probablemente no sean aptas para ello. Tantos proyectos de desarrollo aparentemente provechosos... han tenido resultados espantosos e inesperados.*
>
> —BERNARD CAMPBELL, *Human Ecology*

## El suelo: un material de valor incalculable

El suelo sigue siendo la principal fuente de nutrición de la humanidad. Aunque en todo el mundo el consumo de pescado iguala al de todas las vacas y pollos juntos, la mayoría de la población mundial vive principalmente de cereales. Por consiguiente, la agricultura proporciona más del 98 % de la nutrición humana. De la porción terrestre del planeta, el 12 % son tierras de cultivo, el 24 % pastos y el 31 % bosques. Los parques nacionales, que conservan la diversidad biológica mundial, apenas ocupan un 3,2 % del total del ecosistema terrestre. Un tercio de la tierra del planeta no es apta para la agricultura, los bosques o los pastos.

La finita tierra cultivable productiva es una base escasa para sustentar a la humanidad, y se está reduciendo en más de diez millones de hectáreas al año debido a la degradación del suelo. A la presión por la pérdida de tierras productivas se suma el incesante aumento de la población en más de 80 millones al año, lo que requiere otros diez millones de hectáreas, una superficie del tamaño del estado de Ohio. Por eso, la deforestación se produce a un ritmo tan rápido; el 80 % de los bosques perdidos se destinan a cultivar alimentos. La causa más grave de pérdida de suelo y degradación de la tierra es la erosión.

## La vieja sabiduría de la Tierra

*Heredarás la Tierra Santa como un fiel administrador... Protegerás tus campos de la erosión.*

—WALTER CLAY LOWDERMILK,
«Conquest of the Land Through 7,000 Years»

La interconexión de todas las cosas sobre la Tierra significa que todo lo que hacemos tiene consecuencias que repercuten en los sistemas de los que formamos parte. Cuando rescatemos este conocimiento ancestral, recuperaremos el sentido de la responsabilidad que conlleva. El pueblo waswanipi, entre otros grupos indígenas, comprendía claramente esta responsabilidad:

> *Según el cazador waswanipi tradicional, el éxito en la caza no es enteramente obra suya. Puede atribuirse en parte a la voluntad del propio alce, castor o lavareto de entregar su vida para que los waswanipi puedan vivir...*
>
> *Saben que el viento del norte y las almas de sus presas no son caprichosas ni pasivas, sino una indicación dinámica de la integridad moral actual de los cazadores a «ojos de la naturaleza». El viento del norte y los espíritus de los animales actúan en una relación recíproca con las acciones de los cazadores hoy y en el pasado.*

A cambio de la generosidad de la naturaleza para satisfacer las necesidades de los waswanipi, el cazador reconoce su profunda obligación de actuar de forma responsable con la naturaleza. Sus numerosas responsabilidades incluyen matar a los animales rápidamente, sin causarles sufrimientos innecesarios; no matar más de lo que se les ofrece ni matar por diversión o engrandecimiento propio; actuar con respeto hacia los cuerpos y las almas de los animales observando los rituales adecuados al recogerlos, descuartizarlos y comérselos; y utilizar todo lo que se les da, sin indiferencia ni derroches.

*Los cazadores y el pueblo waswanipi aprenden de sus mayores que el cuerpo de los animales que recibe el cazador les alimenta, pero el alma vuelve para renacer de nuevo, de modo que cuando los hombres y los animales no están en equilibrio, los animales son cazados pero no disminuyen, y tanto los hombres como los animales sobreviven.*

Los agricultores de subsistencia muestran la misma responsabilidad por el suelo que labran, alimentando y cuidando sus tierras para que a su vez alimenten a sus familias a largo plazo. En todas las regiones, la sabiduría tradicional sobre la tierra es un compendio local de sabios métodos para obtener una cosecha del suelo: cuándo arar, qué especies de plantas combinar y cómo proteger la tierra de las inclemencias del tiempo para que las fuerzas que la formaron no puedan destruirla.

### La catástrofe del mar de Aral

El pueblo de Muynak fue antaño un centro turístico costero y una comunidad pesquera vibrantes. Hoy, el mar de Aral está a 160 kilómetros de distancia. Un polvo blanco, que de lejos parece nieve, recubre el lecho marino seco. Pero no es nieve; extendiéndose desde el pueblo hay un páramo de sal, pesticidas y residuos de metales pesados, que el viento levanta regularmente en tormentas de polvo contaminado. Estos vientos tóxicos soplan por el lecho marino expuesto y calcinado y silban a través de los cascos podridos de los barcos pesqueros abandonados desde hace mucho tiempo hasta llegar a los pueblos. Donde en otro tiempo hubo comunidades prósperas y florecientes, quedan pueblos con agua potable contaminada, niveles sin precedentes de asma, tuberculosis y cáncer, y una población subempleada y abatida.

El mar de Aral fue antaño el cuarto lago más grande del mundo, repleto de peces, y el alma de las comunidades cercanas. El mar regulaba el clima y abastecía las aguas fluviales y subterráneas de la región. Albergaba más de 173 especies de fauna terrestre (incluso algunos tigres), y en sus aguas nadaban 24 especies de peces. Sin embargo, en la década de 1950, la Unión Soviética concibió la región como un lugar para cultivar algodón —un cultivo que se consideraba el «oro blanco»— y desvió el caudal de los ríos que alimentaban al mar de Aral. En 1960, el mar de Aral tenía el tamaño de Irlanda. Ahora, tras decenios de desvío de sus aguas a través de un sistema de canales de riego arcaico e ineficaz, su cuenca oriental se ha secado por completo, formando el desierto más nuevo del mundo, el desierto de Aralkum. Más del 90 % del mar se ha secado desde 1960, dejando solo masas de agua aisladas. En lugar de un suelo rico, vastas llanuras salinas rodean el mar, y el clima moderado ha cambiado, con veranos más calurosos e inviernos más fríos. Las tormentas de polvo propagan enfermedades, y la mayor parte de la tierra está tan contaminada por la sal y los pesticidas utilizados en la industria algodonera que no puede albergar vida.

El mar de Aral es una de las catástrofes medioambientales más infaustas del último siglo. Incluso se le ha llamado «el Chernóbil silencioso». No obstante, hay cierta esperanza para la región. Tras años de rehabilitación, incluida la construcción de nuevas presas, diques y esclusas para reparar los daños anteriores, el mar de Aral septentrional muestra signos de mejora. Uno de los ríos, el Sir Daria, fluye ahora libremente, y la cantidad de agua que llega al mar se ha duplicado. Antes de la rehabilitación, la principal ciudad portuaria del Aral septentrional, Aralsk, estaba a 80 kilómetros del mar. Ahora la costa está a menos de 20 kilómetros y los peces han empezado a regresar. Con el tiempo, la Tierra puede sanarse a sí misma, pero la catástrofe del mar de Aral demuestra lo rápido que podemos alterar la naturaleza de nuestro medio ambiente y cómo un cambio puede propagarse con efectos catastróficos y de largo alcance.

El agricultor debe encajar ingeniosamente las necesidades humanas en los sistemas naturales que él (o, más normalmente, ella, en la mayor parte del mundo) está aprovechando: la red local de la vida, adaptada a las condiciones locales, diseñada por el lugar durante un largo período de tiempo. En el mundo «desarrollado», parecemos creer ahora que podemos enmendar a la naturaleza y reescribir las reglas.

Los países tecnológicamente avanzados no han utilizado el suelo de forma sostenible, sino que lo han «socavado» extrayendo su contenido orgánico sin reemplazarlo, poniendo así en peligro su productividad futura con tal de obtener enormes cosechas en la actualidad. La ciencia del suelo está en pañales; es una terrible engaño pensar que sabemos cómo mantener los suelos florecientes y productivos, que podemos hacernos cargo de los conocimientos ancestrales de esos organismos vivos que crean y mantienen el hábitat del suelo que necesitan.

## Alimentarnos de forma sostenible

La agricultura industrial que espoleó el enorme aumento de la productividad durante la Revolución Verde de la década de 1960 se basa en el uso generalizado de variedades de plantas altamente seleccionadas que requieren maquinaria pesada para plantarlas, cuidarlas y cosecharlas; pesticidas químicos para eliminar las malas hierbas rivales y las plagas de insectos; y fertilizantes artificiales para estimular el crecimiento. Gran parte del valor de los alimentos es la energía captada del sol mediante la fotosíntesis y almacenada en azúcares, grasas e hidratos de carbono. Gastamos parte de esta energía utilizando nuestros propios músculos o los esfuerzos de un animal, pero por cada unidad de energía utilizada por los músculos, es posible cosechar de seis a diez unidades de energía de la planta. La agricultura industrial se aprovecha de la energía de los combustibles fósiles para sintetizar pesticidas, fijar nitrógeno para fertilizantes y propulsar máquinas. Por cada unidad de energía recuperada de las plantas, la agricultura industrial gasta entre seis y diez unidades en combustibles fósiles. En otras palabras, la enorme productividad de la agricultura moderna es consecuencia de convertir combustibles fósiles en alimento con una *pérdida neta* en la conversión. Esto no puede continuar, ya que los recursos que sustentan este estilo de agricultura no son renovables y escasean cada vez más.

La historia reciente de Cuba ofrece un ejemplo de cómo podemos hacer frente a esta crisis. Como satélite del bloque soviético, Cuba floreció con un enorme suministro de petróleo soviético y un mercado de primera clase garantizado para el azúcar, su principal exportación. La agricultura cubana, muy mecanizada y dependiente de los productos químicos, consumía tanta energía como la de cualquier país industrializado. En 1990, el bloque soviético se derrumbó con consecuencias catastróficas para Cuba: su fuente de petróleo y su mercado de azúcar desaparecieron de la noche a la mañana. Este pequeño país ni siquiera tenía combustible para transportar alimentos del campo a las ciudades. El consumo calórico medio en las ciudades cayó en un 30 %.

De aquella crisis surgió una increíble historia de éxito: la agricultura urbana, en la que más del 80 % de las verduras que se consumen en las ciudades se cultivan en ellas. Patios y solares vacíos se destinaron a la producción de alimentos, mientras que el estado proporcionaba conocimientos y equipos para que los agricultores se pusieran en marcha. En la actualidad, más de diez mil granjas urbanas suministran alimentos frescos, baratos y ecológicos a los barrios de las ciudades cubanas, al tiempo que proporcionan ingresos y empleo a decenas de miles de personas. Los huertos alcanzan un nivel de productividad comparable al rendimiento de la agricultura industrial. Para ello, imitan la naturaleza en lugar de someterla a golpes de productos químicos, fertilizantes artificiales y riego excesivo. Como en un ecosistema, se cultiva una diversidad de plantas para reducir los objetivos de las plagas. Se aplican insecticidas y fungicidas naturales, y se utilizan gusanos para procesar los desechos y proporcionar yesos nutritivos. Este tipo de agricultura a pequeña escala requiere mucho más esfuerzo físico, pero con una sociedad que se enfrenta a una crisis masiva de obesidad, eso también puede ser una ventaja.

Hay muchas personas y organizaciones, como las de Cuba, que trabajan duro para devolver a la tierra su valor, cuidándola y restaurándola, y hacer honor a la realidad de que solo el suelo —un recurso precioso y en peligro— puede alimentar a la humanidad. Miguel Altieri, agroecólogo, considera que la tierra agrícola es un ecosistema en sí mismo. Altieri y su equipo utilizan su conocimiento sobre los principios ecológicos para diseñar y gestionar una agricultura sostenible. Al potenciar la biodiversidad, tanto dentro del suelo como en los cultivos plantados en él, sus proyectos ayudan a los agricultores a cultivar alimentos durante todo el año, al tiempo que reducen su dependencia de los productos químicos y restablecen la capacidad de la tierra para producir alimentos. Sin embargo, aparte de crear una agricultura sostenible y salud ecológica, los proyectos de Altieri tratan de ser culturalmente sensibles, socialmente justos y económicamente viables. Utilizando sus propias palabras, «la sostenibilidad no es posible sin preservar la diversidad cultural que nutre las agriculturas locales. La producción estable solo puede darse en el contexto de una organización social que proteja la integridad de los recursos naturales y nutra la interacción armoniosa de los seres humanos, el agroecosistema y el medio ambiente».

Aunque la agricultura mundial sigue avanzando hacia una industrialización y globalización cada vez mayores, en detrimento de la seguridad alimentaria mundial, los medios de subsistencia tradicionales y la salud de nuestras tierras y aguas, muchas personas como Altieri y sus colegas están oponiendo resistencia. Al trabajar a una pequeña escala local, y al poner en tela de juicio los mitos y medias verdades que pregona la agricultura controlada por las grandes empresas, rechazan la solución tecnológica y, en su lugar, vuelven a la sabiduría de la tierra y de las personas que la han trabajado durante generaciones.

En los países desarrollados, muchas personas hablan con sus carteras. El mercado de alimentos orgánicos y locales sigue creciendo. Este creciente interés en todo el mundo desarrollado por los métodos de la agricultura ecológica y los productos sin pesticidas hace pensar que la vieja sabiduría de la Tierra está empezando a ser escuchada de nuevo y que el suelo está volviendo a ocupar su lugar en el centro de la vida humana. Es nuestra fuente de los componentes básicos de la vida misma.

Su productividad y su salud son un eslabón crucial en la cadena de la vida de la que dependemos. Sin exagerar, podemos decir que el suelo es la base de nuestro ser; junto con el agua y el aire, es la materia que la vida ayudó a crear, mantiene y de la que depende completamente.

> *Así pues, la tierra no es solo suelo; es una fuente de energía que fluye a través de un circuito de suelos, plantas y animales... Una ética que complemente y oriente la relación económica con la tierra presupone la existencia de cierta imagen mental de la tierra como mecanismo biótico. Solo podemos ser éticos en relación con algo que podemos ver, sentir, comprender, amar o en lo que podemos tener fe.*
>
> —ALDO LEOPOLD, *A Sand County Almanac*

# 5

## El fuego divino

*Soy esa fuerza suprema y ardiente que envía todas las chispas de la vida. La muerte no tiene parte en mí, y sin embargo yo la reparto; por eso me ciño la sabiduría a modo de alas. Soy esa esencia viva y ardiente de la sustancia divina que fluye en la belleza de los campos. Brillo en el agua, ardo en el sol y la luna y las estrellas. Mía es la fuerza misteriosa del viento invisible... Soy la vida.*

—HILDEGARDA DE BINGEN, citada en David Maclagan, *Creation Myths*

No es posible ignorar el motor que mueve la Tierra y toda su vida. Al levantar la cabeza en una mañana despejada, veremos el fuego sagrado elevándose al este. «Vivimos», dice Wallace Stevens, «en un viejo caos del sol, / O vieja dependencia del día y la noche», y así lo hace todo ser vivo, pasado, presente y futuro. La mayoría de los seres humanos imaginan la nada como algo frío y oscuro; desde que miramos al cielo por primera vez, hemos cantado nuestra devoción al sol. En el primero de los libros sagrados del hinduismo, el Rig-Veda, escrito hace más de tres mil años, Dios mismo es creado por el calor:

*En el principio eran tinieblas envueltas en tinieblas;*
*Todo esto sin embargo era tan solo agua no manifestada.*

*Todo lo que era, ese Uno, vino a ser, oculto por el Vacío.*
*Fue engendrado por el poder creador del calor.*

Aquella gran orden de «hágase la luz» puso todo en marcha, inició el flujo de energía que hizo posible la vida y ha resonado a través de los tiempos desde entonces.

Los físicos definen la energía como la capacidad de realizar un trabajo. Han aprendido que la energía no puede crearse de la nada; debe obtenerse de alguna parte. Esta descubrimiento ha dado lugar a uno de los principios más fundamentales de la ciencia: la primera ley de la termodinámica, que nos dice lo siguiente: «La cantidad total de energía en el universo permanece constante. No se puede crear más energía; la energía existente no se puede destruir. Solo puede convertirse de una forma a otra».

Por tanto, cuando se clava un clavo con un martillo, la energía utilizada para mover los músculos del cuerpo para asestar el golpe procede de las reservas del organismo, que a su vez proceden de los alimentos, que contienen energía obtenida de los fotones del sol. Cuando se golpea el clavo, la energía se transfiere a él y se disipa en forma de calor, tanto en el clavo como en la madera y el aire que lo rodea.

La energía almacenada en sustancias como la madera o el gas es de «alta calidad» porque puede obtenerse fácilmente para hacer un trabajo. Sin embargo, cuando esa energía se disipa en el agua o el aire en forma de calor, se convierte en una forma de energía de baja calidad. Esta descubrimiento conduce a la segunda ley de la termodinámica: «La dirección espontánea del flujo de energía es de las formas de alta calidad a las de baja calidad. Con cada conversión, parte de la energía se dispersa aleatoriamente en una forma que no está fácilmente disponible para hacer un trabajo». Este estado de aleatoriedad o desorden se denomina entropía; expresamos la segunda ley de la termodinámica en lenguaje coloquial diciendo que todo tiende al desorden, o alta entropía.

Sin energía, la vida no sería posible. La vida es la expresión orgánica de la energía. Para movernos, respirar, ver, crecer, metabolizar, hace falta energía. Los seres vivos tienen un alto grado de organización que requiere mucha energía de alta calidad para mantenerlos en funcionamiento. (Incluso cuando estamos profundamente dormidos, nuestro cuerpo genera tanto calor como una bombilla de 100 vatios). Ese estado de organización ha aumentado por el número y la complejidad de los organismos vivos del planeta en los últimos 3800 millones de años de existencia de la vida. Pero si todo tiende al desorden, ¿cómo ha podido continuar la vida a pesar de la segunda ley? La razón es que la energía del sol inunda constantemente nuestro planeta, proporcionando energía de alta calidad para compensar el constante decaimiento de la energía. Sin la aportación de la luz solar, la vida se agotaría pronto. En el vacío del espacio exterior, la temperatura ambiente es de apenas 3 K, es decir, tres grados por encima del cero absoluto, que es la temperatura a la que se detendría todo movimiento, incluido el de las partículas en el interior de los átomos.

## El fuego interior

Pertenecemos a un grupo de animales descritos como *homeotermos,* que significa «de temperatura constante»; es decir, nuestra temperatura corporal se mantiene dentro de un estrecho margen a pesar de las fluctuaciones de temperatura de nuestro entorno. En realidad, solo en el interior del cuerpo se mantiene una temperatura constante, de unos 37 °C; la temperatura de nuestras extremidades y de la piel puede variar en varios grados. Para mantener constante la temperatura central, la cantidad de calor producida debe ser igual a la cantidad perdida. Cada uno de nosotros es como una casa equipada con sistemas de aire acondicionado y calefacción central de alta gama; un termostato complejo y sensible ajusta continuamente la temperatura ambiente para que la casa y sus ocupantes se mantengan en óptimas condiciones de funcionamiento.

El metabolismo —el proceso de quemar combustibles como hidratos de carbono, grasas y proteínas— es nuestra principal fuente de calor. Para un hombre de 70 kg que haga un trabajo ligero, las necesidades de cada tipo de energía son las indicadas en la tabla 5.1.

**Tabla 5.1**: Necesidad típica de energía de un hombre de 70 kg

| MOLÉCULA | NECESIDAD (G/DÍA) | ENERGÍA (KJ/DÍA) | APORTE EN % |
|---|---|---|---|
| Grasas | 65 | 2500 | 25 |
| Proteínas | 70 | 1200 | 12 |
| Hidratos de carbono | 370 | 6300 | 63 |

Otra fuente de calor es nuestra piel. Podemos absorber calor de una fuente radiante, como el sol o una lámpara de calor, o del contacto directo con otro objeto, como una taza caliente. También absorbemos calor del flujo de agua caliente o aire caliente que nos roza la piel. Además, perdemos calor a través de la piel. Podemos perder hasta un tercio de nuestro calor irradiándolo a nuestro entorno si este está más frío. Si nos sentamos en una fría silla metálica, el calor saldrá de nuestro cuerpo y sentiremos frío. Además, perderemos calor si el agua o el aire fríos nos rozan la piel. Los submarinistas que llevan trajes húmedos obtienen cierto aislamiento de la goma, pero se mantienen calientes principalmente porque el flujo de agua fría que roza su piel está restringido.

Otra fuente más de calor es la actividad muscular. Cuando estamos físicamente activos, la actividad muscular puede representar hasta el 90 % del calor producido en nuestro cuerpo. Cuando necesitamos más calor porque perdemos demasiado, aumenta la actividad muscular, ya sea conscientemente volviéndonos más activos o de forma involuntaria mediante escalofríos. Los lactantes tienen una mayor relación superficie/volumen interno que los adultos, por lo que pierden más calor a través de la piel. Tienen un depósito de «grasa parda» en los hombros y el cuello, que se metaboliza para generar calor cuando es estimulado por un descenso de la temperatura central. Cuando desciende la temperatura ambiente, los termorreceptores de la piel detectan este descenso y envían señales al hipotálamo del cerebro, que a su vez envía señales a los músculos lisos de los vasos sanguíneos para que se contraigan y restrinjan así el flujo sanguíneo. Este fenómeno permite que las extremidades se enfríen mientras se conserva el calor para los órganos centrales del cuerpo al mantener alta la temperatura central. Nuestros dedos pueden enfriarse porque se detiene el 99 % del flujo sanguíneo normal que les llega. Otro conjunto de músculos lisos está situado en la base de los folículos pilosos, un vestigio evolutivo de nuestros antepasados cubiertos de pelo. Estimulados por el hipotálamo, se contraen y nos ponen la piel de gallina.

Cuando aparece la hipotermia, estas medidas ya no son suficientes. En las primeras fases de la hipotermia, cuando la temperatura central se sitúa entre 36 °C y 34 °C, podemos tener escalofríos y empezar a respirar más deprisa, ya que la sangre se retiene en las regiones más profundas del cuerpo. Podemos sentirnos mareados y con náuseas. Al bajar la temperatura a entre 33 °C y 32 °C, cesan los escalofríos y cae la producción de calor metabólico. Cuando la temperatura central alcanza entre 31 °C y 30 °C, ya no podemos movernos deliberadamente, se inhiben los reflejos oculares, perdemos el conocimiento y el corazón empieza a latir de forma irregular. Cuando la temperatura central alcanza entre 26 °C y 24 °C, los músculos ventriculares del corazón laten de forma anárquica y dejan de bombear sangre. La casa está echando el cierre y la muerte no tarda en llegar.

Cuando la temperatura del aire o del agua que nos rodea es superior a la de nuestra piel, las células cutáneas absorben el calor y lo difunden al resto del cuerpo por la sangre. Cuando la temperatura interna del cuerpo es superior a la de la piel, puede perderse calor a través de esta. Si eso no basta para bajar la temperatura corporal, nuestro sistema nervioso central recibe señales que nos hacen transpirar a través de las glándulas sudoríparas y provocan la dispersión de agua por la piel. Tenemos unos dos mil quinientos millones de glándulas sudoríparas distribuidas por la piel de nuestro cuerpo. Cuando el líquido caliente del sudor se evapora, se lleva consigo el calor y nos sentimos más frescos. La cantidad que transpiramos es un reflejo tanto de nuestra temperatura interna como del grado de humedad ambiental.

A pesar de las fluctuaciones en la producción de calor, la pérdida de calor y la absorción de calor, nuestra temperatura corporal debe estar exquisitamente equilibrada para mantener el funcionamiento óptimo en una amplia variedad de temperaturas circundantes. Tenemos una temperatura media de 37 °C que fluctúa de forma establecida en torno a medio grado. Cuando tenemos fiebre o en determinadas fases del ciclo menstrual, la desviación puede mantenerse durante un período prolongado.

Existen «termorreceptores» sensibles al calor situados en el hipotálamo del cerebro, así como en otros lugares de la piel y la médula espinal. Si la temperatura central aumenta, los termorreceptores detectan el incremento y envían mensajes para dilatar los vasos sanguíneos cercanos a la piel, aumentando el flujo sanguíneo periférico y disipando así el calor llevado del núcleo a la piel. El aumento del flujo sanguíneo también disminuye la posibilidad de intercambio de calor entre arterias y venas. Además, los receptores centrales de calor estimulan la sudoración. Si estas medidas no bastan para contrarrestar el aumento de calor, la temperatura central sube unos grados, lo suficiente para inducir un estado de hipertermia potencialmente letal.

Utilizamos el calor como defensa contra las enfermedades infecciosas; nuestra temperatura corporal aumenta con la fiebre, que suele ser mortal para el agente invasor. Un pirógeno, una proteína del invasor, perturba el mecanismo de termorregulación en el hipotálamo haciendo subir el termostato. Así, en estos casos, el cuerpo está más frío; a medida que se asienta la fiebre, los escalofríos y los temblores acompañan a la elevación de la temperatura. Cuando la fiebre disminuye y el termostato vuelve a la normalidad, el cuerpo tiene que enfriarse; empezamos a sudar y a enrojecer, ya que se envía más sangre a la piel para disipar el calor. Además de responder a un pirógeno transportado en la superficie de una bacteria, el hígado y el cerebro pueden generar proteínas que induzcan fiebre. Como tantas otras armas, esta es potencialmente peligrosa para su usuario; las fiebres altas pueden dañar el cuerpo mientras tratan de quemar los patógenos que lo invaden.

### La hipotermia como sanadora

A pesar del peligro de que el cuerpo se enfríe demasiado, hay ocasiones en que la hipotermia puede ayudar a curar. En algunas situaciones, la hipotermia inducida médicamente es una opción de tratamiento. Tras un traumatismo craneoencefálico, por ejemplo, el enfriamiento controlado del núcleo corporal a unos 33 °C ralentiza la inflamación cerebral, con lo que se alivia la presión sobre el cerebro. El superenfriamiento también reduce al mínimo el daño que puede inducir la reacción natural del cuerpo a la lesión. Inmediatamente después de un traumatismo, el cuerpo empieza a producir sustancias químicas que pueden inflamar el cerebro, dañando o incluso destruyendo sus células. La hipotermia enlentece este proceso, protegiendo además al cerebro de daños secundarios. El cuerpo se enfría mediante bolsas de hielo, solución salina fría administrada por vía intravenosa, o mantas o chalecos refrigerantes especialmente diseñados. El enfriamiento también se utiliza durante algunas intervenciones quirúrgicas de corazón y tras una parada cardíaca para frenar la necesidad de oxígeno del cerebro y reducir la probabilidad de daño cerebral.

En esencia, este uso controlado de la hipotermia pone al organismo en una especie de hibernación en la que el metabolismo se enlentece y el cuerpo utiliza menos oxígeno. Esto da tiempo al cuerpo para curarse, o al menos reduce al mínimo los posibles daños. Cuando el peligro para el paciente ha remitido, se vuelve a calentar lentamente el cuerpo hasta los 37 °C, la temperatura a la que nuestro motor metabólico arde con mayor eficacia.

## Mantener ardiendo los fuegos internos

Los viejos libros de texto clasifican a los animales en animales de sangre fría o de sangre caliente. Esta clasificación utiliza términos poco apropiados desde el punto de vista biológico. Mientras que los mamíferos y las aves mantienen bastante estable la temperatura de su fuego interno, por lo que son de sangre caliente, la temperatura interna de otros animales —anfibios, reptiles, peces e invertebrados— varía con las temperaturas externas. Esto significa que en un día caluroso, una serpiente que toma el sol puede ser tan «de sangre caliente» como un mamífero, pero más tarde, cuando el sol se haya puesto, su temperatura interna habrá descendido. Los mamíferos y las aves son endotermos (literalmente, «calor interno»), mientras que todos los demás animales son ectotermos («calor externo»).

Independientemente de que sean endotermos o ectotermos, todos los animales han desarrollado estrategias fisiológicas y de comportamiento para regular su temperatura y mantener vivas sus células y en funcionamiento su cuerpo.

### La ganga prometeica

El mito de Prometeo explora las ambigüedades del poder del fuego. Zeus había reservado el fuego divino solo para los dioses, pero un astuto embaucador del panteón griego, Prometeo, se lo robó a los dioses y lo llevó a los hombres (al parecer, no había mujeres en aquellos tiempos de frío sufrimiento). Los mitos posteriores relataban que, de hecho, había creado a humanos con ese don.

Semejante audacia no podía quedar impune: Prometeo fue encadenado a la ladera de una montaña donde diariamente un águila le arrancaba su hígado inmortal. Pero los humanos sufrieron aún más: Zeus no podía quitarles el don del fuego, pero sí podía fabricar otro regalo que fuera un arma de doble filo. Creó a Pandora, la primera mujer, cuyo nombre significa «todos los dones», y la envió a la Tierra portando una jarra sellada. Como el fuego, era encantadoramente bella, pero también incontrolablemente curiosa, imprevisible y engañosa. Inevitablemente, abrió la jarra y de él brotaron los regalos de Zeus: una horda de miserias que asolarían a todos los humanos por los siglos de los siglos: enfermedad, desesperación, rabia, envidia y vejez eran solo algunas de ellas.

Es el equivalente en la antigua Grecia de la historia del jardín del edén: los seres humanos se lanzaron de forma temeraria y osada a por el conocimiento y el poder y obtuvieron más de lo que esperaban. Además, si pensamos en el fuego como la primera tecnología verdadera con la que empezamos a cambiar la Tierra, podemos ver la fuerza de esta historia para nuestro tiempo.

Los mejillones y las ranas arborícolas, por ejemplo, producen anticongelante natural cuando caen las temperaturas para evitar que se formen cristales de hielo potencialmente mortales en sus líquidos corporales. Los anfibios se enfrían al evaporarse el agua de su piel húmeda, y los reptiles toman el sol para recargar sus motores internos. Los mamíferos y las aves jadean para refrescarse. Al pasar el aire por sus bocas calientes y húmedas, el agua se evapora, provocando el enfriamiento. Los pingüinos se sientan con los dedos de los pies inclinados hacia arriba, de modo que solo los talones y la cola están en contacto con el hielo. Leones marinos y focas toman el sol en las rocas.

En los endotermos, el pelaje, las plumas y la grasa forman parte del kit de herramientas de termorregulación. El aire atrapado entre los pelos o las plumas crea un abrigo ceñido a la piel. Los pelos exteriores más gruesos o las plumas repelen el viento, la lluvia y la nieve. Las gruesas capas de grasa ayudan a los mamíferos a sobrevivir en las profundidades oceánicas y en las zonas polares y en las de mayor altitud del planeta.

Muchos animales, incluidos los mamíferos marinos, los grandes peces y las aves, utilizan un ingenioso sistema de intercambio de calor a contracorriente para limitar la pérdida de calor en el aire o el agua fríos. La sangre arterial caliente bombeada desde el núcleo del cuerpo pasa muy cerca de las venas procedentes de las extremidades (por ejemplo, patas y aletas) que transportan la sangre fría de vuelta al núcleo del cuerpo. Debido a su proximidad, el calor pasa de las arterias a las venas. Este proceso mantiene constante la temperatura del núcleo corporal y también enfría ligeramente la sangre arterial para que se pierda menos calor cuando la sangre llegue a la punta de las extremidades.

La naturaleza ha dotado a todos los animales de un mecanismo de ingeniería biológica que les ayuda a mantener ardiendo el fuego interior. Sin embargo, solo los humanos han ideado una forma de transportar y utilizar una fuente externa de calor.

## Un fuego exterior

Nuestros lejanos antepasados homínidos vivían en los árboles y, al igual que nuestros parientes actuales más cercanos, los grandes simios, estaban indudablemente cubiertos de pelo. Por razones que aún hoy son objeto de debate, descendieron de los árboles, se irguieron y perdieron su pelaje. Los científicos suponen que habitaban la zona tropical a lo largo del valle del Rift en África, donde lo más probable es que las grandes fluctuaciones de temperatura conocidas no fueran un problema. No obstante, las variaciones de temperatura entre el día y la noche y entre la estación seca y la lluviosa, así como durante las fuertes tormentas, debieron ser todo un desafío. Mantenerse caliente cuando buscaban comida, hacían ropa, construían refugios y controlaban el fuego debió de poner a prueba las facultades de observación e invención de aquellos primeros humanos. Tal vez esos desafíos contribuyeron a reforzar las presiones selectivas en favor de una mayor capacidad craneal.

El dominio del fuego fue quizá el mayor hito en nuestro recorrido desde los árboles al mundo exterior. Con el fuego escapamos de los límites impuestos por hábitats restringidos; llevando nuestro calor con nosotros, salimos de los trópicos hacia las tierras invernales, extendiéndonos por Europa y Asia, trasladándonos finalmente a zonas tan arriesgadas como la tundra ártica, el Himalaya y los Andes, y sobreviviendo bien en los desiertos centrales de Australia, con su enorme variación térmica diurna.

## El fuego en lo profundo de nuestro ser

Cuando nuestra especie se trasladó del hábitat tropical en el que teníamos nuestros orígenes a un nuevo territorio en el que el clima y la temperatura fluctuaban de forma más extrema, tuvimos que usar el cerebro para dar con formas de conservar el calor, e inventamos la ropa y los lugares en los que cobijarnos y domamos el fuego. Sin embargo, como seres biológicos, ya poseíamos un horno interno milagroso.

La energía de una sustancia celular es la energía utilizable que se libera cuando se descompone en sustancias más simples. Este tipo de energía se conoce como energía química y se determina quemando una sustancia en oxígeno y midiendo la cantidad de energía liberada. Equivale a 38,9 kilojulios por gramo de grasa, 17,2 kilojulios por gramo de hidratos de carbono y 23 kilojulios por gramo de proteínas.

Las células vivas son como diminutas estufas, que extraen energía del combustible para poder realizar tareas como el mantenimiento, el crecimiento o la reproducción. ¿De dónde proviene esa energía? Las primeras formas de vida debieron recogerla de los enlaces químicos de moléculas complejas. Si cogemos un terrón de azúcar y lo echamos al fuego, arderá y se quemará. La combustión rompe los enlaces químicos entre los átomos; estos forman nuevos enlaces con el oxígeno y se descomponen en dióxido de carbono, agua y calor. El calor es la energía liberada por los enlaces rotos.

Una célula puede recuperar esa energía de la combustión, pero de forma controlada, liberando la energía en pasos sucesivos y capturándola para su uso. En una célula, el equivalente de una cerilla para encender el fuego es una serie de enzimas que rompen los enlaces de una molécula de azúcar (la glucosa) para crear dióxido de carbono, agua y 15,7 kilojulios por gramo de energía liberada.

En un átomo, la energía es absorbida por los electrones, que como consecuencia se agitarán más. Los electrones de un átomo existen en diferentes estados de «excitación» que están relacionados con la cantidad de energía que transportan. Si ha recibido suficiente energía o está suficientemente excitado, un electrón puede liberar esa energía creando un enlace químico entre dos átomos. Las células han desarrollado una forma de almacenar la energía que contienen los electrones excitados en una molécula especial llamada trifosfato de adenosina, o ATP.

El ATP es la fuente de energía que alimenta el trabajo en las células. Las moléculas de ATP actúan como baterías químicas, almacenando energía cuando no se necesita y liberándola cuando se requiere. En la figura 5.1 se muestra cómo funciona el ciclo del ATP. Dado que la energía se almacena en sus enlaces químicos, el ATP aporta energía a otras moléculas cuando una enzima le ordena transferir uno de sus tres grupos fosfato. Esta reacción libera una enorme cantidad de energía que el organismo puede utilizar. Tras la transferencia, el ATP se convierte en ADP (difosfato de adenosina).

Transformar de nuevo el ADP en ATP requiere energía que se obtiene de los alimentos o de la luz del sol. Las mitocondrias (que se encuentran tanto en las células vegetales como en las animales) extraen la energía cuando se quema este combustible.

El oxígeno rompe los enlaces químicos y libera energía, que se introduce de nuevo en el ciclo del ATP, volviendo a unir un fosfato al ADP.

**Figura 5.1**: El ciclo del ATP.

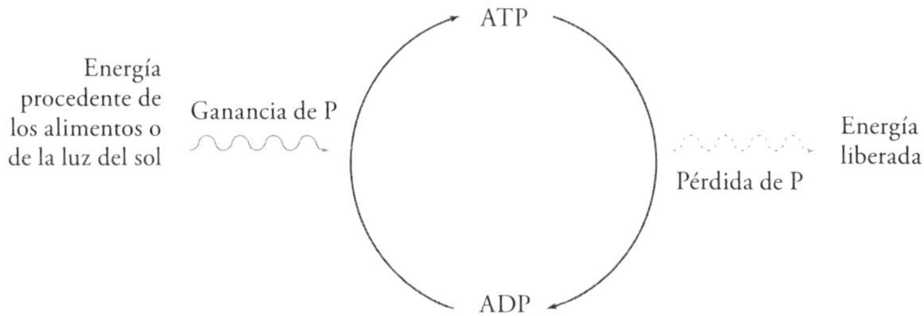


Los organismos utilizan el ATP continuamente, y esta molécula recorre su ciclo a una velocidad asombrosa. En una célula muscular en funcionamiento, por ejemplo, se consumen y regeneran 10 millones de moléculas de ATP cada *segundo.*

Almacenar energía en el ATP es como subir un cubo de agua a una estantería. Se necesita energía para levantar el cubo, y cuando se vierte el agua del cubo, parte de esa energía almacenada puede recuperarse a partir de la fuerza del agua que cae. Pensemos, si no, en cuando inflamos un globo. Se necesita energía, parte de la cual puede recuperarse del aire que sale al pinchar el globo. De forma análoga, la energía de los enlaces químicos excitados puede recuperarse rompiendo ese enlace. Las células poseen cientos de enzimas capaces de utilizar esa energía liberada por el ATP para sintetizar moléculas, transportar sustancias a través de las membranas, mover moléculas como las fibras musculares, etc.

## Hágase la vida (o el primer estallido de energía)

¿De dónde salió la energía para crear vida durante cientos de millones de años en aquellos océanos primigenios? Se cree que las primeras moléculas complejas se formaron con la energía aportada por los rayos y por la liberación de calor del magma fundido, que bajaba de los volcanes y ascendía de los respiraderos de las profundidades marinas. En un sorprendente experimento llevado a cabo a principios de los años cincuenta, Stanley Miller creó una burda réplica de la atmósfera primigenia antes de que existiera la vida. Introdujo hidrógeno, metano, amoniaco y agua en un matraz y añadió energía calentándolo y bombardeando los gases con chispas eléctricas para simular un rayo. Al cabo de una semana, recuperó moléculas complejas como aminoácidos, que son los componentes básicos de las proteínas. Otros experimentos posteriores han generado prácticamente todas las moléculas necesarias para todo el conjunto de macromoléculas que se encuentran en las formas vivas.

Se ha especulado mucho sobre cómo surgió y persistió la primera célula. Debió de haber una miríada de extrañas formas de vida y modelos de prueba a medida que la evolución entraba en acción para filtrarlas. En cierto modo, debió de ser como el desarrollo inicial del automóvil. Los primeros automóviles pasaron por muchas formas, con tres, cuatro o más ruedas; algunos propulsados por vapor, otros por electricidad o queroseno; algunos parecidos a calesas, otros a cajas; y así sucesivamente. Sin embargo, con el tiempo, ciertas características subyacentes se convirtieron en habituales en todos los coches. Lo mismo ocurre con los primeros experimentos en la vida.

Los incontables modelos celulares iniciales debieron de ser descartados a medida que aparecían nuevos mecanismos o estructuras. Sin embargo, en algún momento, no solo sobrevivió una célula y se reprodujo, sino que superó a todas las demás para convertirse en la madre de todas las formas de vida de la Tierra. Hoy creemos que la vida no puede surgir espontáneamente, que la vida solo puede venir de la vida. Sin embargo, una vez, al principio, ese primer organismo del que todos descendemos surgió lleno de una fuerza vital que hasta ahora ha persistido tenazmente durante cerca de cuatro mil millones de años.

## Gorronear energía

En esa primera época, la vida debió de ser realmente brutal y corta, una búsqueda constante de energía. Hoy en día, en las profundidades marinas, el calor del interior de la Tierra se escapa a través de columnas de agua sobrecalentadas a altas presiones hasta alcanzar temperaturas superiores a 250 °C. Sorprendentemente, existen bacterias en la columna de agua hirviendo de esos respiraderos. No solo sobreviven a estas temperaturas asombrosamente altas, sino que mueren de frío sin ellas. Estas bacterias, capaces de recuperar energía a partir del sulfuro de hidrógeno que expulsan, nos muestran cómo obtenían su energía algunas de las primeras especies. Del mismo modo, esas células primigenias habrían aprovechado la energía ya existente en los enlaces químicos de las moléculas complejas. Mientras las moléculas complejas abundaron en los mares, los seres vivos pudieron encontrar la energía para crecer, evolucionar y reproducirse; las bacterias florecieron en los océanos durante al menos 2000 millones de años.

En la actualidad, otros organismos, además de las bacterias de los respiraderos de las profundidades marinas, también aprovechan la energía química. Las bacterias del suelo extraen protones y electrones de las moléculas de amoniaco para obtener su energía y dejan a cambio iones de nitrito y nitrato. Otros organismos son capaces de explotar compuestos de hierro.

El espectáculo que la vida ha representado en el escenario de la evolución crea una impresión sobrecogedora de la extraordinaria capacidad de los seres vivos para aprovechar una oportunidad y construir sobre ella. Cuando algunas células aprendieron a aprovechar la energía química para su propio uso, se convirtieron en una oportunidad para otras. Cuando morían, otros organismos aprovechaban sus cadáveres para obtener la energía que quedaba en sus moléculas. Otros organismos se convirtieron en depredadores de las criaturas que eran los principales recolectores de energía; los depredadores de los depredadores se convirtieron en otro nivel de la cadena alimentaria. Hoy en día, una cadena alimentaria de formas de vida que se alimentan de energía y las unas de las otras es parte del equilibrio de la naturaleza.

La energía en forma de calor procedente del interior del planeta mantiene por sí sola poblaciones de organismos, pero su número y distribución son limitados; la gran explosión de complejidad de las formas animales y vegetales que damos por sentada no podría haberse sustentado con esta fuente. La fuente última de energía para la mayor parte de la vida en la Tierra es el sol.

## El magnánimo sol

La vida en este planeta se debe a la generosidad fortuita de una estrella de tamaño medio bastante mediocre, de un tipo llamado enana amarilla, una de los 400 000 millones de estrellas de la Vía Láctea. Desde nuestra posición, es toda una maravilla. Alrededor del 99,8 % de toda la materia de nuestro sistema solar está contenida en el Sol, que está formado por hidrógeno en un 75 % y el resto por helio. Casi un tercio de un millón de veces más grande que la Tierra, el Sol ejerce una atracción gravitatoria tan inmensa que los núcleos de sus átomos de hidrógeno superan las fuerzas atómicas de repulsión y se fusionan. Sin embargo, los átomos formados por esta fusión nuclear son inestables, por lo que «arden», emitiendo energía en forma de fotones mientras se transmutan en helio.

Con un diámetro de 1,4 millones de kilómetros, el sol tiene una temperatura en su superficie de 5777 K; en su núcleo, la temperatura es la friolera de 15 millones de grados por encima del cero absoluto. Cada segundo, el Sol quema 637 millones de toneladas de hidrógeno para generar 632 millones de toneladas de helio, al tiempo que libera unos trescientos ochenta y seis mil millones de megavatios, la energía equivalente a un millón de bombas de hidrógeno de 10 megatones. Después de 5000 millones de años en llamas, el Sol puede no ser más que una estrella de mediana edad; probablemente arderá durante otros 3000 a 5000 millones de años.

Situado a 150 millones de kilómetros de la Tierra, irradia fotones que dan vida al planeta. El viento solar de partículas cargadas de baja densidad —protones y electrones— fluye a perpetuidad hacia la Tierra; cuando estas partículas chocan con los átomos de la atmósfera superior, desencadenan la liberación de luz, y los cielos danzan con el espectáculo cambiante de la aurora boreal y la aurora austral.

Qué suerte que este planeta se haya formado a la distancia correcta de nuestra estrella. La atmósfera de la Tierra, junto con el agua expulsada de su interior, la hicieron capaz de crear las condiciones para la vida. El vapor de agua y el dióxido de carbono eran moléculas propicias en la atmósfera primigenia: actuaban como gases de efecto invernadero, impidiendo que el calor del sol volviera al espacio.

Con el tiempo, la vida aprendió a alimentarse de luz solar mediante la fotosíntesis para mantenerse con vida; fue un paso de gigante para la evolución, un nuevo nivel de innovación metabólica y adaptación biológica. Hace entre 2500 y 700 millones de años, las bacterias fotosintéticas eran los principales habitantes de los océanos, y formaban enormes esteras que hoy permanecen como estructuras fosilizadas llamadas estromatolitos. Hace entre 2500 y 570 millones de años, el oxígeno que era un subproducto del proceso había «contaminado» la atmósfera; el aire se había enriquecido con este agente oxidante altamente reactivo al que se adaptó la vida.

Tenemos que agradecer al Sol el oxígeno de la atmósfera, que nos proporcionó el metabolismo aeróbico, así como otro beneficio vital: la capa de ozono, que forma un escudo contra el componente ultravioleta de la luz solar, que provoca daños en el ADN. Protegidas de los daños genéticos, las especies pudieron aventurarse en tierra firme.

En las plantas, la fotosíntesis se produce dentro de unos orgánulos definidos de las células llamados cloroplastos. Los distintos pigmentos de los cloroplastos absorben fotones de diferentes longitudes de onda que percibimos como los distintos colores visibles del arco iris. Un pigmento dominante que absorbe la luz es la clorofila, que vemos como verde y que enmascara los demás pigmentos de una hoja. En otoño, cuando las hojas dejan de producir pigmentos y la clorofila se descompone, se desenmascaran otros pigmentos como los carotenoides, que aparecen en rojo, naranja y amarillo y nos regalan el deleite de los colores otoñales. Cuando un pigmento capta un fotón, su energía excita un electrón, que se transfiere a una molécula aceptora, la cual lo transmite a su vez para crear ATP.

Los cloroplastos son minúsculas fábricas fotosintéticas: dos mil en fila serían más finos que una moneda de diez centavos, pero cada uno está repleto de miles de cúmulos de doscientas a trescientas moléculas de pigmentos que atrapan la luz. En estos diminutos orgánulos, la productividad de la vida se alimenta de la luz solar. Además, las cadenas de átomos de carbono que son la creación del Sol y la firma de la vida han sido un regalo de doble filo de energía residual para nuestra generación.

## Un legado del pasado

La vida ha estado representando su obra dramática en un vasto escenario planetario; y se ha dedicado tiempo suficiente a los ensayos para conseguir un repertorio extraordinario. Se podría decir, viendo la diversidad y proliferación de la vida actual, que esta producción se ha representado una y otra vez. Los seres humanos tenemos una perspectiva limitada del tiempo; nos cuesta imaginar cómo cantidades ínfimas de materia orgánica en cadáveres de bacterias, plantas y animales pueden acumularse hasta formar depósitos masivos. Sin embargo, así es como la vida tal y como la conocemos se extendió por el planeta. Durante miles de millones de años, esos cuerpos de organismos muertos fueron a la deriva, se amontonaron, se acumularon en el fondo del océano; hace más de 400 millones de años, cuando la corteza del planeta se volvió geológicamente activa, los mares se vaciaron y los sedimentos ricos en nutrientes afloraron a la superficie. Hasta ese momento, la tierra, infecunda, había estado desprovista de plantas; ahora las pioneras se aventuraron en este nuevo nicho. Pronto, enormes árboles se extendieron hacia el cielo, buscando la luz del sol por encima de la profusión de arbustos bajos.

Hace entre 280 y 360 millones de años, se desplazaron y se hundieron continentes, se llenaron y se vaciaron mares unas cincuenta veces. En cada ocasión, algunas especies desaparecieron mientras que otras aprovecharon el cambio del entorno. Cuando los mares se vaciaban, espesos bosques ocupaban pantanos y tierras bajas; cuando estas zonas volvían a inundarse, la materia orgánica de los bosques quedaba sumergida en aguas pantanosas que tenían poco oxígeno para descomponer los restos vegetales. Esta materia orgánica, creada por la fotosíntesis y el metabolismo, se componía de átomos de carbono procedentes del gas de efecto invernadero dióxido de carbono, que se había eliminado del aire durante esos procesos. Los microorganismos descomponían la materia orgánica, liberando oxígeno e hidrógeno y concentrando el carbono. Luego, los ácidos liberados por las plantas en descomposición destruían las bacterias. El material parcialmente descompuesto es turba. A medida que la turba quedaba enterrada bajo los sedimentos, el agua y los gases eran expulsados y los restos eran aún más ricos en hidrocarburos. Al principio, la turba se convertía en un carbón marrón blando llamado lignito. Cuando se iba enterrando más profundamente, el lignito se transformaba en un material más duro y oscuro llamado carbón bituminoso.

Después, al someter el bitumen a mayor calor y presión, se transformaba en antracita.

El petróleo y el gas también están compuestos por hidrocarburos procedentes de organismos en otro tiempo vivos. Sin embargo, mientras que el carbón se formó a partir de plantas de pantanos, el petróleo y el gas proceden de plantas y animales marinos enterrados en sedimentos que inhibían la oxidación. A lo largo de millones de años, los organismos enterrados se comprimieron y las moléculas orgánicas sufrieron cambios químicos para formar petróleo y gas natural. Al comprimirse aún más, el petróleo y el gas ascendían por la roca sedimentaria porosa hasta quedar atrapados por un tapón impermeable. Esos depósitos acumulados fueron un regalo único de antiguas formas de vida a una civilización industrial hambrienta de energía.

Los combustibles fósiles son el resultado de un largo proceso en la historia de la Tierra, un legado de incontables generaciones de vida que florecieron y murieron con energía almacenada en las moléculas de sus cuerpos. Esta energía tardó cientos de millones de años en acumularse y transformarse en carbón, petróleo y gas, y durante todo ese tiempo estas sustancias mantuvieron el carbono fuera de circulación, lo que ayudó a equilibrar la proporción de gases de efecto invernadero en la atmósfera. Ahora, en un abrir y cerrar de ojos (en términos relativos), se está deshaciendo el trabajo de siglos.

Durante la mayor parte de su historia, nuestra especie ha quemado grasa animal, estiércol, paja y madera como combustibles. El carbón se ha utilizado durante algunos siglos, y el petróleo y el gas son combustibles nuevos, que solo se utilizan desde la Revolución Industrial. En este breve período nos hemos vuelto repentinamente dependientes de los combustibles fósiles a escala mundial, agotando a gran velocidad los yacimientos de petróleo de fácil acceso. Nos estamos acercando al pico petrolero, el punto en el que se habrá alcanzado la tasa máxima mundial de extracción. Ahora la carrera está entre los combustibles fósiles y alternativas mejores. Parece que van ganando las fuentes de energía más limpias y las tecnologías energéticamente eficientes. La demanda de petróleo, gas y carbón se está enlenteciendo y las fuertes subidas de precios previstas no se han materializado. Por desgracia, la demanda aún no se está lentificando lo suficiente como para que nos acerquemos siquiera al objetivo del Acuerdo de París de evitar que la temperatura media mundial aumente 1,5 °C por encima de los niveles preindustriales. El consumo mundial de petróleo se redujo un poco durante la pandemia de COVID-19 y se pasó de cerca de cien millones de barriles diarios a unos noventa y un millones, pero es previsible que las cifras vuelvan a subir. Como afirma Colin Campbell, de la Asociación para el Estudio del Pico Petrolero y el Gas, la cuestión más apremiante que hay que considerar es la «pendiente descendente que se abre al otro lado del pico de producción. El petróleo y el gas dominan nuestras vidas, y su declive cambiará el mundo de forma radical e impredecible». A pesar de afectar a todos los aspectos de nuestra vida cotidiana, también se plantea la cuestión de quién controlará los recursos petrolíferos y a qué precio.

*Ahora se cierra la primera mitad de la era del petróleo. Ha durado 150 años y ha sido testigo de la rápida expansión de la industria, el transporte, el comercio, la agricultura y el capital financiero, lo que permitió sextuplicar la población. Estamos ahora en los albores de la segunda mitad, que estará marcada por el declive del petróleo y de todo lo que depende de él...*

—COLIN CAMPBELL, citado en John Vidal, «The End of Oil Is Closer Than You Think»

A medida que crece nuestra población, seguimos exprimiendo lo que podemos de las reservas de combustibles fósiles de la Tierra, quemando en un instante lo que tardó eones en crearse. El biólogo Jeffrey Dukes calculó la cantidad de materia orgánica que hizo falta para crear los combustibles fósiles que la mayor parte de la humanidad quema sin pensárselo dos veces. Según sus cálculos, se necesitan unas noventa toneladas de plantas de antaño para crear cuatro litros de gasolina. Está claro que los combustibles fósiles son finitos. Son un regalo de la luz del sol y del tiempo. Durante la vida de nuestra especie, nunca volverán a crearse.

Además de agotar la mayoría de las reservas de petróleo en pocas generaciones, estamos devolviendo dióxido de carbono a la atmósfera a un ritmo que supera la capacidad de los mecanismos naturales de reciclaje para eliminarlo. Durante un siglo o más, nuestro uso de la energía ha alterado la cantidad de dióxido de carbono atmosférico global. Aunque podemos detectar los cambios en la composición atmosférica, nuestro desconocimiento de todos los factores que afectan al clima y a la meteorología es tan amplio que no podemos pronosticar todas las consecuencias de estos cambios. Sin embargo, la propia naturaleza está dando señales de que las temperaturas están cambiando a medida que aumenta la intensidad de los huracanes, las olas de calor arrasan Europa y Asia, las capas de hielo se vuelven más finas y los glaciares retroceden. Quizá lo más apremiante sean los cambios de comportamiento y de área de distribución de la flora y la fauna: los intervalos de latitud o altitud de las especies vegetales están cambiando a medida que se desplazan para permanecer dentro de la zona de confort respectiva de su especie. La distribución de especies animales como el abalón, por ejemplo, está cambiando al elevarse la temperatura de los océanos; los escarabajos de los pinos de montaña están arrasando los bosques septentrionales porque ya no los mantienen a raya unos inviernos rigurosos; y las aves migratorias llegan al norte semanas antes y se marchan varias semanas más tarde de lo habitual.

Los modelos actuales son increíblemente coherentes con el sentido que siguen los efectos y en la predicción de las fluctuaciones observadas en el clima y la temperatura. Sabiendo que el petróleo y el gas se agotarán, que su uso crea problemas para la salud y el medioambiente, y que habrá efectos climatológicos imprevisibles, debemos controlar claramente nuestro uso de la energía dentro de un programa de sostenibilidad ecológica. Los depósitos de carbón y turba son inmensos, pero liberan aún más gases de efecto invernadero y constituyen un problema mayor.

Está claro dónde reside la principal responsabilidad de esta crisis cuando se observa la Tierra desde el espacio por la noche. Como lo ha descrito Malcolm Smith:

*La mayor parte del África subsahariana, vastas extensiones de Sudamérica y el centro de China muestran su inmensidad negra. Norteamérica, Europa occidental y Japón, donde una cuarta parte de la población mundial utiliza tres cuartas partes de los 10 000 millones de kilovatios de electricidad del mundo, brillan como si estuviéramos empeñados en publicitar nuestro despilfarro.*

*Un ciudadano de un país industrializado avanzado consume en seis meses la energía que tiene que durar toda la vida al ciudadano de un país en desarrollo.*

—MAURICE STRONG citado en *The Guardian*

## Aprovechamiento de los cloroplastos como combustible

El sol ha hecho habitable nuestro planeta con su don de energía pura. Sin embargo, para ser útil, la energía del sol debe convertirse de energía lumínica en energía química. Este proceso tiene lugar en los cloroplastos de plantas y algas. Utilizamos parte de esta energía cuando ingerimos alimentos o quemamos leña o petróleo. El investigador Tasios Melis y sus compañeros han descubierto una forma de aprovechar más directamente la energía de la naturaleza, accionando un «interruptor molecular» que hará que las algas verdes produzcan gas hidrógeno en lugar de oxígeno. En cultivos de laboratorio, Melis descubrió que, en ausencia de azufre, las células de las algas no podían producir oxígeno. Esta privación de azufre interrumpía la respiración normal de las células y, para sobrevivir, estas utilizaban un metabolismo alternativo que generaba hidrógeno, un gas natural que —si se produjera un volumen suficiente— podría ser un combustible alternativo, renovable y no contaminante. El combustible de hidrógeno se utiliza hoy en día y, aunque no aporta emisiones nocivas cuando se emplea para generar electricidad, se extrae inicialmente del gas natural, un recurso no renovable, en un proceso que produce dióxido de carbono como residuo.

Aunque el hidrógeno extraído de los estanques de algas no va a sustituir a los surtidores de gasolina a corto plazo, el proyecto de Melis es uno de los muchos en los que se investigan las posibilidades del biohidrógeno como alternativa a los combustibles fósiles.

## Hemos conocido al enemigo y somos nosotros

Los glaciares se están derritiendo a un ritmo asombroso, los escarabajos de los pinos de montaña están devorando la parte occidental de Canadá, el nivel del mar está subiendo y estamos batiendo récords de temperatura a un ritmo impresionante: los diez años más cálidos hasta 2020 se han producido desde 2005, siendo 2020 y 2016 los más cálidos jamás registrados. Hay que trabajar duro y hacer un esfuerzo concertado para ignorar los signos del calentamiento global y el cambio climático. Aunque todavía hay quienes se resisten, la gran mayoría de los científicos están de acuerdo en que la actividad humana es responsable del calentamiento de nuestro planeta.

El Grupo Intergubernamental de Expertos sobre el Cambio Climático de las Naciones Unidas (IPCC) es uno de los mayores organismos jamás reunidos para evaluar una cuestión científica. Para sus informes, miles de científicos de todo el mundo recopilan investigaciones sobre el estado del clima mundial para los responsables políticos de 195 países miembros. En su informe especial de 2018 *Global Warming of 1.5 °C* (Calentamiento global de 1,5 °C), el IPCC confirmó que «el cambio climático ya está afectando a personas, ecosistemas y medios de vida en todo el mundo» y que «limitar el calentamiento a 1,5 °C es posible según las leyes de la química y la física, pero requeriría transiciones sin precedentes en todos los aspectos de la sociedad». Casi todos los países del mundo firmaron el Acuerdo de París de 2016 para limitar el calentamiento a 2 °C, con la aspiración de limitarlo a 1,5 °C. Siete países firmaron el Acuerdo, pero aún no han adoptado formalmente sus principios.

Sin embargo, las pruebas científicas están ahí. No cabe duda de que el calentamiento global está ocurriendo y de que la actividad humana lo ha impulsado a una velocidad vertiginosa. Hace mucho tiempo que habría que haber actuado, pero la respuesta de los gobiernos es desigual en el mejor de los casos. El Acuerdo de París fue un hito importante, pero se debilitó cuando el expresidente Donald Trump retiró a Estados Unidos en 2017. Aunque el presidente Joe Biden revocó esa decisión, fue un revés cuando el mundo menos podía permitírselo. La mayoría de los países, incluido Canadá, no están en vías de cumplir sus objetivos de reducción de emisiones de gases de efecto invernadero, y los gobiernos federal y provinciales canadienses siguen apoyando el desarrollo de los combustibles fósiles. Países como Canadá, que contribuyen de forma desmesurada al problema, tienen que hacer más. Canadá, por ejemplo, representa menos del 0,5% de la población mundial y, sin embargo, es uno de los mayores emisores per cápita de gases de efecto invernadero.

Afortunadamente, muchos particulares, gobiernos locales y empresas tampoco esperan a que los gobiernos federales tomen la iniciativa. La ciudad de Calgary, por ejemplo, utiliza energía eólica para hacer funcionar su sistema de transporte rápido, y la provincia de Quebec tiene un plan climático que le ayudará a alcanzar la neutralidad de carbono en 2050 y a adaptarse a las inevitables consecuencias del cambio climático. Muchos estados y ciudades estadounidenses están tomando medidas para reducir los costes energéticos y las emisiones de gases de efecto invernadero. Incluso las grandes corporaciones reconocen que reducir el uso de combustibles fósiles tiene sentido desde el punto de vista empresarial. Por su parte, petroleras como BP se han comprometido a reducir las emisiones de sus operaciones y productos con el objetivo de conseguir cero emisiones netas de carbono para 2050, si bien su compromiso se topa con cierto escepticismo.

Como señala el científico y escritor Amory Lovins, «es más barato arreglar el calentamiento global que ignorarlo. Como ahorrar energía es rentable, el uso eficiente está ganando adeptos en el mercado... El problema del clima fue creado por millones de malas decisiones durante decenios, pero la estabilidad climática puede recuperarse con millones de decisiones sensatas».

Por supuesto, resolver la crisis climática tendrá consecuencias económicas, que serán mayores cuanto más retrasemos la adopción de las medidas necesarias. En 2006, el execonomista en jefe del Banco Mundial Nicholas Stern calculó en su informe *The Economics of Climate Change* (La economía del cambio climático) que costaría alrededor de un 1 % del producto interior bruto (PIB) mundial abordar adecuadamente el problema del calentamiento global, pero que no actuar costaría billones y destruiría alrededor del 20 % de la economía mundial, sumiendo al mundo en una depresión económica sin precedentes.

Más recientemente, en un informe de 2021 de la consultora de gestión McKinsey & Company se calculó que alcanzar las cero emisiones netas en el mundo en 2050 requeriría un gasto mundial en activos físicos de unos doscientos setenta y cinco billones de dólares entre 2021 y 2050, es decir, alrededor del 7,5 % del PIP anual de media, y que el mayor gasto se realizaría entre 2026 y 2030. En el informe también se señala que «los costes y trastornos que se derivarían de una transición más desordenada serían probablemente mucho mayores, y la transición evitaría una mayor acumulación de riesgos físicos». Asimismo, según el informe, «es importante no ver la transición solo como algo oneroso; la transformación económica requerida no solo creará oportunidades económicas inmediatas, sino que también abrirá el camino a una economía mundial transformada en lo fundamental, con menos costes energéticos y otros numerosos beneficios, por ejemplo, mejores resultados sanitarios y una mayor conservación del capital natural».

En el sexto informe de evaluación correspondiente al período 2021-22 del Grupo Intergubernamental de Expertos sobre el Cambio Climático se llegó a la conclusión de que hacer frente a la crisis climática no costaría mucho más de lo que estamos gastando ahora para seguir quemando combustibles fósiles. (Según el Fondo Monetario Internacional, solo las subvenciones mundiales al carbón, el petróleo y el gas ascienden a 11 millones de dólares estadounidenses cada minuto, casi seis billones de dólares en 2020). «Sin tener en cuenta los beneficios económicos que supondría la reducción de los costes de adaptación o el evitar las consecuencias climáticas, el producto interior bruto (PIB) mundial sería solo unos pocos puntos porcentuales inferior en 2050 si tomamos las medidas necesarias para limitar el calentamiento a 2 °C o menos, en comparación con lo que significaría el mantenimiento de las políticas actuales», afirmó Priyadarshi Shukla, copresidente del Grupo de Trabajo III del IPCC.

¿De verdad tenemos elección?

## Jugar con fuego

Todos los dioses de todas nuestras historias saben que el fuego es un arma de doble filo: lo que calienta puede quemar, lo que da poder también puede consumir, lo que da vida puede quitarla con la misma facilidad. Nuestra relación con los combustibles fósiles es solo la última prueba de esta difícil y peligrosa verdad. Nuestro uso de la energía en el mundo industrializado nos ha proporcionado comodidad, seguridad económica, movilidad, alimentos y el poder de cambiar la Tierra a nuestro antojo. También nos ha proporcionado una caja de Pandora de miserias asociadas: contaminación atmosférica, erosión del suelo y destrucción del medio ambiente. Los combustibles fósiles han proporcionado energía barata y portátil para alimentar vehículos y fabricar maquinaria que nos ha traído esa aflicción mortal del consumo excesivo, que está talando los bosques del mundo, vaciando sus océanos, devastando sus vías fluviales, borrando su vida no humana. ¿Cómo podemos entonces contener el poder que hemos arrebatado tan imprudentemente?

La mezcla de vida, equilibrada pero en constante cambio a lo largo del tiempo, nos enseña las reglas básicas: lo que hacen las especies es local y a pequeña escala e introduce pocas novedades. En la naturaleza, el escarabajo pelotero pone sus huevos en los excrementos de los animales para aprovechar el valor alimentario que queda en esos excrementos. Las plantas desprovistas de clorofila sobreviven parasitando cadáveres de plantas verdes fotosintéticas, para convertirse en alimento de insectos y otros animales. Hay ciclos dentro de ciclos. En los sistemas biológicos, el paso de energía y materiales forma bucles completamente circulares, por lo que no hay producto final que se vierta en el suelo, el aire o el agua, los otros elementos que tenemos el compromiso de proteger.

El ser humano ha roto esos bucles, creando un uso lineal de la energía y la materia que pasan de recursos brutos a calor y materiales que se desechan o se pierden. A menudo, la acumulación de estos residuos tiene consecuencias imprevistas. Intrínsecas a nuestros mitos del poder hay advertencias: las tecnologías tienen efectos secundarios inesperados, y cuanto más grande es la tecnología, más insolubles son las consecuencias. Cuando Pandora abrió su caja, todas las plagas que atormentan a la humanidad se dispersaron hasta los confines de la Tierra. Pero una cosa quedó atrás: escondida en un rincón estaba la bienvenida figura de la Esperanza. Sigue habiendo esperanza de que podamos alcanzar niveles sostenibles de consumo de energía haciendo que los sistemas existentes sean más eficientes y utilizando fuentes alternativas de energía: el sol, el viento, las mareas y el calor profundo y permanente de la Tierra.

David Pimentel esbozó una economía basada en el uso sostenible de la energía, la tierra, el agua y la biodiversidad, al tiempo que permite alcanzar un nivel de vida relativamente alto, pero señaló que deben tomarse medidas inmediatamente a escala heroica con vistas a reducir tanto el uso de combustibles fósiles como la población. Noventa millones de hectáreas de terreno (equivalentes a las superficies combinadas de los estados de Texas e Idaho) podrían utilizarse para captar energía solar sin alterar la productividad agrícola y forestal. Conservando la energía, el consumo per cápita de petróleo podría reducirse a la mitad, hasta 5000 litros de equivalentes de petróleo. Conservando el suelo y el agua, reduciendo la contaminación atmosférica y reciclando masivamente, se podría conseguir en Estados Unidos una sociedad conservadora en la que

> la población se situaría en unos doscientos millones, una cifra óptima... Entonces sería posible que los estadounidenses siguieran disfrutando de su relativamente alto nivel de vida. En todo el mundo, resolver la ecuación población-recursos será más difícil que en Estados Unidos.

La población mundial podría alcanzar los 10 000 millones de habitantes antes de mediados de este siglo. Todas estas previsiones, que siguen siendo pertinentes hoy en día, apuntan a la necesidad de un esfuerzo masivo para conservar el suelo y recuperar alimentos suficientes para cada persona en 0,5 hectáreas de terreno. Estas medidas deberán ir acompañadas de una rápida estabilización y posterior reducción de la población. Si se alcanzan estos objetivos,

> sería posible proporcionar sustento para una población mundial de unos tres mil millones de seres humanos. Con un sistema de energía renovable autosostenible... que proporcione a cada persona

> 5000 litros de equivalentes de petróleo al año (la mitad del consumo actual de Estados Unidos/año, pero un aumento para la mayoría de la población mundial), se podría proporcionar sustento a una población de mil a dos mil millones de personas que vivan en una relativa prosperidad.

Aunque la población humana de la Tierra es de casi ocho mil millones y sigue creciendo, la visión de Pimentel sigue siendo esperanzadora. Habla de concentrar los esfuerzos, de conservar la energía y repartirla equitativamente; sobre todo, propone un nuevo comienzo. En la actualidad, los combustibles fósiles están presentes en todos los aspectos de nuestras vidas: coches, hornos, industria dependiente de la energía, agricultura, etc. No obstante, nos volvimos dependientes de esta fuente de energía hace muy poco. Ahora que comprendemos las repercusiones de la naturaleza finita del petróleo y el gas y la acumulación de gases de efecto invernadero cuando los utilizamos en exceso, podemos volcar nuestras energías creativas en la búsqueda de alternativas, especialmente extrayendo la energía que inunda la Tierra procedente del sol. Hay muchas oportunidades. Llevará tiempo desengancharnos de nuestros patrones actuales de uso de energía, y podemos prolongar ese tiempo siendo mucho más eficientes, estirando nuestras reservas y reduciendo nuestra aportación de gases efluentes y nuestros residuos. La tecnología del automóvil está cambiando rápidamente en respuesta a la normativa y la innovación. Los vehículos de cero emisiones, los híbridos y los autónomos están ayudando a reducir algunos de los efectos ecológicos del transporte. Podrían darnos tiempo para el diseño y la construcción de espacios habitables para la mayor parte de la humanidad que eliminen por completo la necesidad de automóviles. Una mayor eficiencia en los procesos de fabricación puede reducir en un factor de cuatro el uso de energía y materiales, mientras que la conservación mediante la reducción del consumo puede resolver los problemas ecológicos y aumentar la equidad. Las posibilidades están ahí. Lo que hace falta es voluntad.

# 6

## Protegidos por nuestros parientes

*Hay grandeza en esta concepción de que la vida... mientras este planeta ha ido girando según la constante ley de la gravitación, se han desarrollado y se están desarrollando, a partir de un principio tan sencillo, infinidad de formas las más bellas y portentosas.*

—CHARLES DARWIN, *El origen de las especies*[7]

*... las variopintas formas de vida envuelven nuestro planeta y, a lo largo de eones, modifican gradual pero profundamente su superficie. En cierto sentido, la vida y la Tierra se convierten en una unidad, cada una de las cuales produce cambios en la otra.*

—LYNN MARGULIS, *Five Kingdoms*

Todo niño que se haya maravillado ante el crecimiento de una planta a partir de una semilla, haya observado la transformación de un huevo de rana en renacuajo o haya presenciado la salida de una mariposa de su capullo comprende de la manera más profunda que la vida es un milagro. La ciencia no puede penetrar en el misterio más profundo de la vida; la mú-

[7] N. del T.: Traducción de Antonio de Zulueta.http://www.traduccionliteraria.org/biblib/D/D1013.pdf.

sica y la poesía intentan expresarlo; cada madre y cada padre lo sienten hasta la médula.

> *Al centro del mundo me has llevado y me has mostrado la bondad y la belleza y la extrañeza de la Tierra que reverdece, la única madre.*
>
> —ALCE NEGRO, citado en T.C. McLuhan, *Touch the Earth*

Los primeros pensadores reconocieron los cuatro elementos necesarios para la vida: aire, agua, tierra y fuego. Sin embargo, no sabían que el efecto colectivo de los propios seres vivos había desempeñado un papel vital en la formación y el mantenimiento de esos elementos. La vida no es un receptor pasivo de estos dones elementales, sino un participante activo en su creación y reposición.

Es útil hacer un ejercicio de reflexión para ilustrar el papel fundamental que desempeña toda la vida para proporcionar lo que los pueblos indígenas denominan los cuatro elementos sagrados: tierra, aire, fuego y agua. Imaginemos que los científicos han creado una máquina del tiempo que nos transporta 4000 millones de años antes de que surgiera la vida en este planeta. Si salimos corriendo de la cápsula del tiempo para investigar este mundo estéril, moriríamos en cuestión de minutos porque la atmósfera prebiótica, aunque rica en vapor de agua y dióxido de carbono, carecía de oxígeno. Solo después de que la vida descubriera la fotosíntesis se liberó oxígeno como subproducto de la captación de la luz solar. Este proceso transformó la atmósfera a lo largo de millones de años, produciendo el aire del que dependen animales como nosotros.

Supongamos que, en previsión de estas condiciones inhóspitas, tenemos tanques de aire almacenados que podemos atarnos antes de explorar la Tierra. Tras unas horas de calor (el agua y el dióxido de carbono son gases de efecto invernadero), tendríamos sed, pero probablemente no sería buena idea beber el agua que encontremos porque no hay raíces de plantas, hongos del suelo ni otros microorganismos que filtren los metales pesados y otros lixiviados potencialmente peligrosos de la roca. Tendríamos hambre, pero, claro, como todo lo que comemos estuvo vivo en otro tiempo, no habría nada que comer. Aun cuando, además de un suministro de alimentos, lleváramos con nosotros algunas semillas para cultivar verduras frescas, no encontraríamos suelo en el que cultivar nada, porque el suelo se crea cuando los organismos vivos mueren y sus cadáveres se mezclan con la matriz de arcilla, arena y grava.

Supongamos además que, al final del día en este planeta sin vida, sentimos nostalgia y decidimos encender una hoguera para reconfortarnos. No habría combustible que quemar, porque todos nuestros combustibles —leña, estiércol, turba, carbón, petróleo, gas— están formados por la vida. Además, aunque hubiéramos traído combustible, no podríamos quemarlo porque sin oxígeno no podría encenderse ninguna llama. Este increíble viaje en el tiempo revela que la red de toda la vida mantiene el carácter hospitalario del planeta.

La vida mantiene su obra única gracias a su extraordinario poder de diversificación, que le permite adaptarse a las oportunidades que se le presentan y, de paso, crear otras nuevas. Ninguna especie es indispensable, pero el conjunto de todas las formas de vida mantiene la fecundidad de la Tierra. En consecuencia, la propia diversidad de la vida puede considerarse como otro de los elementos fundamentales que sustentan a todos los seres vivos. La biodiversidad debe ocupar su lugar junto al aire, el agua, la tierra y el fuego, los antiguos creadores de la fertilidad y la abundancia del planeta.

> *Al salir el sol cada día, la tierra y el cielo renuevan su compromiso de trabajar juntos. Y nosotros, a nuestra vez, honramos esa relación y nos beneficiamos directamente de ella.*
>
> —AIMÉE CRAFT, *Treaty Words*

## Vida y muerte: dos caras de la misma moneda

La vida y la muerte son una pareja equilibrada. Es una extraña ironía que la muerte haya sido un instrumento fundamental en la persistencia de la vida. El sueño ancestral de la humanidad de la vida eterna, si alguna vez se hace realidad, encerraría a cualquier especie en una camisa de fuerza evolutiva, acabando con la flexibilidad necesaria para adaptarse a las condiciones siempre cambiantes del planeta. Al posibilitar que el cambio adaptativo surja en generaciones sucesivas, la mortalidad individual permite a las especies sobrevivir durante largos períodos de tiempo.

Al final, sin embargo, la especie resulta ser tan mortal como el individuo. A lo largo del tiempo evolutivo, se calcula que han existido 30 000 millones de especies desde que surgieron los organismos pluricelulares en la explosión de la vida en la era Cámbrica, hace 550 millones de años. Por término medio, según los científicos, una especie existe durante unos cuatro millones de años antes de dar paso a otras formas de vida. Se calcula que hoy en día puede haber unos treinta millones de especies en la Tierra, lo que significa que el 99,9 % de todas las especies que han existido se han extinguido. Sin embargo, todas las formas de vida del planeta actual tienen su origen en una única célula que surgió en los océanos hace quizá tres mil ochocientos millones de años y, desde la perspectiva de la fuerza vital imbuida en esa primera célula, la vida ha sido asombrosamente persistente y resistente.

### La interconexión de toda la vida

> *El bosque es algo grande: tiene personas, animales y plantas. De nada sirve salvar a los animales si se quema el bosque. De nada sirve salvar a los animales si y la gente se aleja el bosque. Los que intentan salvar a los animales no pueden ganar si pierden los que intentan salvar el bosque.*
>
> —BEPKOROROTI, citado en «Amazonian Oxfam's Work in the Amazon Basin»

Ninguna especie existe aislada de las demás. De hecho, se calcula que en la actualidad hay treinta millones de especies conectadas por la intersección de sus ciclos vitales: las plantas dependen de determinadas especies de insectos para la polinización, los peces se desplazan por las vastas extensiones de los océanos alimentándose de otras especies y sirviendo de alimento para ellas, y las aves migran por medio mundo para criar a sus polluelos gracias a la breve explosión de poblaciones de insectos en el Ártico. Juntas, todas las especies forman una inmensa red de interconexiones que vincula a todos los seres entre sí y con los componentes físicos del planeta. La desaparición de una especie desgarra un poco la red, pero esa red es muy elástica. Cuando una hebra se rompe, toda la red cambia de configuración, pero mientras queden muchas hebras que la mantengan unida, conservará su integridad.

> *Tenemos que sentir los latidos de los árboles, porque los árboles son seres vivos como nosotros.*
>
> —SUNDERLAL BAHUGUNA, citado en E. Goldsmith *et al.*, *Imperiled Planet*

Toda la vida depende en última instancia de la energía procedente del sol, que es aprovechada por las plantas y los microorganismos mediante la fotosíntesis (como hemos visto, solo un número muy reducido de especies microbianas, las que se consideran quimiosintéticas, pueden oxidar sustancias inorgánicas como el nitrógeno y el azufre para obtener energía o pueden utilizar la energía procedente del núcleo del planeta). Los consumidores primarios de los organismos fotosintéticos y quimiosintéticos son herbívoros tan variados como el saltamontes, el ciervo y el krill, que a su vez proporcionan sustento a carnívoros primarios como las arañas, los lobos y los pequeños calamares. Los carnívoros secundarios, como las ballenas dentadas, las águilas y los seres humanos, se alimentan de carnívoros primarios y están más alejados de los explotadores originales de la energía. Con el tiempo, todas las partes de la red serán reprocesadas mediante descomposición de los organismos y devueltas a la Tierra (figura 6.1).

Figura 6.1: Una cadena alimentaria en un ecosistema templado.

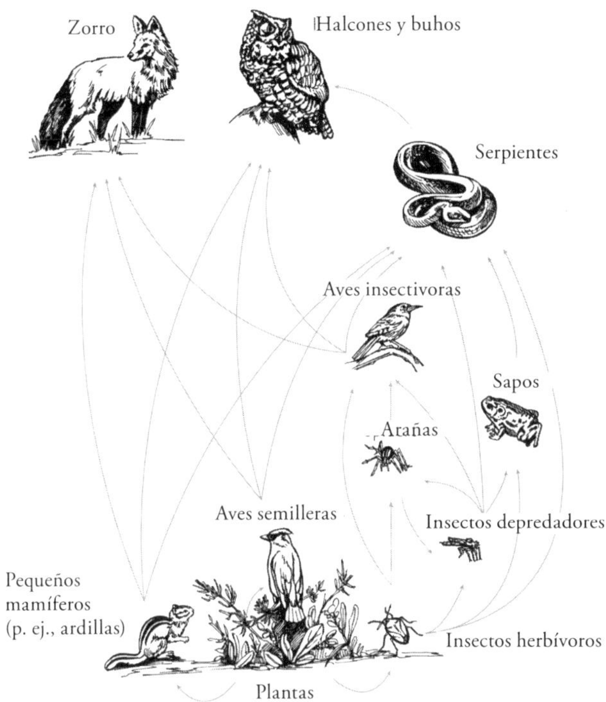


Adaptado de *Science Desk Reference* (New York: Macmillan, 1995), p. 463.

## El mundo invisible

Es una lección de humildad darse cuenta de lo limitada que es nuestra percepción en comparación con otras criaturas de este planeta. Nuestra visión del mundo es fruto del grado de sensibilidad de nuestros órganos sensoriales. Somos conscientes de lo limitada que puede ser cada vez que observamos las peregrinaciones de un perro mientras corre de una boca de riego a un árbol, respirando un mundo de impresiones, las firmas químicas dejadas por otros animales que indican su edad, sexo y especie, así como cuánto tiempo hace que estuvieron allí. Los insectos pueden responder a una sola molécula de una feromona que flote en el aire. Otros animales, desde los tiburones de puntas negras hasta los cangrejos violinistas, perciben los cambios de presión barométrica y, por lo tanto, pueden pronosticar los cambios de tiempo mucho antes que los humanos.

Nuestros oídos carecen de la capacidad de detectar los sonidos agudos que ayudan a los murciélagos a maniobrar, capturar presas y evitar a los depredadores. Somos sordos a las frecuencias graves de los cantos de los leviatanes marinos que resuenan en los océanos de medio mundo. La comunicación sísmica de los elefantes —las vibraciones recibidas a través de las pezuñas y la punta de la trompa, ultrasensible y llena de nervios— pasa desapercibida para nosotros. Nuestra visión se limita a las longitudes de onda de la luz que nuestros órganos sensoriales pueden detectar en la gama del rojo al púrpura. No podemos ver los infrarrojos como la serpiente de cascabel, ni la luz ultravioleta que guía a los insectos hacia determinadas flores.

Como animales que respiramos aire, ignoramos la enorme variedad de ecosistemas marinos y de agua dulce, y las plantas y animales que se han adaptado a ellos de forma tan maravillosa. Al estar sujetos a la superficie de la Tierra por la gravedad, pocos de nosotros hemos visto el planeta como lo ha hecho un ave que remonta el vuelo o como lo han hecho los miembros de las comunidades que habitan en las copas de los bosques. Tampoco tenemos la perspectiva subterránea de los animales, plantas y microorganismos excavadores que pasan la mayor parte de su vida bajo nuestros pies. Como animales diurnos, somos insensibles a la interacción de las criaturas nocturnas.

Nuestros receptores de luz no pueden ver objetos del tamaño de una sola célula, por lo que somos ciegos a la enorme cantidad y variedad de vida microscópica que hay en una sola gota de agua de un estanque o de un océano o en una pizca de tierra. Por supuesto, hemos compensado nuestras carencias físicas creando tecnologías que amplían nuestra gama sensorial. Detectamos la sinfonía de sonidos inaudibles mediante maquinaria que puede hacer visibles o audibles sus patrones. Podemos detectar concentraciones extremadamente bajas de moléculas —drogas, explosivos, ADN en el aire o adheridas a objetos.

Pero es la microscopía la que nos ha abierto todo un mundo nuevo. Qué sorpresa tan maravillosa debieron de llevarse los pioneros que vieron por primera vez el cosmos de formas extrañas en asombrosa abundancia y variedad revelado por las lentes de aumento. Estos organismos en miniatura fueron las únicas formas de vida durante la mayor parte del tiempo que la Tierra ha albergado vida, e incluso hoy tienen una biomasa equivalente o superior a la de todos los antiguos bosques, grandes manadas de mamíferos, vastas bandadas de aves, enormes bancos de peces e innumerables insectos considerados conjuntamente. (Para tener una idea de la escala, Lynn Margulis, en su libro *Garden of Microbial Delights,* nos dice que hay cien mil microbios por *centímetro* cuadrado de piel humana). Este vasto universo de vida, invisible para nuestra especie, lleva miles de millones de años siendo el organismo dominante del planeta. Aunque quedamos maravillados ante las grandes criaturas —árboles ancestrales, aves, mamíferos—, debemos nuestra propia existencia al universo rebosante de vida microscópica.

> *Vivimos ahora en la «Edad de las Bacterias». Nuestro planeta siempre ha estado en la «Edad de las Bacterias», desde que los primeros fósiles —bacterias, por supuesto— quedaron sepultados en las rocas hace más de tres mil millones de años.*
>
> —STEPHEN JAY GOULD, «Planet of the Bacteria»

---

### Jugando con la vida

Uno de los grandes descubrimientos de la biología moderna ha sido el reconocimiento de que el ADN es el plano de la vida y dicta la composición física de todos los organismos pluricelulares. Al esclarecer su estructura molecular en forma de una doble hélice, James Watson y Francis Crick, así como Rosalind Franklin, iniciaron una revolución que ahora permite a los científicos crear organismos prácticamente a voluntad. Hoy en día, los científicos pueden aislar, purificar, secuenciar y sintetizar genes específicos y luego transferirlos entre especies no emparentadas. Esta posibilidad ha dado lugar a un crecimiento explosivo de la biotecnología, en la que se crean nuevos organismos espectaculares mediante la transferencia de genes: fresas resistentes a las heladas gracias a la implantación de un gen de un pez que produce anticongelante; arroz rico en vitamina A que previene la ceguera; plátanos en los que se han implantado genes que les permiten producir antibióticos. La lista solo está limitada por la imaginación. La idea de crear organismos de diseño para beneficio humano es irresistible.

La biotecnología se anuncia a bombo y platillo como un medio para eliminar el hambre y el sufrimiento aumentando las cosechas para una población humana cada vez mayor, creando cultivos resistentes a las plagas y generando nuevos medicamentos. Sin embargo, los riesgos de los organismos modificados genéticamente o de sus productos, al igual que los riesgos del DDT o de los CFC cuando se introdujeron por primera vez, son en gran medida desconocidos, porque nuestros conocimientos básicos sobre el funcionamiento de las células, los organismos y los ecosistemas son demasiado escasos para permitirnos prever las repercusiones de la manipulación de los genes de estos organismos. El terrible error de la biotecnología es pensar que los genes existen y funcionan de forma aislada. Un gen forma parte de un todo mayor e integrado —el genoma— que ha sido seleccionado y perfeccionado para activar y desactivar conjuntos enteros de genes en la secuencia y el momento adecuados desde la fecundación hasta la madurez, una red de relaciones y conexiones entre genes que apenas estamos empezando a desentrañar y revelar. Un gen transferido de una especie a otra se encuentra en un contexto totalmente ajeno que nos deja pocas posibilidades de prever las consecuencias, algo así como sacar a Mick Jagger de los Rolling Stones e incorporarlo a la Orquesta Filarmónica de Nueva York y pedirle que haga música. Surgirán sonidos, pero se desconoce si serán música.

Es el *contexto* lo que hace que un gen sea pertinente. Como dijo el difunto Richard Strohman, bioquímico y exjefe de biología molecular y celular de la Universidad de California en Berkeley:

> *Cuando se introduce un único gen en una planta o un animal, la tecnología funciona... se obtienen las características deseadas. Pero también... habremos producido cambios en la célula o en el organismo en su conjunto que son impredecibles... Los genes existen en redes, redes interactivas que tienen una lógica propia... Que la gente del sector no se ocupe de estas redes es lo que hace que su ciencia sea incompleta y peligrosa... Nos encontramos inmersos en una crisis en la que conocemos la debilidad del concepto genético, pero no sabemos cómo incorporarlo a una visión nueva y más completa.*

## La naturaleza es cíclica

Los sistemas naturales están profundamente entrelazados y son circulares: los residuos de una especie se convierten en materias primas u oportunidades para otra, de modo que nada se desperdicia (figura 6.2). La vinculación cíclica de las distintas especies queda ilustrada por el exquisito ciclo vital de las cinco especies de salmón del Pacífico, famosas por su increíble abundancia. Aunque es posible que menos de uno de cada diez mil huevos fecundados alcancen la edad adulta, los supervivientes regresan del océano a sus corrientes natales en la madurez por decenas de millones. Desde el inicio de la vida en el momento de la fecundación, el salmón se enfrenta a un sinfín de depredadores: truchas, cuervos y hongos en agua dulce; orcas, águilas y focas cuando migra a los océanos. Incluso muerto, el salmón proporciona alimento: su cadáver sirve de alimento a bacterias y hongos, que a su vez alimentan a invertebrados microscópicos, los cuales acaban nutriendo a los nuevos alevines, que son las propias crías del salmón. Las aves y los mamíferos, con los estómagos hinchados por la bonanza de cadáveres de salmón, esparcen los nutrientes del salmón por el suelo del bosque en sus excrementos. Para los depredadores humanos, el ciclo vital del salmón puede parecer «excesivo» o «derrochador», pero en el ciclo de los seres vivos nada se desperdicia.

*Al principio de la historia de la vida, la Naturaleza empezó a dar forma a nuevas especies para que encajaran en hábitats ya ocupados por otras especies. Desde el Arqueano, ningún ser vivo ha evolucionado en solitario. Comunidades enteras han evolucionado como si fueran un gran organismo. Como consecuencia, toda evolución es coevolución y la biosfera es ahora una confederación de dependencias.*

—VICTOR B. SCHEFFER, *Spires of Form*

**Figura 6.2**: Grupos de organismos clasificados según el consumo de alimentos.

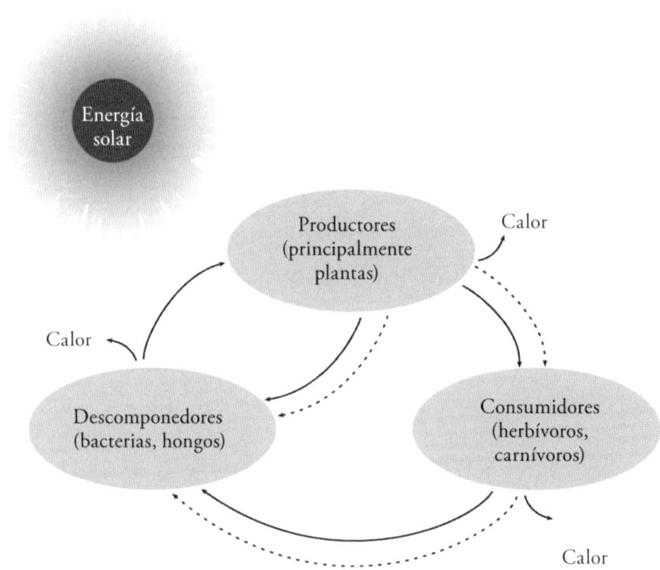


Adaptado de Cecie Starr y Ralph Taggart, *Biology: The Unity and Diversity of Life*, 6.ª ed. (Belmont, CA: Wadsworth, 1992), fig. 40.8.

Los seres humanos dependen de la Tierra y de sus formas de vida para todos los aspectos de su supervivencia y su vida. Es imposible trazar líneas que delimiten categorías separadas de aire, agua, suelo y vida. Vosotros y yo no acabamos en la punta de los dedos o en la piel: estamos conectados por medio del aire, el agua y el suelo; nos da vida la misma energía procedente de la misma fuente en el cielo. Somos, literalmente, aire, agua, suelo, energía y otros seres vivos.

## Por qué es importante la biodiversidad

Desde los tiempos más remotos, los humanos hemos utilizado nuestros enormes cerebros para explotar a la variedad de especies que nos rodean. Aprendimos qué plantas eran comestibles y cómo cazar animales más rápidos o fuertes que nosotros. Aprendimos a utilizar las defensas naturales de animales y plantas, a lanzar flechas con veneno y a aturdir a los peces en los ríos. Las propiedades medicinales de otras especies curaban nuestros males, su belleza decoraba nuestros cuerpos y sus pieles protegían los nuestros, como vestimenta y refugio. La diversidad de los seres vivos en los distintos ecosistemas queda demostrada por la variedad de usos que hemos encontrado para otras criaturas a medida que nos extendíamos y asentábamos por el mundo.

### Bosques de Salmón

A lo largo de la costa oeste de Norteamérica, encajonado entre el océano Pacífico y las montañas costeras, hay un bosque pluvial templado que se extiende desde California hasta Alaska y puede vanagloriarse de tener la mayor biomasa (peso de seres vivos) de cualquier ecosistema del planeta. Es un bosque pluvial porque llueve mucho, pero uno de los misterios de este ecosistema es cómo pueden florecer árboles tan grandes —cedros rojos y amarillos, abetos de Douglas, píceas de Sitka, cicutas y abetos balsámicos— cuando el nitrógeno esencial es escaso porque lo arrastra el suelo. La respuesta a este enigma ilustra la exquisita interconexión de la vida.

Hace tiempo que sabemos que el salmón que nace en los ríos y arroyos costeros necesita el bosque para mantener frescas las aguas, retener el suelo (lo que, a su vez, evita la erosión) y proporcionar alimento a los alevines, porque cuando se procede a la tala rasa de una cuenca, las poblaciones de salmón caen en picado o desaparecen. Sin embargo, es ahora cuando estamos aprendiendo que el bosque también necesita a los peces.

Casi todo el nitrógeno de los ecosistemas terrestres es el isótopo 14 del nitrógeno ($^{14}N$), pero en los océanos hay una concentración relativamente alta del isótopo más pesado, el nitrógeno-15 ($^{15}N$). Cuando los salmones se encaminan al mar, consumen presas cargadas de $^{15}N$ y acumulan el isótopo en sus tejidos. Al alcanzar la madurez y migrar de vuelta a sus ríos natales, el protoplasma del salmón está cargado de $^{15}N$. Águilas, cuervos, lobos, osos y decenas de otros organismos se alimentan de los cadáveres de los salmones después del desove y luego distribuyen el nitrógeno marino por todo el bosque en sus heces. Durante la temporada de desove, los osos pueden consumir hasta seiscientos peces cada uno.

Suelen transportar un salmón capturado a 150 metros de distancia del río antes de comerse parte de él y volver para capturar otro. Los restos del cadáver se los comen salamandras, escarabajos, aves y otras criaturas, incluidas moscas que eclosionan como larvas. Las larvas repletas de $^{15}N$ maduran y caen sobre la hojarasca del bosque, donde se transforman en pupas durante el invierno para emerger la primavera siguiente como moscas, a tiempo para alimentar a las aves que migran desde Sudamérica hacia el Ártico. Los salmones que mueren en el río se hunden hasta el fondo y pronto se cubren de un espeso manto de hongos y bacterias, que a su vez alimentan a insectos y otros invertebrados. Por lo tanto, cuando los alevines emergen de la grava de desove cuatro meses después, las aguas están repletas de un banquete de alimentos cargados de $^{15}N$ que se alimentaron de los cadáveres de sus progenitores.

Así queda resuelto el misterio de los enormes árboles de los bosques pluviales costeros. El salmón constituye el mayor estímulo de fertilizante nitrogenado esparcido por otras criaturas que los árboles reciben en todo el año. Ese registro puede deducirse midiendo la cantidad de $^{15}N$ en los anillos de los árboles y relacionando esos datos con el tamaño de las migraciones anuales.

Los humanos, con nuestras prioridades políticas, económicas y sociales, asignamos los diversos aspectos del enorme alcance del salmón a distintos departamentos ministeriales. Los departamentos responsables de la pesca comercial, deportiva y alimentaria indígena se ocupan de los salmones propiamente dichos; el de silvicultura, de los árboles; el de medio ambiente, de las ballenas, las águilas y los osos; el de agricultura y energía, de los ríos; el de minería, de las montañas y la roca; y así sucesivamente. No tenemos en cuenta la interconexión de océanos, bosques y hemisferios norte y sur, fragmentando de este modo la integridad de este sistema y garantizando que nunca lo gestionaremos de forma sostenible.

Cuando domesticamos animales y plantas, hace solo entre diez mil y doce mil años, la vida humana cambió para siempre, saltando a otro nivel en la evolución de la cultura. Todos los animales y plantas domesticados de los que hoy depende el ser humano fueron salvajes en otro tiempo, y seguimos necesitando la diversidad genética que existe en las poblaciones salvajes; esa diversidad sigue siendo la principal defensa de la vida frente a las condiciones cambiantes. Por esta única razón, la humanidad tiene una necesidad total de proteger la diversidad biológica; es una cuestión de puro interés propio. La biodiversidad tiene su propio valor independientemente de cómo sirva a las personas. Como dice la filósofa francesa Catherine Larrère, «todos los organismos vivos, por medio de su existencia y su uso de estrategias complejas y no mecánicas para sobrevivir y reproducirse, tienen su propio valor. Más allá de eso, la propia diversidad biológica, por ser fruto de la evolución y también la condición para su continuación, tiene su propio valor intrínseco...»

Otro argumento de peso para proteger la biodiversidad es el hecho lamentable de que no sabemos casi nada de la mayoría de las especies dc la Tierra. Sabemos que existe una red de vida, pero cada vez que estudiamos una pequeña sección de la red descubrimos lo que parece ser una infinidad de interconexiones. Cuanto más aprendemos, más nos damos cuenta de todo lo que nos queda por aprender sobre la forma en que la vida actúa e interactúa para sobrevivir.

## El plano molecular

> *Desde siempre, los pueblos indígenas hemos vivido en armonía con todo lo que nos rodea. Es la creencia de que toda la humanidad está relacionada entre sí. Cada uno tiene un propósito, un espíritu y un carácter sagrado. Es un entendimiento con el Gran Espíritu o Creador de que seguiremos estos caminos. Y en este entendimiento creemos que estamos relacionados con todas las demás especies vivientes.*
>
> —DENNIS BANKS, citado en *Native American Netroots*

Mediante el estudio del ADN, los biólogos moleculares han comprobado que todos los organismos vivos están relacionados genéticamente. La novedad central de la película *Parque Jurásico* era el descubrimiento de un antiguo mosquito conservado en ámbar cuyo intestino contenía trozos intactos de ADN de dinosaurio. Si se tratara de una historia real, aún más destacable habría sido que tanto el ADN del mosquito como el del dinosaurio podrían llevar segmentos idénticos a los genes que se encuentran en cada uno de nosotros. A lo largo de nuestra historia evolutiva, estamos relacionados con todos los demás seres presentes y pasados: son nuestros parientes genéticos. Cuando veamos a las demás especies como nuestros parientes y no como recursos o mercancías, tendremos que tratarlas con mayor cuidado y respeto. En palabras de Alce Negro:

> *Lo que es sagrado, lo que es bueno de la narración, es la historia de toda vida, la de nosotros, los bípedos, compartiéndola con los cuadrúpedos y los seres aladas y todas las cosas vegetales; pues son hijos de una madre y su padre es un solo Espíritu.*

De hecho, todas las formas de vida son nuestros parientes. Si bien no es difícil comprender que los humanos y los simios comparten alrededor del 98 % de sus genes, puede resultar más difícil darse cuenta de que los humanos comparten alrededor del 85 % de sus genes con los ratones. Es más, somos portadores de cientos de genes que son similares, y en muchos casos idénticos, a genes que se encuentran en moscas de la fruta, ascárides, levaduras e incluso bacterias.

> *La unidad evolutiva del ser humano con todos los demás organismos es el mensaje cardinal de la revolución de Darwin para la especie más arrogante de la naturaleza.*
>
> —STEPHEN JAY GOULD, *The Mismeasure of Man*

## Elogio de la diversidad genética

¿Cómo consigue la vida su extraordinaria resistencia? A principios de la década de 1960, cuando se desarrollaron nuevas técnicas bioquímicas, los científicos empezaron a analizar los productos de genes específicos que portaban los sujetos de una especie. Para su gran sorpresa, descubrieron un gran número de variantes génicas, es decir, de formas diferentes de un mismo gen, dentro de una misma especie, que hasta ese momento no se habían detectado. Los genetistas denominan polimorfismo genético a esta diversidad, que parece ser el medio por el que una especie responde a las cambiantes circunstancias ambientales. Aparentemente, la mayoría de las variantes génicas tienen poco o ningún efecto sobre el funcionamiento del producto que especifican, por lo que se denominan diferencias neutras, ni beneficiosas ni perjudiciales en un entorno determinado.

Sin embargo, la neutralidad es temporal y relativa. Cuando cambian las condiciones del entorno —acidez, salinidad o temperatura, por ejemplo—, diferentes formas de un gen pueden especificar productos con actividades funcionales o eficiencias muy distintas. En los seres humanos, un ejemplo clásico es una variante o mutación génica denominada célula falciforme que afecta a la hemoglobina de la sangre. Cuando las personas son portadoras de dos copias del gen mutante (heredan una de cada progenitor), padecen una enfermedad conocida como anemia de células falciformes, que es extremadamente dolorosa y a menudo mortal. Quienes portan una copia del gen falciforme y un gen normal son normales, excepto en las zonas donde el paludismo (malaria) está descontrolado. En esas zonas, estas personas tienen una mayor resistencia al parásito que las portadoras de dos genes normales.

## La importancia de la variación

En mi propio investigación sobre la mosca de la fruta, *Drosophila melanogaster,* pude recuperar mutaciones inducidas químicamente que son invisibles (es decir, no se expresan) en determinadas condiciones, pero producen una anomalía cuando el crecimiento se da en un régimen ambiental diferente. Las mutaciones que estudié se veían influidas por la temperatura: a una temperatura, las moscas eran completamente normales, pero un cambio de tan solo 5 °C o 6 °C daba lugar a una variedad de expresiones mutantes. Descubrí una expresión génica determinada por el medio ambiente que causa desde anomalías visibles en alas, ojos o patas hasta parálisis reversible o la muerte. Cuando los patrones meteorológicos mundiales y las temperaturas medias fluctúen como consecuencia del cambio climático, las especies con genes que permitan a los individuos funcionar correctamente o mejor a las nuevas temperaturas serán los supervivientes que seguirán adelante.

> *... en la gran mayoría de las especies, entre el 10 % y el 50 % de los genes son polimórficos. Una cifra típica es aproximadamente el 25 %.*
>
> —EDWARD O. WILSON, *The Diversity of Life*

El polimorfismo genético es crucial para la supervivencia de una especie. Cuando una especie como la grulla trompetera o el tigre siberiano se reduce a un puñado de supervivientes, su futuro a largo plazo queda en entredicho porque la amplitud de su variabilidad genética ha disminuido radicalmente. Como consecuencia, tiene menos opciones para adaptarse a los cambios del entorno. Además, en una población pequeña, hay más probabilidades de que queden al descubierto genes recesivos que son mortales o que amenazan la viabilidad cuando están presentes dos copias. Una mezcla diversa de variantes génicas es una característica fundamental de una especie vibrante y sana, reflejo de su fructífera historia evolutiva y de su ininterrumpido potencial para adaptarse a cambios imprevisibles.

Los genetistas de poblaciones creen que las especies con más éxito (definiéndose el éxito como la supervivencia a largo plazo) se encuentran en muchos focos aislados o islas que están conectados por «puentes» que cruza un goteo constante de individuos. Cada comunidad aislada puede desarrollar un conjunto de genes adaptados a su hábitat local, mientras que el migrante ocasional se convierte en un medio de introducir «sangre nueva», es decir, genes diferentes con un nuevo potencial de respuesta al cambio.

En los últimos tiempos, la agricultura industrial a gran escala nos ha enseñado una costosa lección: reducir la diversidad genética mediante el uso generalizado de una única variedad seleccionada de un cultivo (lo que se conoce como monocultivo), es extremadamente arriesgado porque hace que una especie sea vulnerable al cambio. En 1970, aproximadamente el 80 % de los 26,8 millones de hectáreas plantadas de maíz en Estados Unidos portaban un factor genético de esterilidad masculina. Ese rasgo, tan útil para las empresas de semillas, era su talón de Aquiles, pues hacía que las variedades fueran vulnerables a un parásito específico. En tres meses, un devastador tizón sureño del maíz se extendió por todo el continente, afectando prácticamente a todos los campos. Las pérdidas totales fueron del 15 %, pero muchas explotaciones perdieron entre el 80 % y el 100 % de su maíz ese año, con un coste total de 1000 millones de dólares.

El monocultivo se opone a la estrategia evolutiva de la vida. En las piscifactorías, el amplio polimorfismo genético de las poblaciones salvajes de peces como el salmón se ve desplazado por grandes cantidades de alevines criados en viveros a partir de huevos y esperma extraídos de unos pocos peces seleccionados en función de su tamaño. Una vez más, este tipo de selección reduce la diversidad genética, y la menor diversidad es una de las causas de los descensos catastróficos en la producción de salmón. Los silvicultores han reconocido tardíamente que las plantaciones de árboles a partir de variantes de rápido crecimiento de especies con valor comercial carecen de la resistencia de los bosques silvestres cuando se producen plagas, incendios y otras perturbaciones.

> *Los árboles han sobrevivido hasta hoy solo porque existe una gran diversidad genética en cada especie.*
>
> —PETER WOHLLEBEN, *The Hidden Life of Trees*

## Estabilidad de los ecosistemas en la diversidad

Un ecosistema es una comunidad compleja de productores, consumidores, descomponedores y detritívoros, que interactúan dentro de los límites impuestos por su entorno físico para reciclar la energía y la materia a través de la red de la vida. En cualquier ecosistema, los comensales y los que sirven de alimento están unidos por una red de interdependencia. Se libra constantemente una especie de guerra biológica entre depredador y presa, huésped y parásito, en la que cada especie lucha por imponerse. Las mutaciones o nuevas combinaciones de genes que confieren una ventaja a una especie se ven pronto contrarrestadas por una respuesta en la otra especie para restablecer el equilibrio. Por ejemplo, un parásito fúngico puede desarrollar una enzima que digiera más eficazmente la pared celular de un vegetal, lo que le permitiría penetrar más fácilmente en su especie objetivo. En tal caso, en la población de sus organismos huéspedes, los individuos con paredes celulares más gruesas o resistentes tendrán más probabilidades de sobrevivir y reproducirse. Con el tiempo, el parásito tendrá que idear otra innovación para atravesar las defensas mejoradas del huésped. Así pues, aunque el flujo y el cambio son constantes, el efecto general a largo plazo es un punto muerto entre los diversos componentes de los ecosistemas.

Las selvas tropicales, consideradas por los biólogos como el hogar de la mayoría de las especies de la Tierra, son un vasto mosaico de diversidad en el que determinadas especies están a menudo tremendamente confinadas por sus requisitos de hábitat a pequeñas áreas dentro de la selva. El experto en agrosilvicultura Francis Hallé afirma que las especies introducidas no se extienden en los bosques tropicales como lo ha hecho, por ejemplo, la arroyuela en Norteamérica, porque la superficie del posible hábitat es menor y siempre hay muchos depredadores potenciales para mantener bajo control cualquier especie introducida.

Al igual que la diversidad genética confiere resistencia a una especie, la diversidad de especies dentro de cualquier ecosistema es también un factor para mantener el equilibrio dentro de esa comunidad de criaturas. La diversidad de especies, al igual que el polimorfismo genético dentro de una especie, parece ser una estrategia evolutiva de supervivencia dentro de ecosistemas enteros.

A lo largo y ancho del planeta existe una gran variedad de condiciones climáticas y geofísicas: del calor abrasador de los desiertos al frío glacial del permafrost por encima del círculo polar ártico, de los húmedos sistemas fluviales ecuatoriales a las praderas secas, de las profundidades de los océanos a las elevadas alturas de las montañas enrarecidas a kilómetros sobre el nivel del mar y a la zona intermareal entre el aire, la tierra y el mar. La vida ha encontrado formas de aprovechar las oportunidades y florecer en todas estas condiciones. Los «extremófilos», organismos que viven en los lugares más extremos de la Tierra, nos muestran la versatilidad de la vida. Parece que no hay lugar en nuestro planeta que carezca de vida: en 2005, científicos de la NASA revivieron una bacteria que había permanecido inactiva en un estanque helado de Alaska durante 32 000 años; muestras de suelo obtenidas en el punto más profundo del océano, a 11 kilómetros de profundidad, están llenas de organismos unicelulares llamados foraminíferos; y comunidades enteras de organismos, como almejas, gusanos tubícolas y bacterias, prosperan alrededor de respiraderos hidrotermales sintetizando energía a partir de sustancias químicas del agua en lugar de la luz solar. Cada ecosistema contiene una variedad de especies, y cada especie posee su propio conjunto de genes limitado localmente. De este modo, incluso cuando la diversidad de especies es relativamente escasa —por ejemplo, en los bosques boreales—, la variación genética dentro de una especie en una cuenca hidrográfica diferirá de la existente dentro de la misma especie en otra cuenca hidrográfica. Cada ecosistema es único y especial. Cada ecosistema es local.

De este modo, la propia Tierra es un mosaico de diversidad dentro de la diversidad, un mosaico de ecosistemas, especies y genes. Con el tiempo, este tejido de interconexiones se ha visto desgarrado por grandes turbulencias, la más reciente en Norteamérica por el rápido exterminio de miles de millones de palomas pasajeras, millones de bisontes y vastas extensiones de praderas de hierba corta y bosques antiguos. La persistencia de plantas y animales tras un cambio tan catastrófico es testimonio de la tenacidad de la biodiversidad del planeta.

## Diversidad cultural humana

El ser humano ha ampliado la diversidad llevándola a otro nivel. El éxito de la evolución de nuestra especie ha dependido de los dones de memoria, previsión, curiosidad e inventiva del cerebro, así como de su capacidad para reconocer patrones y ciclos en el mundo que nos rodea. Nuestra capacidad para explotar el entorno y transmitir con el lenguaje las lecciones adquiridas por el fracaso y el éxito aceleró el ritmo de la evolución humana. Los humanos han tenido una ventaja añadida en la cultura. Cada ser humano debe comenzar su vida desde el mismo punto de partida, como un bebé, adquiriendo laboriosamente toda la sabiduría y las creencias acumuladas de la sociedad hasta que esté preparado para convertirse en un adulto productivo. No obstante, la cultura crece constantemente, y no hace falta que cada generación tenga que pasar por la misma curva de aprendizaje. En comparación con los ritmos del cambio biológico, la cultura evoluciona a la velocidad del rayo, y por eso hemos recorrido un largo camino en relativamente poco tiempo.

El uso de técnicas moleculares para medir los grados de parentesco biológico en el ADN permite a los científicos identificar los orígenes de los seres humanos y rastrear sus desplazamientos a través de los continentes. Los biólogos de poblaciones han llegado a la conclusión de que hace apenas 195 000 años, los antepasados de toda la humanidad surgieron a lo largo del gran valle del Rift en África. Desde allí, se extendieron hacia el noreste a través del Sáhara, hacia el suroeste en lo que hoy es Sudáfrica, hacia el norte a través de la península arábiga y hacia el oeste hasta la India (figura 6.3).

Desde estas nuevas ubicaciones se dispersaron por Europa y Rusia, desde Nueva Guinea a Australia, a Siberia y a través del puente terrestre de Bering hasta América. Aunque las personas son maravillosamente diversas en su color de piel y rasgos faciales y otros rasgos físicos, las diferencias más significativas entre los grupos de seres humanos no son biológicas, sino culturales y lingüísticas.

En muchos animales, el comportamiento instintivo codificado genéticamente les ha permitido continuar y sobrevivir. En cambio, la gran estrategia de nuestra especie ha sido la evolución de un cerebro masivo capaz de evaluar la información sen-

**Figura 6.3**: La expansión de los seres humanos por todo el planeta. Los números indican el número de años transcurridos.

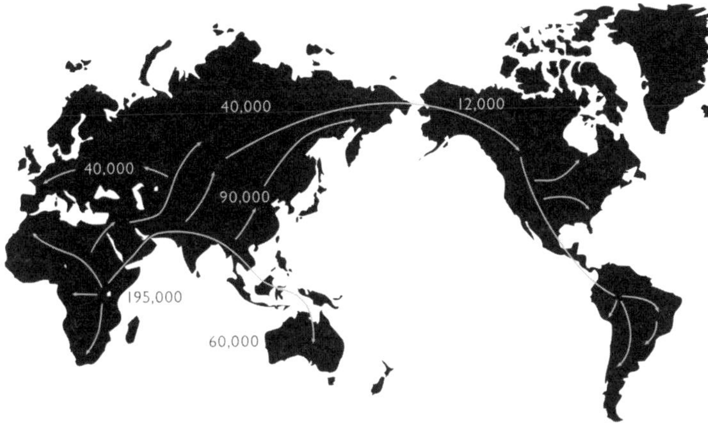


Adaptado de John Pickrell, «Instant Expert: Human Evolution», *New Scientist*, http://www.newscientist.com/article.ns?id=dn9990. Consultado el 3 de abril de 2007.

sorial y, por tanto, de tomar decisiones deliberadamente. La mayor parte de nuestro comportamiento instintivo ha sido sustituido por la flexibilidad, la capacidad de cambiar los patrones de comportamiento basándonos en la observación y la experiencia. La cultura y la lengua han sido nuestros atributos cruciales, que nos permiten adaptarnos a una amplia variedad de entornos y condiciones. Como ha dicho Vandana Shiva:

> *La diversidad es la característica de la naturaleza y la base de la estabilidad ecológica. Los ecosistemas diversos dan lugar a formas de vida diversas y a culturas diversas. La coevolución de la cultura, las formas de vida y los hábitats ha preservado*

*la diversidad biológica de este planeta. La diversidad cultural y la diversidad biológica van de la mano.*

Del mismo modo que la diversidad genética dentro de una especie y la variedad de especies dentro de un ecosistema favorecen que especies individuales o ecosistemas enteros sobrevivan ante condiciones cambiantes, la diversidad de conocimientos y culturas tradicionales ha sido la principal razón de nuestro éxito. Nos hemos adaptado a entornos tan diversos como la tundra ártica, los desiertos, las selvas tropicales, las praderas y las megaciudades modernas. Si la variación de genes en una especie adaptada a las condiciones locales amortigua los cambios catastróficos, la diversidad cultural ha sido igualmente crucial para el vigor y el éxito incesantes de la humanidad en los diversos ecosistemas. El etnobotánico Wade Davis ha denominado *etnosfera* a la suma de todas las culturas, que han sido tan fundamentales para la supervivencia humana en tantos ecosistemas diferentes. Los científicos están preocupados, y con razón, por la rápida extinción de especies en la biosfera, pero Davis señala que la amenaza de que el 50 % de todas las lenguas humanas puedan desaparecer a mediados de este siglo debería suscitar la misma preocupación.

Cabría pensar que el largo y tortuoso camino de la evolución podría llegar a un punto en el que se hubiera alcanzado la «mejor» combinación genética o de especies o la sociedad humana «ideal», que entonces debería extenderse por todo el mundo para sustituir a todas las formas «menos avanzadas». La diversidad quedaría entonces totalmente desfasada. Si las condiciones globales fueran inmutables y uniformes, es posible, al menos teóricamente, que existiera una sociedad o especie muy evolucionada y estable. Sin embargo, en la naturaleza, «mejor», «superior» y «avanzado» no son términos lógicos porque en la Tierra las condiciones *nunca* son constantes. La naturaleza de la biosfera —esa fina capa de aire, tierra y agua en la que se encuentra la vida— es que el cambio, aunque a menudo a paso de tortuga geológica, siempre se ha producido, por lo que nunca puede haber un estado perfecto o ideal. La naturaleza está en constante cambio y la diversidad es la clave de la supervivencia. Si el cambio es inevitable pero imprevisible, entonces la mejor táctica para sobrevivir es actuar de forma que se conserve la mayor diversidad posible; de este modo, cuando las circunstancias cambien, habrá una posibilidad de que un conjunto de genes, una especie o una sociedad puedan continuar en las nuevas condiciones. La diversidad confiere resistencia, adaptabilidad y capacidad de regeneración.

## El planeta vivo

De los genes a los organismos, pasando por los ecosistemas y las culturas, en todos los niveles la diversidad suma para formar un todo viviente. La suma final puede ser la propia Tierra. Muchas culturas tienen mitos en los que el planeta que habitamos se percibe vivo: como una fuerza creativa, una diosa nutricia o un conjunto de espíritus poderosos. Además, la ciencia moderna puede estar aportando pruebas que corroboren esa visión de la vida en la Tierra. Cuando los astronautas tomaron las primeras imágenes de nuestro hogar planetario desde el espacio, la belleza del orbe azul cubierto de encaje blanco nos dejó sin aliento y cambió nuestra percepción de la Tierra. Este es nuestro hogar, libre de fronteras y límites humanos, un todo único integrado con una fina capa efímera dentro de la cual florece la vida.

Una expedición científica de otra galaxia en busca de vida en el universo podría llegar razonablemente a la conclusión al observar este planeta de que se trata de una entidad viva. La tenaz capa de protoplasma que envuelve la Tierra ha sobrevivido y prosperado a través de interminables turbulencias planetarias. Los continentes han ido a la deriva por todo el planeta, las montañas se han impulsado hacia el cielo, las mezclas gaseosas de la atmósfera han aumentado y disminuido, y la temperatura ha fluctuado del calor tropical a las congeladas garras de las capas de hielo. Ninguna forma de vida consiguió sobrevivir sola a estas turbulencias, sino que dependió de la ayuda de otros organismos.

Una sola célula puede ser un organismo completo, poseer todo el material genético y la arquitectura molecular para responder al entorno, crecer y reproducirse. Los organismos pluricelulares, como las esponjas y los mohos mucilaginosos, pueden tener ciclos vitales complejos, pero cuando se aíslan sus células individuales, cada una puede crecer y multiplicarse como si fuera un organismo completo, o las células pueden reagruparse en un agregado pluricelular que se comporte como un único organismo.

De hecho, cada célula de nuestro organismo es un conjunto de especies que funcionan como una sola entidad. En los años setenta, la bióloga Lynn Margulis resucitó la teoría de que las estructuras llamadas orgánulos que se encuentran en las células de organismos complejos son en realidad restos evolutivos de parásitos bacterianos. Armada con las herramientas de la biología molecular, demostró que los orgánulos son capaces de reproducirse dentro de una célula e incluso poseen ADN y rasgos hereditarios distintivos. Por eso, Margulis propuso que los orgánulos fueron en su día organismos con una vida independiente que invadieron las células y acabaron integrándose en el huésped como mitocondrias y cloroplastos. Al renunciar a su independencia, estas reliquias microbianas recibieron alimento y protección de la célula hospedadora. Por lo tanto, cada uno de nosotros es una comunidad de organismos. Cada uno de nosotros es un agregado de billones de células, cada una de las cuales está habitada por numerosos descendientes de parásitos; ahora nos prestan servicios a cambio de un nicho ecológico.

> *Por su número, los cloroplastos y las mitocondrias, y no los seres humanos, son las formas de vida dominantes en la Tierra. Vayamos donde vayamos, las mitocondrias también van, ya que están dentro de nosotros, alimentando nuestro metabolismo: el de nuestros músculos, el de nuestra digestión y el de nuestros reflexivos cerebros.*
>
> —LYNN MARGULIS, *Symbiotic Planet*

Casi la totalidad de los 60 billones de células que componen nuestro organismo son portadoras del mapa genético completo que especifica el desarrollo de una persona en su integridad. En principio, pues, cada célula tiene la posibilidad, si se activa para leer desde el principio las instrucciones, de formar a otra persona o clon. Cada célula puede funcionar según las exigencias del tejido u órgano del que forma parte, igual que cada persona puede trabajar según las exigencias de su ocupación. Sin embargo, cada uno de nosotros, como cada célula, lleva a cabo muchas actividades que hacemos independientemente del trabajo que tengamos. Como individuos, no podemos evitar formar parte de familias, comunidades o países, que tienen sus propias características y comportamientos. Muchas otras especies también forman parte de grupos más grandes.

## Superorganismos

En una ocasión pregunté al eminente biólogo de la Universidad de Harvard Edward O. Wilson, fallecido en 2021, por qué las hormigas tienen tanto éxito. Se pasó toda su carrera estudiando estos insectos omnipresentes, y dio una aguda respuesta. Aunque el número de especies de insectos sociales se cuenta por decenas de miles, hay millones de otros insectos no sociales. Sin embargo, los insectos sociales dominan el mundo porque se comportan, dijo Wilson, como un «superorganismo».

> *Una colonia de hormigas es algo más que un conjunto de insectos que viven juntos. Una hormiga no es una hormiga. Dos hormigas y empezamos a conseguir algo totalmente nuevo. Si juntamos un millón con las obreras divididas en diferentes castas, cada una de las cuales realiza una función distinta —cortar las hojas, cuidar de la reina, ocuparse de las crías, excavar el nido, etc.—, tenemos un organismo que pesa unos diez kilos, tiene el tamaño aproximado de un perro y domina una superficie del tamaño de una casa.*
>
> *El hormiguero supone mover unos 18 000 kilos de tierra y envía grandes columnas de obreras cual seudópodos de una*

*ameba, para extenderse y recoger hojas, entre otras tareas. Se trata de una entidad muy potente. Puede protegerse por sí sola de los depredadores. Puede controlar el entorno, el clima del hormiguero. Cuando me encuentro con uno de estos grandes hormigueros de hormigas cortadoras de hojas, doy un paso atrás y dejo que mis ojos se desenfoquen ligeramente. Lo que vemos entonces es una gigantesca criatura ameboide frente a nosotros.*

Era una descripción emocionante que nos permite contemplar a las hormigas de una manera muy diferente.

En 1992, unos científicos de Michigan hicieron un asombroso anuncio: la red de micelios, extensiones filiformes de los hongos presentes en el suelo, podía proceder de un solo individuo, no de un conjunto de organismos diferentes. Informaron de la existencia de un único organismo que se extendía a lo largo de 16 hectáreas nada menos. Sorprendentemente, incluso ese impresionante récord ha sido superado, y a lo grande. En 2003, en un bosque de Oregón se encontró un hongo que pudre las raíces, *Armillaria,* que cubría 890 hectáreas.

*Cuando una persona forma parte de un sistema, no puede ver fácilmente lo que consigue con la función que desempeña... A menos que entienda el sistema a fondo, no tendrá ni idea de la red de controles que pueden existir o no para mantener la continuidad del flujo, adaptados a las exigencias internas, adaptados a las demandas externas y estabilizados frente a las fluctuaciones.*

—HOWARD T. ODUM, *Environment, Power and Society*

Un bosquecillo de álamos temblones, esos preciosos árboles de corteza blanca cuyas hojas titilan al menor soplo de aire, es, de hecho, un solo organismo. Al igual que las fresas, que producen estolones que echan raíces y brotan hojas, los álamos temblones se multiplican vegetativamente. Los brotes pueden crecer a partir de una raíz a 30 metros de distancia. Por lo tanto, el álamo temblón es otro tipo de superorganismo que puede aprovechar un paisaje diverso; algunas partes pueden crecer en suelo húmedo y, a través de sus raíces subterráneas comunes, compartir el agua con otras partes, que quizá crezcan en suelo rico en minerales más arriba. En Utah se descubrió un solo álamo temblón formado por 47 000 troncos. Ocupa una superficie de 43 hectáreas y se calcula que pesa casi seis millones de kilogramos.

Por tanto, si en cada nivel de complejidad —célula, organismo y ecosistema— surgen nuevos tipos de estructuras y funciones, el conjunto de toda la vida del planeta también puede considerarse una entidad única.

Una única envoltura atmosférica rodea la Tierra, mientras que el agua fluye alrededor de los continentes, creando grandes islas (figura 6.4). Todo el conglomerado de seres vivos forma una comunidad maravillosamente compleja e interconectada que se mantiene unida por la matriz de aire y agua. Toda la capa de protoplasma (la materia viva dentro de las células) del globo está entrelazada en una entidad viva y que respira, que ha sobrevivido a lo largo de la inmensidad del tiempo y del espacio.

A la gente le gusta aplicar metáforas mecánicas a los sistemas vivos: el corazón es una bomba, los pulmones son fuelles y el cerebro es una centralita o un ordenador; a menudo se habla de la Tierra como de una nave espacial. Pero es un error comparar los sistemas vivos con las máquinas. Los dispositivos mecánicos se desgastan constantemente con el paso del tiempo, a menos que sean cuidadosamente mantenidos y reparados por personas. Los seres vivos perviven por sí solos, curándose, sustituyéndose, adaptándose y reproduciéndose para continuar. Si la totalidad de la vida en la Tierra es un superorganismo, debe tener procesos que perpetúen su supervivencia.

**Figura 6.4**: Los continentes como una isla en un planeta de agua.

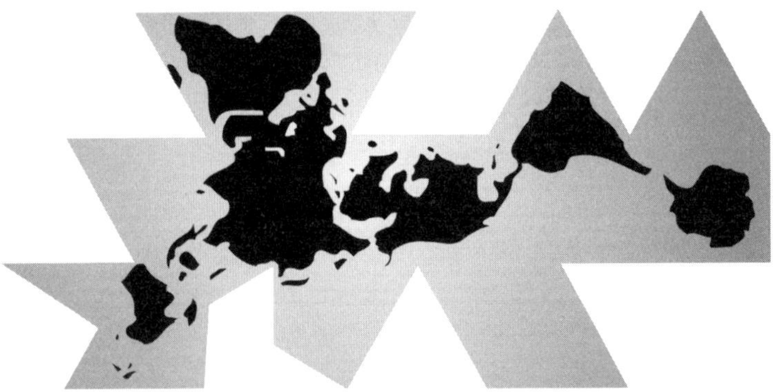

Adaptado de la fotografía desde un satélite con el título «Our Spaceship Earth»[8] (Burlington, EN: WorldSat International Inc., 1995).

James Lovelock ha llamado Gaia a esa totalidad de la Tierra viva, el nombre que los antiguos griegos daban a la Madre Tierra.

[8] N. del T.: Nuestra nave espacial la Tierra.

*Gaia es tan indiferente a nuestro destino como las estrellas. A largo plazo, la biosfera sobrevive pero sus especies no... Prácticamente todas las especies que han vivido en este planeta se han extinguido. A veces... la mitad de las especies del planeta se han extinguido casi a la vez. Los próximos cien años pueden volver a ser una de esas veces. La historia de la vida está marcada por glaciaciones, inviernos volcánicos, colisiones de meteoros y extinciones masivas. Y en este momento nosotros marcamos esta historia.*

—JONATHAN WEINER, *The Next One Hundred Years*

Lovelock ha señalado que la actividad humana es una gran perturbación en la composición biofísica del planeta. Sin duda, muchos organismos pueden aprovechar las nuevas condiciones creadas por nuestras perturbaciones. La vida es oportunista, y cuando se produce un cambio, las formas de vida estarán ahí para encontrarle una utilidad. Por ejemplo, grandes extensiones de bosques talados suelen «reverdecer» rápidamente con vegetación, y ungulados como los ciervos aprovechan el abundante alimento para crecer y multiplicarse. No cabe duda de que las especies microbianas florecerán con nuestros residuos, al igual que las gaviotas se dan un festín en los vertederos. Sin embargo, los mecanismos de retroalimentación de Gaia se producen a lo largo del tiempo, sin tener en cuenta qué especies sobreviven o desaparecen en última instancia. La idea de Gaia, es decir, de la totalidad de la Tierra viviente, puede proporcionar el pensamiento reconfortante de que la vida sobrevivirá al actual espasmo de extinción inducido por el ser humano, pero también debemos recordar que no garantizará nuestra propia supervivencia.

## Nuevas relaciones

Los intrigantes indicios y las tentadoras pistas que surgen de los laboratorios y las mentes de los científicos modernos están creando un nuevo relato para dar sentido y significado a nuestra presencia. Somos criaturas de la Tierra, creadas a partir de polvo de estrellas, vigorizadas por el sol, que llevamos con nosotros fragmentos de las primeras formas de vida: la prueba de nuestro parentesco con todas las demás criaturas del planeta. Como seres de la Tierra, compartimos el método básico de supervivencia de la vida —la diversidad, tanto biológica como cultural— y la evolución nos ha preparado para vivir en compañía de otras formas de vida. Armados con nuestra incipiente cosmogonía, nos encontramos de nuevo en el centro del escenario, sosteniendo el destino de nuestra recién descubierta familia —y el nuestro propio— en nuestras temblorosas e incompetentes manos.

En las ciudades, habitadas por una proporción cada vez mayor de la humanidad, los vínculos entre la vida humana y la de otras criaturas quedan a menudo ocultos por la tecnología. Además de proporcionarnos aire, suelo y agua limpios, otros organismos vivos posibilitan nuestra vida cada día de innumerables formas fundamentales. Cada trozo de nuestros alimentos estuvo vivo alguna vez; sin embargo, su origen está enmascarado. El azúcar, la harina, las verduras, la fruta, la carne y las especias nos nutren y nos deleitan. Cuando nos vestimos con algodón y lana, consumimos madera, plásticos y combustibles fósiles, o abonamos nuestros campos con estiércol, nos beneficiamos de organismos que en el pasado estuvieron vivos. Los insectos fertilizan las plantas de las que dependemos, los caballos y los bueyes proporcionan fuerza muscular, las plantas y los animales son la fuente de muchas medicinas. La naturaleza nos nutre en cuerpo y alma.

---

### James Lovelock y el concepto de Gaia

James Lovelock comenzó su carrera profesional como investigador médico. En su búsqueda de formas de detectar moléculas en cantidades ínfimas, creó un instrumento tan sensible que podía detectar partes por *billón*. Utilizando esta máquina, descubrió CFC en la atmósfera sobre la Antártida, lo que llevó al descubrimiento de que la capa de ozono estaba desapareciendo.

A principios de la década de 1960, le pidieron consejo para el diseño de la nave espacial Surveyor, que debía explorar la Luna. Poco después, la NASA pidió a Lovelock que diseñara experimentos para la nave espacial Viking, que buscaría vida en Marte. Reflexionando sobre el problema, Lovelock tuvo que pensar en la vida misma, qué es y qué la distingue de la falta de vida. Se dio cuenta de que Marte y Venus tienen atmósferas compuestas casi exclusivamente de dióxido de carbono, sin oxígeno libre. En cambio, la atmósfera terrestre tiene pequeñas cantidades de dióxido de carbono y un 21 % de oxígeno. Aunque el oxígeno es un elemento muy reactivo y tiende a eliminarse de la atmósfera, las plantas liberan continuamente más oxígeno para compensar esta pérdida.

Lo sorprendente es que el nivel de oxígeno se ha mantenido relativamente constante durante un largo período de tiempo. Un pequeño aumento hasta el 25 % o el 30 % de oxígeno podría hacer que la atmósfera estallara en llamas, mientras que una disminución hasta el 10 % probablemente sería mortal para la mayoría de las formas de vida. Algo ha mantenido la cantidad de oxígeno en la concentración justa durante millones de años.

Según el razonamiento de Lovelock, los océanos se salinizaron por la lixiviación de diminutas cantidades de sal procedente de las rocas y el suelo en los ríos y arroyos que desembocan en el mar. ¿Por qué, entonces, los océanos no se han vuelto cada vez más salados? Del mismo modo, ¿por qué el aumento de los niveles de dióxido de carbono no ha incrementado la temperatura de la Tierra? En Venus, la atmósfera rica en dióxido de carbono ha convertido el planeta en un horno. En cambio, la enrarecida atmósfera de Marte, pobre en dióxido de carbono, no puede retener el calor, por lo que el planeta es gélido. Sin embargo, aquí en la Tierra los océanos no se han evaporado, a pesar de que la intensidad del Sol se ha incrementado en un 25 % desde su formación. Algo ha mantenido relativamente constantes la temperatura de la Tierra y la concentración de sal en los océanos.

La osada conclusión de Lovelock fue que el conjunto de todos los seres vivos de la Tierra ha mantenido constantes de algún modo la concentración de dióxido de carbono y oxígeno, la cantidad de sal en el océano y la temperatura de la superficie, no de forma consciente o deliberada, sino como parte de un proceso automático, del mismo modo que nuestro cuerpo aumenta el ritmo cardíaco cuando hacemos ejercicio o repara las heridas cuando nos lastimamos. Sin embargo, ahora la tecnología nos ha permitido generar cantidades masivas de gases de efecto invernadero con una celeridad mucho mayor que la capacidad de Gaia para eliminarlos. Con el tiempo, los cambios compensatorios podrían reducir los niveles de dióxido de carbono, pero no antes de que se produzcan tremendos cambios ecológicos. La persistencia de Gaia no tiene favoritismos a la hora de decidir qué especies sobreviven y cuáles desaparecen.

Mientras que antaño nuestra especie vivía fácilmente en la Tierra, nuestro número, destreza tecnológica y demanda de bienes de consumo ha crecido hasta tal punto que ahora estamos acaparando gran parte de la productividad del planeta para nuestro uso. Entretanto, privamos a otras especies de hábitat y oportunidades y, como consecuencia, las llevamos a la extinción. El grupo del ecologista Paul Ehrlich en la Universidad de Stanford calculó que los seres humanos, una especie entre millones, aprovechamos ahora para nuestro uso el 40 % de la productividad primaria neta del planeta. Es decir, de toda la luz solar capturada por las plantas, los seres humanos niegan una gran parte a otras especies al utilizarla para pastos, tierras de cultivo, tala de árboles, etc. Nuestra apropiación de esta energía la vuelve inasequible para otras especies y, como consecuencia expulsa a estas de la existencia.

A medida que drenamos humedales, construimos presas en sistemas fluviales, contaminamos el aire, el agua y el suelo, talamos a rasa vastas extensiones de bosque, dedicamos terrenos a la agricultura, y urbanizamos para la expansión de las ciudades o la creación de polígonos industriales, disminuye la biodiversidad, que es la fuente de la capacidad productiva del planeta. Como resultado, el mundo está siendo testigo de un ritmo catastrófico de extinción de especies.

Alan Thein Durning ilustra gráficamente el ritmo y la escala sin precedentes de la actividad humana en su trabajo «Saving the Forests: What Will It Take?»:

> *Imaginemos una película secuencial de la Tierra rodada desde el espacio. Reproduzcamos los últimos 10 000 años de forma acelerada para que pase un milenio por minuto. Durante más de siete de los diez minutos, la pantalla muestra lo que parece una fotografía fija: el planeta azul, sus tierras envueltas en un manto de árboles. Los bosques cubren el 34 % de la tierra. Aparte del destello ocasional de un incendio forestal, no es perceptible ninguno de los cambios natura-*

*les en el manto forestal.* La revolución[9] agrícola *que transforma la existencia humana en el primer minuto de la película es invisible.*

*Después siete minutos y medio, las tierras que rodean Atenas y las diminutas islas del mar Egeo pierden su bosque. Estamos en el florecimiento de la Grecia clásica. Poco más cambia. A los nueve minutos —hace 1000 años— el manto se deshilacha en zonas dispersas de Europa, Centroamérica, China y la India. Luego, a 12 segundos del final, hace dos siglos, la falta de espesura se extiende, dejando al descubierto partes de Europa y China. A seis segundos del final, hace un siglo, el este de Norteamérica está deforestado. Es la Revolución Industrial. Poco más parece haber cambiado. Los bosques cubren el 32 % de la tierra.*

*En los últimos tres segundos —después de 1950— el cambio se acelera de forma explosiva. Vastas extensiones de bosque desaparecen de Japón, Filipinas y la parte continental del sudeste asiático, de la mayor parte de Centroamérica y el cuerno de África, de las parte occidental de Norteamérica y la oriental de Sudamérica, del subcontinente indio y el África subsahariana. Se propagan incendios en la cuenca del Amazonas donde nunca antes los hubo, provocados por ganaderos y campesinos. Los bosques de Centroeuropa se mueren, envenenados por el aire y la lluvia. El sudeste asiático se parece a un perro con sarna. El Borneo malayo aparece rasurado. En las últimas fracciones de segundo, el claro se extiende hasta Siberia y el norte canadiense. Los*

---

9 N. del T.: Salvar el planeta: ¿qué hará falta?

*bosques desaparecen tan repentinamente de tantos lugares que parece que una plaga de langostas ha descendido sobre el planeta.*

*La película se congela en el último fotograma. Los árboles cubren el 26 % de la tierra. Tres cuartas partes de la superficie forestal original aún conservan algo de cubierta arbórea. Pero solo el 12% de la superficie terrestre —un tercio del total inicial— está constituido por ecosistemas forestales intactos. El resto alberga rodales biológicamente empobrecidos de madera comercial y rebrotes fragmentados. Este es el presente: un planeta profundamente alterado por el funcionamiento —o las deficiencias— de la economía humana.*

Visto así, los bosques del planeta se están perdiendo irrevocablemente en lo que equivale a un mero tictac del reloj geológico. Trazada a lo largo de diez milenios, la curva de devastación de los bosques salta casi directamente de la página durante nuestra vida. Si añadimos a ese gráfico la generación de contaminación, la pérdida de suelo vegetal, el aumento del número de seres humanos y la producción de gases de efecto invernadero, entre otros acontecimientos, las curvas ascienden todas verticalmente en los últimos momentos. Las catástrofes individuales como Chernóbil, las grandes talas a rasa, la explosión de Bhopal, la construcción de megarepresas o los vertidos de petróleo no son más que parte de un espasmo aterrador de aniquilación.

*... no es Cristo quien es crucificado ahora; es el árbol mismo y en el amargo patíbulo de la codicia y la estupidez humanas. Solo unos imbéciles suicidas, en un mundo que ya se ahoga,*

*destruirían el mejor aire acondicionado natural que la creación proporciona...*

—JOHN FOWLES, citado en T.C. McLuhan, *Touch the Earth*

## Crisis de extinción

Nuestras endebles inferencias sobre la vida en el pasado se basan en restos fósiles que sugieren que las especies crecen en número y complejidad y luego se reducen súbitamente mediante sucesivos espasmos de extinción. Los científicos han identificado cinco grandes crisis de extinción en los últimos 500 millones de años, en las que desapareció al menos el 65 % de todas las especies conocidas en el registro fósil de la época. El registro fósil está muy sesgado: el 95 % del cuarto de millón de especies animales fosilizadas conocidas son criaturas marinas. No obstante, estos cinco grandes episodios de extinción muestran grupos de especies que desaparecieron a gran escala, lo que sugiere que los acontecimientos tuvieron un alcance global. Los cinco grandes eventos de extinción ocurrieron a finales del Ordovícico (hace 440 millones de años), a finales del Devónico (365 millones de años), a finales del Pérmico (245 millones de años), a finales del Triásico (210 millones de años) y a finales del Cretácico (65 millones de años). La gente suele pensar que los dinosaurios fueron perdedores evolutivos porque desaparecieron de repente, pero lo cierto es que dominaron la tierra durante unos ciento setenta y cinco millones de años. En cambio, nuestra especie existe desde hace menos de un millón de años.

Después de cada gran extinción, las especies que quedaban tardaron millones de años en ramificarse, aumentar en número y complejidad y recuperar el nivel de biodiversidad que existía antes de cada crisis. En palabras de Edward O. Wilson:

> *Los cinco grandes espasmos anteriores de los últimos 550 millones de años... requirieron cada uno unos diez millones de años de evolución natural para recuperar el equilibrio. Lo que la humanidad está haciendo ahora en una sola vida empobrecerá a nuestros descendientes para siempre.*

Tenemos la suerte de haber evolucionado cuando la diversidad biológica había alcanzado el mayor nivel jamás logrado. Las siguientes generaciones humanas no serán tan afortunadas; la actual crisis de extinción no tiene precedentes: nunca antes una sola especie había sido responsable de una pérdida tan masiva de diversidad. En esencia, el ser humano es el catalizador de la sexta gran extinción de la Tierra.

> *Cuando los primeros colonos europeos llegaron a lo que hoy es Estados Unidos, el continente estaba cubierto por unos tres mil doscientos millones de kilómetros cuadrados de bosque. En solo 500 años, se han talado todos menos 220 000 km$^2$.*
>
> —EDWARD GOLDSMITH *et al.*, *Imperiled Planet*

Al comparar la tasa estimada de pérdida de especies en la actualidad con los cambios observados en el registro fósil, Wilson llegó a la conclusión de que la tasa de extinción actual es «entre 1000 y 10 000 veces superior a la que existió en la prehistoria». Teniendo en cuenta el ritmo actual de destrucción de las selvas tropicales (alrededor del 1,8 % anual), cada año desaparece o se extingue aproximadamente el 0,5 % de todas las especies. Más de la mitad de las especies viven en selvas tropicales, y si calculamos de forma conservadora que hay 10 millones de especies, la tasa de extinción es de más de 50 000 especies al año, es decir, 137 al día y nada menos que seis a la hora. Se trata de una estimación extremadamente conservadora, ya que no incluye las especies que se pierden por la contaminación, las perturbaciones forestales no relacionadas con la tala y la introducción de especies exóticas. Según una investigación publicada en 2019 por la Plataforma Intergubernamental Científico-Normativa sobre Diversidad Biológica y Servicios de los Ecosistemas de la ONU, «un millón de especies ya se enfrentan a la extinción, muchas en tan solo unos decenios, a menos que se tomen medidas para reducir la intensidad de los factores que ocasionan la pérdida de biodiversidad». Sin estas medidas, se acelerará el ritmo de extinción de especies en el mundo».

Existe un amplio consenso sobre el hecho de que los cambios en la biodiversidad debidos a la acción humana se han producido más rápidamente en los últimos sesenta y cinco años que en cualquier otro momento de la historia de la humanidad. Según el *Informe planeta vivo 2020* del WWF, más de un millón de especies se enfrentan a la extinción, y el tamaño de las poblaciones controladas de mamíferos, aves, anfibios, reptiles y peces disminuyó un 68 % entre 1970 y 2016. Según un informe de la ONU de 2019, más del 40 % de las especies de anfibios, casi el 33 % de los corales formadores de arrecifes y más de un tercio de todos los mamíferos marinos están en peligro de extinción. De acuerdo con un exhaustivo estudio realizado en Estados Unidos en 2021, muchas especies de insectos de todo el mundo están disminuyendo a causa de los pesticidas, la contaminación lumínica, la destrucción de su hábitat, la alteración del clima y otros factores. En el Atlántico norte, la biomasa de los peces de mayor tamaño situados en la cima de las cadenas alimentarias marinas (por ejemplo, el bacalao) disminuyó en dos tercios solo durante la segunda mitad del siglo XX y en un factor de nueve durante todo el siglo. En 2003, un artículo publicado en la revista *Nature* revelaba la urgencia: solo quedan en nuestros océanos el *10 %* de todos los peces grandes, incluidas especies de altura como el atún y el marlín, y peces de fondo como el bacalao y el fletán. Lo más alarmante es nuestra falta de moderación cuando se descubren nuevas comunidades de peces. El mismo estudio, que tardó diez años en compilarse, también demostró que la pesca industrial solo tardó entre diez y quince años en reducir las comunidades de peces a una décima parte de su tamaño original. No es de extrañar que el difunto premio Nobel Paul Crutzen bautizara nuestra época como el Antropoceno, en honor a los seres humanos y su considerable huella en los ecosistemas y el clima de la Tierra. El aspecto más aterrador de la actual crisis de extinción es nuestra ignorancia y falta de preocupación por lo que estamos perdiendo. Según John A. Livingston:

> *Hemos visto al bisonte, al cisne trompetero y al borrego cimarrón caer ante los tiradores; hemos visto al perrito de las*

*praderas, al hurón patinegro y a la grulla trompetera ceder ante los desbrozadores; hemos visto a las gigantescas ballenas barbadas reducidas al punto de desaparecer por la codicia comercial internacional. Lo más significativo de todo, quizá, ha sido la invariable suposición tradicional de que, aunque la pérdida de estos animales puede haber sido lamentable, era inevitable e ineludible en el contexto del avance del progreso humano...*

*Lo importante es que, aunque solo sea por su propia supervivencia, el hombre debe adoptar pronto una ética hacia el medio ambiente. «El medio ambiente» engloba todos los elementos no humanos del único hogar que tenemos en la Tierra.*

## Preservar la red de la vida

Aunque la extinción es tan necesaria para el proceso evolutivo como la formación de especies, se ha acelerado a un ritmo sin precedentes como consecuencia de la depredación humana. Hay muchas razones para alarmarse por la pérdida de especies, todas ellas completamente egoístas. Quizá la más superficial sea el pesar por la pérdida de especies cuya posible utilidad para la humanidad aún está por descubrir. Otra es que especies como el cárabo californiano o el mérgulo jaspeado sirven de «especies indicadoras» del estado del planeta, igual que los canarios lo hacían del estado del aire en las minas de carbón. En otras palabras, la desaparición de estas especies nos indicará que el planeta en su conjunto puede haberse vuelto menos habitable de un modo que puede ser pertinente para la humanidad.

*Los nuevos virus surgen de zonas de la Tierra ecológicamente dañadas. Muchos de ellos proceden de los bordes destrozados de la selva tropical o de la sabana tropical que está siendo colonizada rápidamente por el hombre. Las selvas tropicales son los depósitos profundos de la vida en el planeta... [incluidos] los virus, ya que todos los seres vivos son portadores de virus. En cierto sentido, la Tierra está montando una respuesta inmunitaria contra la... infección que suponen las inundaciones de personas, los puntos muertos de hormigón en todo el planeta.*

—RICHARD PRESTON, *The Hot Zone*

Como biólogo, me parece mucho más convincente considerar que la composición actual de la vida en la Tierra es la última etapa de la evolución, la razón de que el planeta sea tan productivo como es. Aunque entendamos poco cuáles son los componentes de esta compleja red de vida, sabemos con absoluta certeza que es la red en su conjunto la que ha hecho posible la existencia de los seres humanos. Desgarrar la red de forma tan masiva con tan poca consideración por nuestro propio futuro es una especie de locura colectiva suicida.

La pandemia de COVID-19 ilustra las consecuencias de desgarrar esa red. La mayoría de los «nuevos patógenos» contra los que no hemos desarrollado inmunidad son zoonóticos, como el virus del Ébola, el virus de Zika, el virus del Nilo Occidental, el virus del SARS y el VIH, entre otros. Es decir, saltan de otros animales a los humanos. En 2021, una coalición de organizaciones sanitarias y conservacionistas señaló que existen pruebas que demuestran que los brotes de enfermedades como la COVID-19 están causados en gran medida por «las crecientes tasas de deforestación y el cambio de uso del suelo debido al crecimiento demográfico y la urbanización, junto con la creciente globalización y el exceso de producción impulsado por el consumismo».

Nuestras principales crisis —las pandemias, el cambio climático y la pérdida de biodiversidad— tienen su origen en la falta de reconocimiento de nuestro lugar en la naturaleza.

En 1990, el Worldwatch Institute designó los siguientes diez años como la Década del Cambio, el período durante el cual era esencial cambiar la trayectoria de la actividad humana hacia un nivel sostenible. Pasó la década de 1990 y ahora, bien entrado el nuevo milenio, el planeta muestra signos de estrés cada vez más preocupantes. Muchos de nosotros estamos alarmados y hemos tratado de encontrar la mejor estrategia para actuar. El fallecido ecologista estadounidense David Brower abogó por un programa de CPR para el planeta. CPR significa para Bower «Conservación, Protección y Restauración» y las utilizó deliberadamente para recordar la reanimación cardiopulmonar, que fue la fuente original del acrónimo.[10] Brower me dijo una vez que creía que la restauración debía ser nuestra prioridad en los próximos años, y estoy de acuerdo.

¿Pero cómo? La ciencia proporciona una visión minúscula y fragmentada del mundo natural. No sabemos casi nada de la composición biológica de las formas de vida de la Tierra, y mucho menos de cómo están interconectadas y son interde-

[10] N. del T.: En inglés, CPR significa también *cardiopulmonary resuscitation.*

pendientes. Tampoco comprendemos las características físicas y la complejidad de la atmósfera, las masas terrestres y los océanos. Es un engaño peligroso si pensamos que sabemos lo suficiente para «gestionar» los bosques, el clima, el agua o los animales salvajes oceánicos o terrestres.

> *Puesto que después de la extinción nadie estará presente para asumir la responsabilidad, tenemos que asumir toda la responsabilidad ahora.*
>
> —JONATHAN SCHELL, *The Abolition*

La extinción, por supuesto, es irreversible. Ni siquiera las medidas heroicas para conservar una especie en peligro de extinción tienen muchas probabilidades de éxito sin cambios profundos en el comportamiento humano y una auténtica protección del hábitat de la especie.

La fina capa de complejidad biológica de la biosfera garantiza la productividad y la limpieza del suelo, el aire y el agua. Solo el tiempo y la naturaleza salvaguardan estos elementos que sustentan la vida y los mantienen intactos. Sorprendentemente, si retrocedemos y disminuimos o detenemos nuestra agresión a un entorno determinado, la naturaleza puede recuperarse por sí sola. Hemos visto cómo la vida volvía al lago Erie, antes declarado «muerto» por la eutrofización, cómo revivía la vegetación en los alrededores de Sudbury tras la instalación de sofisticados depuradores para reducir las emisiones ácidas de las chimeneas de las fundiciones, y cómo reaparecían los peces en el río Támesis en Inglaterra tras la imposición de leyes contra la contaminación.

*Quienes contemplan la belleza de la Tierra encuentran reservas de fuerza que perdurarán mientras dure la vida. Hay belleza simbólica además de real en la migración de las aves, el flujo y reflujo de las mareas, el brote plegado sobre sí mismo listo para la primavera. Hay algo infinitamente curativo en los repetidos estribillos de la naturaleza: la certeza de que el amanecer llega después de la noche y la primavera después del invierno.*

—RACHEL CARSON, *Silent Spring*

Aunque no podemos recrear lo que ya no existe, hay cosas que podemos hacer para estimular el proceso natural de regeneración. En primer lugar, debemos refrenar nuestros métodos destructivos y, después, crear unas condiciones que favorezcan el retorno y el rebrote de la vida. Podemos liberar terrenos y arroyos de basura, hormigón o asfalto, cultivar vegetación específica e incluso reintroducir especies vegetales o animales que antes estaban presentes. Pero, sobre todo, debemos dar tiempo a los poderes restauradores de la Tierra para que actúen. Hay proyectos que podrían ser modelos de inspiración para empezar a sanar el planeta. De Japón a Canadá se trabaja para «sacar a luz del día» arroyos y ríos, es decir, para desenterrar sistemas hídricos que han quedado enterrados bajo el desarrollo urbano. Una vez que el agua se abre al aire, liberada de los ataúdes de hormigón, se deja fluir por el suelo y se rodea de vida vegetal, puede volver a albergar vida y purificarse a sí misma y a su entorno. Los australianos también han emprendido un análisis económico y ecológico que indica que sería práctico derribar una presa a cuya construcción hubo una oposición enconada y que inundó el río Pedder en Tasmania hace 45 años. En Estados Unidos, se han reintroducido los lobos en el parque nacional de Yellowstone y se están devolviendo manadas de bisontes en libertad a algunas zonas de Montana y Wyoming.

Tanto a pequeña como a gran escala, hay indicios de que estamos dejando de destruir los sistemas naturales. La flora autóctona está sustituyendo al césped y a las plantas de parterre exóticas, dependientes de productos químicos y que exigen mucho mantenimiento, en terrenos públicos y privados de ciudades y pueblos de todo Canadá, proporcionando un hábitat a insectos, aves y pequeños mamíferos. La agricultura ecológica empieza a convertirse en una alternativa económica, a medida que crece la demanda de productos sin pesticidas, lo que permite a los organismos del suelo crecer y multiplicarse al servicio de la productividad. Además, los particulares están empezando a implicarse en pequeños proyectos locales de conservación, como las rutas migratorias de las mariposas, que permiten a muchas formas de vida coexistir con los seres humanos.

> *En el pasado, era posible destruir un pueblo, una ciudad, una región, incluso un país. Ahora es todo el planeta el que está amenazado. Esto debería obligar a todos a afrontar una consideración moral básica: a partir de ahora, la humanidad solo sobrevivirá mediante una elección consciente y una política deliberada.*
>
> —PAPA JUAN PABLO II,
> «La crisis ecológica: una responsabilidad común»

La humanidad ha demostrado ser capaz de actos heroicos de valor y sacrificio en tiempos de crisis. Cuando los japoneses atacaron Pearl Harbor el 7 de diciembre de 1941, los norteamericanos supieron que la vida nunca volvería a ser como antes. No debatieron sobre el coste económico; sabían que tenían que hacer lo que fuera para ganar, y lo hicieron. El holocausto ecológico que se ha desatado en el planeta equivale a «un millón de Pearl Harbors sucediendo a la vez», en palabras de Paul Ehrlich. El reto es hacer que la amenaza de extinción sea tan real como Pearl Harbor.

---

### Un día en la vida

El crecimiento económico se considera necesario para satisfacer las necesidades de todos los miembros de la sociedad. Sin embargo, este crecimiento se produce a costa del resto de la vida en la Tierra, y nos corresponde a nosotros reflexionar sobre lo que mejor satisface nuestras necesidades y nos aporta felicidad. Pude hacerlo en 1989, cuando mis hijas de seis y nueve años, mi mujer y yo fuimos huéspedes del líder kayapó Paiakan en la aldea de Aucre, en lo más profundo de la selva amazónica. Durante diez días llevamos una vida sencilla, durmiendo en hamacas tendidas dentro de una choza de barro. La población más cercana estaba a catorce días de viaje en canoa, y los doscientos habitantes de Aucre no tenían cañerías, agua corriente ni electricidad. El ritmo de vida era pausado. A menudo, nos despertábamos y encontrábamos una habitación llena de niños a escasos centímetros, observándonos. Obviamente, éramos el entretenimiento para ese público que no veía la televisión. El desayuno podía consistir en plátanos o guayabas y las sobras de la noche anterior. Bebíamos agua fresca de un manantial y nos reuníamos con los demás para darnos un largo chapuzón matutino mientras los niños y las mujeres pescaban un delicioso pescado al que llamaban *piaau*.

Todos los días hacíamos expediciones por la selva para recoger frutas y plantas comestibles o viajábamos en piragua en busca de peces, huevos de tortuga o carpinchos. En la aldea, asistimos a un espectacular festival de tres días para celebrar a las mujeres y su fertilidad, observamos un emotivo funeral por un anciano fallecido de tuberculosis y vimos a los hombres tejer correas para llevar a los bebés o tocados de plumas. Hubo tiempo para reflexionar, jugar, observar y aprender. Mis hijas lloraron cuando terminó nuestra visita de diez días y tuvimos que marcharnos.

¡Qué contraste con nuestra vida cotidiana en el rico e industrializado Canadá! Nuestro tiempo lo marcan las obligaciones y los compromisos: el reloj y los horarios diarios dictan cada actividad. Los días están fragmentados en breves intervalos que impiden cualquier tiempo de observación o reflexión. De niño me encantaba leer artículos sobre el mundo del futuro, cuando los robots y las máquinas atenderían todas nuestras necesidades y nos dejarían tiempo para leer, jugar e interactuar con los demás. Pues bien, ese futuro llegó hace algún tiempo. En mi casa tengo ahora ordenadores, teléfonos inteligentes, un lavavajillas, una lavadora y una secadora. Pero la vida se ha acelerado a medida que nos apresuramos por ella, y hay poco tiempo para observar y pensar. Al recordar nuestra estancia en Aucre, a menudo me pregunto para qué sirven este modo de vida y todas las cosas materiales. ¿Soy más feliz o más libre ahora que cuando nadábamos en el río, pescábamos o cantábamos en Aucre? Antes de que mis hijas se vieran envueltas en las turbulencias del mundo de los adultos y la economía, sabían la respuesta a esta pregunta. Por eso lloraron cuando dejamos Aucre.

---

A partir de su trabajo sobre el estudio de las hormigas del mundo, Edward O. Wilson ofreció esta humilde perspectiva:

> *Si desapareciéramos hoy, el medio terrestre volvería al equilibrio fértil que existía antes de la explosión demográfica*

*humana. Sin embargo, si las hormigas desaparecieran, decenas de miles de otras especies vegetales y animales perecerían también, simplificando y debilitando el ecosistema terrestre en casi todas partes.*

En última instancia, el cambio crucial es de actitud; tenemos que vernos a nosotros mismos en una relación diferente con el resto de la naturaleza.

CÁNTICO DEL HERMANO SOL[11]

*Altísimo, omnipotente, buen Señor*
*tuyas son las alabanzas, la gloria*
*y el honor y toda bendición.*
*A ti solo, Altísimo, corresponden,*
*y ningún hombre es digno de hacer de ti mención.*
*Loado seas, mi Señor, con todas tus criaturas,*
*especialmente el señor hermano sol,*
*el cual es día, y por el cual nos alumbras.*
*Y él es bello y radiante con gran esplendor,*
*de ti, Altísimo, lleva significación.*
*Loado seas, mi Señor, por el hermano viento,*
*y por el aire y el nublado y el sereno*
*y todo tiempo, por el cual a tus criaturas das sustento.*
*Loado seas, mi Señor, por la hermana agua,*
*la cual es muy útil y humilde y preciosa y casta.*

---

[11] N. del T.: Traducción de https://www.franciscanos.org/esfa/cant.html.

*Loado seas, mi Señor, por el hermano fuego,*
*por el cual alumbras la noche,*
*y él es bello y alegre y robusto y fuerte.*
*Loado seas, mi Señor, por nuestra hermana*
*la madre tierra,*
*la cual nos sustenta y gobierna,*
*y produce diversos frutos con coloridas flores y hierba.*
*Load y bendecid a mi Señor,*
*y dadle gracias*
*y servidle con gran humildad. Amén*

—SAN FRANCISCO DE ASÍS

# 7

## La ley del amor

*Ser un ser humano —en el sentido de nacer en la especie humana— debe definirse también en términos de convertirse en un ser humano... un bebé es solo potencialmente un ser humano, y debe crecer hasta convertirse en parte de la humanidad en la sociedad y la cultura, la familia.*

—ABRAHAM H. MASLOW, *Motivation and Personality*

Como seres que surgieron de los elementos de la Tierra y están formados por ellos, nuestra propia existencia depende por completo del aire y la luz solar para encender nuestros hornos metabólicos, del agua para facilitar y dar forma a los procesos de la vida, y del suelo para proporcionar los átomos y moléculas que permiten a las células crecer, reemplazarse a sí mismas y reproducirse. Estos cimientos de toda vida se enriquecen y mantienen gracias al conjunto de las diversas formas de vida. En conjunto, estos factores establecen el verdadero balance final, las necesidades que deben satisfacerse para que podamos vivir. Nuestros cuerpos reflejan la importancia de esas necesidades con afinadas alarmas fisiológicas que nos impulsan a obtener aire, agua, tierra y energía cuando se precisan. Nuestra capacidad para crecer y prosperar está directamente relacionada con la cantidad y calidad de estas necesidades fundamentales.

Pero no solo de pan vive el ser humano. El distinguido psicólogo Abraham Maslow señaló que satisfacer nuestras necesidades fisiológicas básicas es lo más urgente y domina nuestro pensamiento y comportamiento. Sin embargo, cuando el aire, el agua, la comida y el calor son suficientes, se desvanecen de nuestros pensamientos; entonces surge otra constelación de necesidades que es igual de crucial para nuestro bienestar:

> *¿Qué ocurre con los deseos del hombre cuando hay pan en abundancia y cuando su estómago está crónicamente lleno?* En seguida *surgen* otras *necesidades* (y más elevadas)... *y cuando estas a su vez se satisfacen, de nuevo surgen nuevas necesidades (y aún más elevadas)... las necesidades humanas básicas se organizan en una jerarquía de prepotencia relativa.*

A pesar de que muchos de los que compartimos este planeta no tenemos pan en el estómago, cuando estas necesidades de «orden superior» están satisfechas, somos capaces de alcanzar todo nuestro potencial; tanto nuestra salud física como psíquica y nuestro bienestar dependen de este conjunto de necesidades básicas.

> *... como animales [una persona] debe respirar, comer, excretar, dormir, mantener una salud adecuada y procrear. Estas necesidades básicas constituyen las condiciones biológicas mínimas que debe satisfacer cualquier grupo humano para que sus miembros sobrevivan. Estas necesidades fisiológicas o biogénicas y sus interrelaciones funcionales constituyen la naturaleza innata del hombre.*
>
> —ASHLEY MONTAGU, *The Direction of Human Development*

Somos seres sociales, animales de rebaño que dependemos unos de otros en todas las etapas de nuestra vida. Como muchos otros animales, cuando nacemos somos incapaces de cuidar de nosotros mismos; necesitamos un largo período de cuidados de nuestros progenitores para poder crecer y aprender a salvo. A medida que cada uno de nosotros se desarrolla, necesita compañeros para definir y ampliar su sentido del yo, y una comunidad en la que encontrar oportunidades de pareja, de actividades gratificantes y de convivencia. Estas necesidades son absolutas, inalienables, y cuando no se satisfacen sufrimos, incluso perecemos. Como el caribú que se aleja demasiado de la manada, no podemos prosperar aislados de los nuestros. Desde el principio de la vida, cada uno de nosotros está modelado para y por las relaciones estrechas con otros seres humanos.

## La primera directriz

En toda sociedad humana, una necesidad abrumadora rige el desarrollo de cada individuo. Según Ashley Montagu, para un desarrollo saludable adecuado,

> *el bebé humano requiere, por encima de todo, una gran cantidad de tiernos cuidados. La salud es, como mínimo, la capacidad de amar, trabajar, jugar y pensar con sensatez... La necesidad de amor del bebé es fundamental, y su satisfacción, necesaria para que crezca y se desarrolle como un ser humano sano.*

Numerosos estudios indican que el amor es una parte esencial de la educación de un niño desde su nacimiento; ayuda al individuo a progresar, al tiempo que le enseña las cualidades necesarias para pertenecer a una comunidad más amplia. Ser amados nos enseña a amar, a imaginar y querer la existencia de otra persona, a compartir y colaborar. Sin estas habilidades, ¿cuánto tiempo podría sobrevivir junto un grupo de humanos? En su forma más pura, el vínculo entre padres e hijos ilustra la extraordinaria propiedad de reciprocidad del amor. La alegría del amor incondicional de los padres es correspondida plenamente por el objeto de ese amor.

Es posible que esta atracción mutua esté integrada en la estructura misma de toda la materia del universo. En realidad, el amor puede hacer girar el mundo, o al menos mantenerlo unido.

A medida que la energía de la caldera natal del Big Bang, hace 15 000 millones de años, llenaba el universo en constante expansión, las partículas recién formadas que acabarían fusionándose en átomos sentían una atracción mutua incluso cuando se alejaban unas de otras. Un cuerpo con masa tira de cualquier otro cuerpo con masa. Cuando aparecieron los protones y los electrones, esta atracción basada en la masa se amplificó enormemente por la atracción de cargas eléctricas opuestas. En todo el universo, aunque sea imperceptiblemente, toda la materia se siente atraída.

Las galaxias aparecieron de repente mil millones de años después del Big Bang. Mucho después de que nuestra galaxia, la Vía Láctea, y nuestro sol hubieran evolucionado, el hidrógeno se había transformado en materia viva, en forma de células, en la Tierra. Una membrana marca la separación de una célula de su entorno, formando una barrera que permite que los materiales se concentren dentro de la célula y que tenga lugar el metabolismo.

Aunque una membrana separa la vida de su entorno, las membranas tienen tanta afinidad entre sí que, cuando dos células se acercan, se fusionan y el contenido citoplasmático de ambas se combina en una sola. Los virus, las bacterias y los protozoos, como las amebas y los paramecios, se fusionan en el acto de la recombinación genética. Toda la flora y la fauna con ciclos sexuales se unen en ese maravilloso acto de la reproducción biológica.

> *En los árboles y las plantas se pueden rastrear los vestigios de la amistad y el amor... La vid abraza al olmo, y otras plantas se aferran a la vid. De modo que las cosas que no tienen poderes sensoriales para percibir nada más, parecen sentir con fuerza las ventajas de la unión.*
>
> *Las plantas, aunque no tienen poderes de percepción, como sí tienen vida, indudablemente se acercan mucho a lo que está dotado de facultades sensibles. ¿Qué es entonces tan completamente insensible como la sustancia pétrea? Sin embargo, incluso en este caso, parece existir el deseo de unión. Así como el imán atrae hacia sí al hierro y lo retiene en su abrazo, la atracción de la cohesión, como ley de amor, tiene lugar en toda la naturaleza inanimada.*
>
> —ERASMO DE ROTTERDAM, citado en
> P. Crean y P. Kome, eds., *Peace, a Dream Unfolding*

Cuando observamos el esmero con que una avispa del lodo prepara un recinto de barro, introduce una víctima paralizada como alimento y deposita un huevo, ¿podemos ser tan antropocéntricos como para negarle a esto el nombre de amor? ¿Cómo, si no, podríamos interpretar el acto protector del caballito de mar macho de aceptar las crías en su bolsa, la incubación de meses de un huevo de pingüino emperador a los pies de su vigilante progenitor o el épico viaje del salmón del Pacífico que regresa a su corriente natal para aparearse y morir en la creación de la siguiente generación? Si se trata de acciones innatas dictadas por instrucciones codificadas genéticamente, razón de más para concluir que el amor, en sus múltiples manifestaciones, está moldeado en el propio plan de la vida.

H.F. Harlow y M.K. Harlow llevaron a cabo experimentos clásicos con crías de mono que habían sido separadas de sus madres poco después de nacer, unos experimentos que hoy estarían mal vistos. Cuando se les dio a elegir entre una figura de alambre en la que se les ofrecía comida y una figura blanda, cubierta con un tejido de rizo, que no tenía comida, los bebés prefirieron la figura de tejido, a la que podían aferrarse, aunque la figura de alambre era su fuente de alimento. Aunque estaban bien alimentados y cuidados físicamente, los monos mostraron un comportamiento anómalo cuando crecieron, incluida una falta total de interés por la crianza. Por lo tanto, los experimentos con primates revelan tanto la poderosa necesidad de amor —se daba preferencia al más mínimo indicio de un progenitor cariñoso antes que a la comida— como las trágicas y persistentes consecuencias de su privación. En un universo diseñado según los principios de atracción mutua, cooperación y coherencia —la «ley del amor» de Erasmo—, los humanos, que estamos aún más socializados que los monos, tenemos una necesidad esencial de amar y ser amados. Como observa Ashley Montagu:

*... la base biológica del amor reside en la necesidad permanente del organismo de sentirse seguro. La base de toda vida social tiene sus raíces en esta integración de todas las necesidades básicas que se expresa como la necesidad de seguridad, y la única manera en que esta necesidad puede ser satisfecha es por el amor... La necesidad emocional de amor es tan definida y apremiante como la necesidad de alimento... para que [el hombre] pueda desarrollarse satisfactoriamente en el plano social, la más fundamental de las necesidades sociales básicas debe ser satisfecha de una manera emocionalmente adecuada para conseguir la seguridad personal y el equilibrio.*

El amor nos moldea incluso antes de nacer. El feto, seguro en el equilibrio del útero, está en exquisita sintonía con el estado fisiológico, físico y psicológico de su madre. A su vez, su crecimiento y desarrollo dentro del útero afecta a la secuencia de cambios controlados por hormonas en el cuerpo de la madre durante la gestación. Madre e hijo están entrelazados en una colaboración. Según Montagu:

*... el feto es capaz de responder tanto al sonido como a la presión, y el latido de su propio corazón a unos ciento cuarenta latidos por minuto, junto con el latido del corazón de su madre a una frecuencia de 70, le proporciona un mundo sonoro sincopado. Bañado por el líquido amniótico al compás sinfónico de dos corazones, el feto ya está en sintonía con los ritmos más profundos de la existencia. La danza de la vida ya ha comenzado.*

Desde sus inicios hasta sus últimos pasos vacilantes, esa danza sigue siendo profundamente interactiva. Tras el nacimiento, la lactancia materna mantiene la íntima conexión entre la madre y el bebé. Ante el llanto del bebé, incluso a distancia, los pechos de la madre «bajan» su leche. Además, al igual que el amor que fomenta y expresa, los beneficios de la lactancia son recíprocos. El acto de succionar no solo proporciona alimento y estimula las regiones bucales del bebé, sino que también activa los sistemas alimentario, endocrino, nervioso, genitourinario y respiratorio del lactante. Al mismo tiempo, el tacto del bebé induce contracciones maternas del útero, ayudándole a recuperar su tamaño y forma normales y reduciendo los entuertos y la hemorragia en el revestimiento uterino. Sin duda, el contacto con la piel y la lactancia inducen conjuntamente la liberación de endorfinas para crear un estado de bienestar y felicidad tanto en la madre como en el niño. Alfred Adler creía que este estado era responsable de la continuación de la especie:

> *El primer acto de un recién nacido —beber del pecho de su madre— es cooperación, y es tan placentero para la madre como para el niño... Probablemente debamos al sentido del contacto materno la mayor parte del sentimiento social humano, y junto con él la continuidad esencial de la civilización humana.*

El amor es el don definitorio que confiere salud y humanidad a cada nuevo ser humano; es el don que se transmite incesantemente, entregado una y otra vez por cada generación a la siguiente. En palabras de Ashley Montagu:

*Al ser amado se libera en el bebé el poder de amar a los demás. Esa es una lección de vital importancia que, como seres humanos, debemos comprender y aprender: que cultivar el crecimiento y desarrollo del amor en el niño debe ser su derecho natural de nacimiento.*

## Pociones de amor

Cuando conocemos a un nuevo amor, a menudo hablamos de que existe una «química» que nos une. En las investigaciones se está demostrando ahora que esto es algo más que una expresión, es una verdad científica: nuestro cuerpo tiene su propia historia de amor, a pesar de lo que pensemos que siente nuestro corazón o necesita nuestro intelecto. El amor estimula de forma natural innumerables vías bioquímicas en nuestro cuerpo, liberando sustancias químicas que nos proporcionan la sensación de amor en todas sus manifestaciones, desde la euforia de estar «locamente enamorados» hasta la satisfacción y la cómoda familiaridad de las relaciones duraderas.

Los científicos creen ahora que hay tres fases en el amor, cada una definida por un cóctel diferente de sustancias químicas cerebrales que influyen en nuestras emociones y acciones. La primera fase se describe mejor como lujuria. En esta fase, las hormonas sexuales testosterona y estrógenos hablan por sí solas, acompañadas de las hormonas «de la felicidad», las endorfinas. Este poderoso impulso sexual es la forma que tiene la evolución de motivar a los individuos para que mantengan una población, pero el sexo apasionado con múltiples parejas no contribuye necesariamente a una buena sociedad. Más bien, lo ideal es que existan relaciones entre individuos que se mantengan el tiempo suficiente para completar las obligaciones parentales, al menos durante un tiempo. Entramos así en la segunda fase del amor: el terreno del amor romántico.

En la segunda fase del amor, se produce una atracción intensa, a veces llamada amor obsesivo, entre las personas. No podemos dormir ni comer, se instalan mariposas en nuestro estómago, nos sudan las palmas de las manos y a veces parece que nos deslizamos por nuestros días en una bruma de distracción perdidamente enamorados. Aquí empezamos a pulir los sentimientos de lujuria. Entramos en un terreno emocional en el que nuestro cuerpo libera una nueva mezcla de sustancias químicas para crear la embriagadora felicidad del amor.

La antropóloga Helen Fisher y sus compañeros realizaron escáneres cerebrales a personas que decían estar «locamente enamoradas». Cuando les mostraban imágenes del objeto de su pasión, las partes del cerebro asociadas al placer —las ricas en receptores del neurotransmisor dopamina— se iluminaban.

> *En las proporciones adecuadas, la dopamina genera energía intensa, euforia, atención concentrada y motivación para obtener recompensas. Por eso, cuando nos acabamos de enamorar podemos permanecer despiertos toda la noche, ver salir el sol o participar en una carrera, deslizarnos a toda velocidad con los esquís por una pendiente que habitualmente consideraríamos demasiado empinada para nuestras habilidades. El amor nos vuelve audaces, nos hace brillantes, nos hace correr riesgos reales...*
>
> —DR. HELEN FISHER, citado en «Love: The Chemical Reaction»

El amor romántico nos hace estar eufóricos porque las sustancias químicas del cerebro activan una retroalimentación de motivación y recompensa. Cuando los niveles de dopamina son altos, nos centramos en los estímulos que nos hacen sentir bien. Estamos muy motivados para obtener nuestra «recompensa»: en este caso, los sentimientos exultantes que tenemos cuando estamos con nuestro amor. Durante la fase del amor romántico, la dopamina proporciona un placer extremo, mientras que la noradrenalina y la serotonina se encargan de la excitación (de ahí, el corazón palpitante y las palmas sudorosas). Este triunvirato hormonal está controlado por la feniletilamina, o PEA, que facilita nuestro enamoramiento. En su estructura química, la PEA es similar a las anfetaminas; es un excitante natural que alimenta este intenso período de amor. Ansiamos estas sustancias químicas y las sensaciones que nos producen; nos sentimos «eufóricos» cuando estamos enamorados. Pero, como ocurre con la mayoría de las drogas, nuestro cuerpo puede crear una tolerancia y cada vez queremos más. Aquí está el problema. Todos seríamos yonquis del amor —siempre en busca del escurridizo subidón (léase: manteniendo una serie de relaciones cortas para alimentar nuestro insaciable deseo)— si no fuera porque las relaciones duraderas acaban transformándose en una tercera fase del amor en la que se produce otro cambio en la química cerebral. (Algunas relaciones, por supuesto, nunca llegan a la tercera fase, que se produce entre los dos y los cuatro años de relación. En este punto, el amor intenso y apasionado puede decaer en cierto modo a medida que se disipa la bruma del enamoramiento y empezamos a ver a nuestra pareja bajo una nueva luz, más racional).

Y cuando se acaba la luna de miel, ¿qué pasa? En la tercera fase del amor, la dopamina ya no es la protagonista. En su lugar, la oxitocina, la «sustancia química de los abrazos», toma el timón. La oxitocina es una hormona asociada al apego y la creación de lazos afectivos. Potencia nuestra conexión con los demás y nos hace sentir tranquilos, cómodos y seguros. Ambos miembros de la pareja liberan oxitocina durante las relaciones sexuales, lo que intensifica su apego. La oxitocina también vincula a padres e hijos. Se libera cuando una madre amamanta a su bebé y también cuando abrazamos a quienes más queremos. La oxitocina es la hormona «pegamento» de la naturaleza que sella nuestros vínculos emocionales y contribuye a que permanezcamos unidos.

En un estudio en topillos de la pradera se demuestra el poderoso papel de la oxitocina y otra hormona, la vasopresina, en los vínculos sociales. Los topillos de la pradera forman parte del 3 % de las especies que son mamíferos monógamos. (En general, los humanos *no* se consideran parte de este exclusivo club). Antes del apareamiento, los topillos interactúan libremente con machos y hembras. Finalmente, el topillo elige pareja y, durante un intenso período de apareamiento, liberan oxitocina y vasopresina. A partir de ese momento y para siempre, el macho es indiferente a todas las demás hembras y protege agresivamente a su compañera. La pareja se acicala mutuamente durante horas y horas. Cuando nacen las crías, ambos progenitores se muestran cariñosos y atentos. Es el subidón de hormonas lo que selló su asociación para toda la vida. En otros estudios en los que se bloquearon la vasopresina y la oxitocina, las interacciones de los topillos se volvieron fugaces y no se produjo ningún apego a largo plazo.

## La familia y más allá

La unidad fundamental que fomenta y refuerza el amor de los padres es la familia. Se trata de una agrupación humana extraordinariamente diversa, que va desde la familia nuclear de los últimos años en Occidente hasta las grandes familias extensas frecuentes en muchas partes de África, pasando por los kibutz colectivos de Israel. La poligamia, la poliandria, la autoridad del hermano de la esposa, el poder de la suegra... sea cual sea la forma que adopte la familia, una manera de medir su éxito es la felicidad de sus miembros. Los sociólogos saben desde hace mucho tiempo que no existe correlación entre felicidad y clase social, consumo per cápita o renta personal. En cambio, la felicidad depende, al parecer, de las relaciones humanas íntimas. Una conclusión constante es que hay un porcentaje mucho mayor de personas felices entre las parejas casadas que entre las que nunca lo han estado, mientras que los divorciados son menos felices que cualquiera de los otros dos grupos. Parece que nuestra «necesidad constante de sentirnos seguros», que se satisface con el amor, es tan crucial para la felicidad de los adultos como la de los bebés. El amor es atracción, conexión, coherencia; es un lugar al que pertenecer, una serie de círculos que se cruzan y que se extienden desde cada individuo para incluir a todos los demás en grados variables de cercanía.

*Ningún hombre es una isla entera por sí mismo. Cada hombre es una pieza del continente, una parte del todo. Si el mar se lleva una porción de tierra, toda Europa queda disminuida, como si fuera un promontorio, o la casa de uno de tus amigos, o la tuya propia. Ninguna persona es una isla; la muerte de cualquiera me afecta, porque me encuentro unido a toda la humanidad; por eso, nunca preguntes por quién doblan las campanas; doblan por ti.*

—JOHN DONNE, *Meditaciones en tiempos de crisis*[12]

Cada uno de nosotros es una expresión tanto de nuestra composición genética interna como de las experiencias externas que crean la historia de nuestra vida. Cada uno de nosotros forma parte de un grupo, además de ser un individuo único: podríamos decir que interactuamos con la naturaleza y la educación, y a menudo es difícil separar ambas cosas. Por ejemplo, yo nací y crecí en Canadá, pero mis rasgos físicos reflejan mi genética japonesa pura. Durante la Segunda Guerra Mundial, mi parecido físico con el enemigo japonés hizo difícil que la gente recordara que los japoneses canadienses no habían heredado la lealtad al país de sus orígenes genéticos. La consiguiente convulsión en mi vida —evacuación de Vancouver, encarcelamiento en campos remotos de las Montañas Rocosas y posterior expulsión de la Columbia Británica— moldeó mi personalidad y mi comportamiento, lo que ilustra la interacción de la herencia y el entorno. Cada uno de nosotros tiene experiencias únicas que reflejan nuestras diferencias de género, religión, etnia o entorno socioeco-

[12] N. del T.: traducción de W. Shand y A. Girri https://www.literaturaeuropea.es/antologias/a100-poemas/isla/.

nómico, y la suma de esas experiencias nos moldea en el tipo de adulto en que nos convertimos. El desafío es crear el tipo de sociedad en la que nuestro potencial pueda alcanzar su plenitud. En opinión de Montagu, ese tipo de sociedad depende de criar niños sanos:

> *El niño es el precursor de la humanidad, precursor en el sentido de que el niño es el poseedor de todos aquellos rasgos que, cuando se desarrollan de forma saludable, dan lugar a un ser humano sano y pleno, y, por lo tanto, a una humanidad sana y plena.*

Para Montagu, un ser humano sano requiere mucho más que la satisfacción de las necesidades fisiológicas en la infancia. Enumera las siguientes necesidades psíquicas de un niño pequeño en crecimiento que deben satisfacerse para garantizar el pleno desarrollo del potencial del niño:

1. La necesidad de amor
2. Amistad
3. Sensibilidad
4. La necesidad de pensar con sensatez
5. La necesidad de saber
6. La necesidad de aprender
7. La necesidad de trabajar
8. La necesidad de organizar
9. Curiosidad
10. El poder de maravillarse
11. Carácter juguetón

12. Imaginación
13. Creatividad
14. Apertura mental
15. Flexibilidad
16. Proclive a la experimentación
17. Carácter explorador
18. Resiliencia
19. El sentido del humor
20. Alegría
21. Risas y lágrimas
22. Optimismo
23. Honradez y confianza
24. Inteligencia compasiva
25. Danza
26. Canto

La medida en que las familias y sus comunidades pueden satisfacer esas necesidades es la medida de su riqueza y vigor colectivos como sociedad. Más allá del vínculo esencial entre padres e hijos, los seres humanos necesitan relacionarse con otros de su especie. Somos animales profundamente sociales, no individuos atomizados que se desplazan libremente y por separado de todo lo demás. Derivamos nuestra historia, identidad, propósito y formas de pensar de la agrupación social en la que nacemos y crecemos y de la que dependemos.

*¡Hombre! La más compleja de las criaturas y, por eso la más dependiente de las criaturas. Dependes de todo lo que te constituyó. No te reveles contra esa aparente esclavitud... Deudor*

*de mucho, solo puedes obtener tus atributos pagando con otras tantas dependencias. Comprende que la independencia es una forma de la pobreza. Que son muchas las cosas que te reclaman; que muchas reclaman ser tuyas.*

—ANDRÉ GIDE, *Diarios de André Gide*[13]

## El poder del tacto

Con el primer beso de los labios de una madre, el primer susurro suave de un padre, el mimo tentativo de un hermano, el amor se abre camino en nuestro núcleo central. En el diminuto cerebro de un recién nacido, la química está en ebullición, forjando nuevas vías neuronales a medida que sus sentidos del oído, el olfato y el tacto transmiten un torrente de información de su nuevo mundo.

El cerebro crece a un ritmo asombroso cuando somos jóvenes. Sabemos, por ejemplo, que los niños pequeños pueden aprender idiomas con mucha más facilidad que los adultos. El cerebro racional aprende y absorbe, pero también lo hace el cerebro emocional. Los bebés en desarrollo necesitan establecer vínculos con los demás, sentir seguridad, compasión y amor. El papel del tacto es primordial en el desarrollo humano. Sin ella, carecemos del alimento emocional que necesitamos para crecer sanos y, tal vez, incluso para sobrevivir.

El órgano más grande de nuestro cuerpo, la piel, está preparado para el tacto. La piel está plagada de nervios, receptores táctiles con los que sentimos frío y calor, dolor y placer,

[13] N. del T.: Traducción de Ignacio Vidal-Folch https://books.google.es/books?id=CIsTEAAAQBAJ&pg=PT175&lpg=PT175&dq=%22la+m%C3%A1s+compleja+de+las+criaturas%22+andr%C3%A9.

cosquilleo y hormigueo. Sabemos por estudios sobre los primates y otros animales que el tacto es fundamental para un desarrollo emocional, psicológico y físico correcto. En un estudio con monos, se separó a las madres de sus hijos por una mampara de cristal. En un grupo, la madre y el hijo aún podían verse, olerse y oírse, pero no podían tocarse. Las condiciones eran las mismas para un segundo grupo, salvo que madre e hijo podían tocarse a través de unos agujeros practicados en la mampara. Los bebés que no podían tocar a sus madres lloraban y vagaban de un lado a otro, mientras que los que sí podían hacerlo no mostraban problemas graves de comportamiento. Cuando se reunieron, los bebés que habían sido privados del tacto se aferraron obsesivamente a sus madres y no consiguieron desarrollar el nivel de independencia y confianza que mostraron los otros monos.

El tacto de los padres no solo puede reconfortar y complacer a sus hijos, sino que en nuevos estudios se ha demostrado que el tacto modifica realmente el desarrollo del cerebro. Al igual que los padres humanos, las ratas progenitoras tienen diferentes estilos de crianza, siendo unas más atentas que otras. Michael Meaney, de la Universidad McGill, demostró que las diferencias en los cuidados maternos pueden provocar cambios físicos en el cerebro y determinar cómo afrontan las ratas las situaciones de estrés.

Meaney descubrió que las crías de las ratas que pasaban más tiempo lamiéndolas y acicalándolas estaban mejor dotadas para afrontar el estrés en etapas posteriores de su vida. Cuantas más veces las acicalen, menores serán los niveles de hormonas del estrés producidos por las crías. De este modo, las crías de madres especialmente atentas se mostraban más tranquilas en los momentos de estrés posteriores y también tenían una mayor capacidad de aprendizaje. También mejoró su salud general, ya que la exposición prolongada a altos niveles de hormonas del estrés puede contribuir a problemas crónicos las enfermedades cardíacas o diabetes.

La estimulación proporcionada por los lametones desencadenó un cambio en la química del ADN de ciertos genes en las crías de rata. Cuando la madre lamía y acicalaba a sus crías, lo que básicamente hacía era «accionar un interruptor», activando genes que reducían la cantidad de hormonas liberadas durante los períodos de estrés. Cuanto más las lamían, más receptores tenían las crías en el cerebro que regulaban la producción de hormonas del estrés.

Hoy en día, como sabemos que el tacto humano es fundamental para un buen desarrollo, los recién nacidos suelen compartir la habitación con sus madres, se enseña a dar masajes a los bebés y se anima a los progenitores a llevarlos pegados al cuerpo en fulares portabebés. En numerosos estudios se ha demostrado claramente que el tacto favorece el desarrollo humano. Los bebés que son tocados están alerta, conscientes, activos y comprometidos.

Tan grande es nuestra necesidad de tacto que la terapia táctil se está volviendo habitual en los cuidados neonatales y es especialmente útil en la crianza de bebés prematuros. El «método madre canguro», por ejemplo, fue desarrollado en Colombia por el pediatra Edgar Rey. La idea del MMC es sencilla: los bebés prematuros son sostenidos piel con piel sobre el pecho desnudo de su madre o de otro cuidador. Al principio, el MMC se desarrolló como respuesta a la escasez de incubadoras, pero ahora está claro que las «incubadoras humanas» ayudan a los niños a crecer sanos. En los bebés más pequeños, este método ayuda a estabilizar la temperatura, la respiración y la frecuencia cardíaca. Estos bebés acunados duermen más tiempo, engordan más, lloran menos a menudo y están alerta durante períodos más prolongados. El contacto constante tranquiliza a los niños, potencia el vínculo madre-hijo y suele permitir que los bebes reciban antes el alta hospitalaria.

El tacto puede unir al niño con sus padres, pero, por supuesto, es un intercambio recíproco. Sabemos que, en las madres, la oxitocina aumenta cuando dan a luz, amamantan y cuidan a sus bebés, pero los padres de los mamíferos también pueden experimentar fluctuaciones hormonales. La bióloga Katherine Wynne-Edwards estudió los hámsteres de Djungarian, una especie en la que los machos son especialmente atentos con sus crías (a diferencia de la mayoría de los mamíferos). Estos papás hámster participan mucho en el parto y se ocupan de sacar a los bebés del canal del parto y abrirles las vías respiratorias. Al hacerlo, aumentan sus niveles de estrógenos y cortisol. Si se inhiben estas hormonas, los machos muestran una menor implicación paterna en los días siguientes al nacimiento.

Wynne-Edwards también descubrió que los cambios hormonales pueden producirse en otros mamíferos, incluidos los humanos. En un estudio se observó que los hombres que iban a ser padres por primera vez tenían niveles más bajos de testosterona y cortisol y niveles más elevados de estrógenos (concretamente de estradiol) que los hombres de la población general. El estradiol es una hormona que influye en el comportamiento materno.

El lenguaje del amor se escribe sin pensamiento consciente en nuestros cuerpos. Activados por el tacto, pero también por los remolinos de otra información sensorial que nos inunda, nuestros cuerpos responden automáticamente, vinculándonos a los demás a través de la experiencia compartida. Cuando interactuamos con nuestros hijos, les enseñamos lo que significa ser amados. Cuando estas experiencias se inhiben, todos somos más desgraciados.

### Lecciones aprendidas de una tragedia

Crecer sin amor tiene terribles repercusiones en el bienestar físico y social. Como señala Maslow:

> *Prácticamente todos los psicoterapeutas están de acuerdo en que cuando rastreamos una neurosis hasta sus inicios, encontraremos con gran frecuencia una privación de amor en los primeros años. Varios estudios semiexperimentales lo han confirmado en lactantes y bebés hasta tal punto que la privación radical de amor se considera peligrosa incluso para la vida del lactante. Es decir, la privación de amor conduce a la enfermedad.*

Por desgracia, la capacidad de amar de la humanidad está contrarrestada por una asombrosa y terrible capacidad de brutalidad. Cuando vemos lo que les ocurre a las víctimas de la brutalidad, nos damos cuenta de la importancia crítica del amor y de su fuente más probable, la familia. La exploración científica de los efectos de la privación en crías de animales, como el experimento descrito anteriormente, hiere la sensibilidad pública —por buenas razones— hoy en día. Sin embargo, los niños de países devastados por la guerra de todo el mundo han sufrido graves privaciones, y los científicos han podido estudiar a esos niños.

Tras la ejecución del dictador Nicolae Ceauşescu el 25 de diciembre de 1989, supimos de la terrible situación de los niños internados en orfanatos en Rumania. Ceauşescu, empeñado en aumentar la población rumana, había creado una generación de niños no deseados que a menudo eran abandonados en manos del Estado. Se calcula que entre 100 000 y 300 000 niños estaban internados en orfanatos en el momento de la caída de Ceauşescu. La mayoría de los orfanatos, abarrotados y con escasez de personal, proporcionaban poco más que niveles de subsistencia en alimentos, ropa y alojamiento.

Entre los setecientos orfanatos para niños, un tipo, los *leagane,* era para niños que no eran huérfanos pero que habían sido abandonados o dejados durante largos periodos por sus padres. Los científicos que los examinaron encontraron filas de cunas en enormes dormitorios para los niños, y miembros del personal tan atareados que no tenían tiempo para enseñar a los niños a ir al baño o a vestirse o cepillarse los dientes. Los niños permanecían solos durante largos períodos y no se les cogía cuando lloraban ni se los abrazaba cuando se les daba de comer. Como consecuencia, no se había desarrollado suficientemente en los niños la coordinación motora gruesa, la motricidad fina, las habilidades sociales ni el lenguaje. Alrededor del 65 % de los niños menores de tres años presentaban anomalías en la estructura y la actividad de las células y los tejidos como consecuencia de una desnutrición.

El pronóstico de los niños privados de contacto humano tan pronto y durante tanto tiempo es muy malo: los científicos han demostrado que la estimulación por adultos es fundamental en las primeras fases de la vida del niño:

> *... las bases neurológicas del pensamiento racional, la resolución de problemas y el razonamiento general parecen estar establecidas en gran medida al año de edad... algunos investigadores afirman que el número de palabras que un bebé escucha cada día es el factor de predicción más importante de la inteligencia, el éxito escolar y la competencia social posteriores... las palabras tienen que proceder de un ser humano atento y comprometido.*

Estar exiliados de la familia humana no solo retrasa o impide el desarrollo, sino que puede provocar enfermedades, como también señaló Maslow, e incluso la muerte. Según un estudio, en Rumanía, antes de la caída de Ceauşescu, morían cada año hasta el 35 % de los niños que estaban en orfanatos.

No obstante, los seres humanos tienen una extraordinaria resiliencia si se les vuelve a atraer al círculo de los cuidados y se satisfacen sus necesidades cruciales. Un orfanato para niños con discapacidades graves en Babeni (Rumanía) albergaba a 170 niños, todos ellos considerados «irrecuperables» y, por lo tanto, cruelmente desatendidos. El establecimiento no contaba con farmacéuticos, dietistas, psicólogos, trabajadores sociales, fisioterapeutas o ergoterapeutas, ni especialistas en educación. Aunque había comida y agua suficientes, los niños tenían un contacto tan mínimo con los adultos que el 75 % de ellos no sabían ni su nombre ni su edad y a pocos se les había enseñado a ir al baño. Sus necesidades básicas de comida y agua, aire y calor, estaban satisfechas, pero les faltaba contacto humano, les faltaba amor creativo y atento. Cuando se introdujeron la higiene básica, el baño, la fisioterapia, la mejora nutricional, un mayor contacto humano y psicoterapia, se produjo una sorprendente mejoría en el plazo de un mes.

Las consecuencias físicas y psíquicas del cuidado en estos orfanatos se hicieron evidentes cuando se dio publicidad a la difícil situación de los niños rumanos y se inició una oleada de adopciones. Solo en 1991, 7328 niños rumanos fueron adoptados, 2450 por estadounidenses. De 65 niños adoptados por estadounidenses a los que se examinó en detalle, solo 10 fueron considerados «físicamente sanos y con un desarrollo normal», mientras que el resto presentaba «signos clínicos o analíticos de graves trastornos médicos, de desarrollo o conductuales». Los científicos descubrieron que el 53 % eran portadores del virus de la hepatitis B, el 33 % tenían parásitos intestinales y muchos eran más bajos de lo normal o presentaban actividad motora gruesa menor, retraso en el habla, pataletas, imposibilidad de mantener el contacto visual o timidez. Evidentemente, satisfacer solo las necesidades físicas básicas y no proporcionar contacto social tenía profundas repercusiones en el desarrollo. Afortunadamente, según los científicos, «parece que muchos responden bien a un entorno familiar afectuoso, una mejor nutrición y la intervención médica y en su desarrollo».

No obstante, superar el trauma de estas terribles experiencias tempranas no siempre es fácil. En la década de 1990, los estadounidenses adoptaron a unos nueve mil niños de orfanatos de Europa oriental y Rusia, y muchos tenían graves problemas que no parecían fáciles de resolver. Según un artículo de Sarah Jay en el *New York Times:*

> *Un niño puede ser hiperactivo o agresivo, negarse a establecer contacto visual y tener pataletas, problemas de habla y lenguaje, déficit de atención y sensibilidad extrema al tacto. También es posible que el niño no sea capaz de establecer vínculos afectivos.*

Victor Groze, que estudió a 399 familias de adopción de niños rumanos, calculó que una quinta parte de los niños eran lo que él llamaba «granujas resistentes» que habían superado su pasado y se desarrollaban bien, las tres quintas partes eran lo que él llamaba «maravillas heridas» que habían hecho grandes progresos pero seguían por detrás de sus compañeros, y otra quinta parte eran «niños desafiantes» que habían mostrado escasas mejoras y eran casi incontrolables.

Años después de su adopción, el efecto de privar a estos niños de contacto humano y significativo era evidente. Una vez más, las hormonas del apego (la oxitocina y la vasopresina) desempeñaron un papel. Según un estudio sobre huérfanos rumanos adoptados por familias de Milwaukee, muchos de los niños presentaban conductas asociadas al abandono temprano, incluida la falta de apego a sus cuidadores principales, que quedaba patente por su disposición a buscar consuelo en adultos desconocidos, incluso cuando estaba presente un progenitor adoptivo. Los investigadores descubrieron que los niños que habían sufrido abandono temprano tenían niveles de vasopresina por debajo de lo normal. Como consecuencia de la privación social temprana, se inhibió la liberación de esta importante «sustancia química de los abrazos». Lamentablemente, se había perdido la oportunidad de establecer las vías neurológicas —o, como las llama Anthony Walsh, las «sendas del amor» del cerebro— que ayudan a afianzar nuestras relaciones.

Por supuesto, el traslado a hogares que les proporcionaban amor, apoyo y estabilidad contribuyó en gran medida a mejorar la salud emocional, psicológica y física de estos niños. El amor aún podía influir. Los niños que fueron adoptados mejoraron físicamente, al igual que mejoró su coeficiente intelectual y su capacidad para expresar emociones positivas; pero la falta de contacto temprano, de vínculos afectivos y de amor dejó una huella indeleble.

La educadora Lucy LeMare siguió la evolución de 36 huérfanos rumanos adoptados por familias de la Columbia Británica. Los niños habían pasado entre ocho meses y cuatro años en orfanatos antes de ser adoptados. Gracias a su trabajo, LeMare descubrió que uno de los factores más determinantes para que un niño tuviera dificultades de comportamiento (como déficit de atención o hiperactividad) era el tiempo que los huérfanos habían estado internados. De los huérfanos rumanos del grupo de estudio de LeMare, el 43 % presentaba estos problemas de conducta, frente a solo el 5% de los niños nacidos en Canadá y el 16 % de los huérfanos rumanos que habían pasado menos de cuatro meses internados. Otros estudios arrojaron resultados similares. Aunque la mayoría de los niños de los orfanatos mostraban retrasos en el desarrollo y problemas emocionales y conductuales, los niños que fueron adoptados más tarde (y que, por consiguiente, pasaron al menos ocho meses en centros de acogida) fueron los que experimentaron mayores dificultades.

La seguridad y la confianza en uno mismo que proporciona una familia sana y que son tan necesarias para desarrollar la autoestima de un niño se ven amplificadas por el apoyo de la comunidad en la que vive una familia. Durante la guerra, a los adultos les resulta difícil proteger a sus hijos de la inseguridad, tan perjudicial para su bienestar. En Croacia, el conflicto civil generó más de cien mil refugiados, muchos de ellos niños desplazados, y a menudo los más pequeños fueron separados de sus padres. Alrededor del 35 % de los niños de entre seis y siete años en los campos habían sido separados de sus madres.

Cuando los niños de primaria son separados de sus familias, presentan pérdida o aumento del apetito, trastornos del sueño y pesadillas, pérdida de interés por la escuela, dificultades de concentración y memoria, irritabilidad, miedos, problemas de comunicación, dolencias psicosomáticas, ausencia de sentimientos, rabia, tristeza continua, trastornos de adaptación o depresión mayor. Como concluyó un investigador:

> *Confiar en un adulto cercano es una fuente de apoyo muy importante para un niño. Ser consciente de que los padres no fueron capaces de protegerle refuerza la experiencia traumáti-*

*ca de un niño expuesto al terror de la guerra... el mejor factor de predicción de resultados positivos en el niño que sobrevive a un estrés intenso es la capacidad de los adultos importantes que le rodean, principalmente los padres, de lidiar con el acontecimiento traumático.*

*El hombre prehistórico era, en general, una criatura más pacífica y colaboradora, y menos belicosa y agresiva, que nosotros, y nosotros, los del mundo civilizado, nos hemos vuelto paulatinamente cada vez más reacios a la cooperación, más agresivos y hostiles, y cada vez menos dispuestos a colaborar donde más importa, es decir, en las relaciones humanas. El significado que hemos dado al término «salvaje» se aplica más correctamente a nosotros mismos.*

—ASHLEY MONTAGU, *The Direction of Human Development*

La guerra es un desastre social, económico y ecológico. Es totalmente insostenible y todos los que se preocupan por satisfacer las necesidades reales de todas las personas y de las generaciones futuras deben oponerse a ella. El efecto de la guerra es más inmediato para los que mueren o quedan mutilados o sin hogar, pero las consecuencias sociales y ecológicas repercuten durante generaciones. Entre los niños que sobreviven, no conocemos el alcance total del daño psíquico que han sufrido ni hasta qué punto sus problemas se transmiten a las generaciones sucesivas. La guerra es la máxima atrocidad que deshumaniza por igual a vencedores y vencidos; aleja a los niños de sus padres, separa a las familias, destroza comunidades, priva a sus víctimas de su necesidad básica de amor y seguridad en la compañía de sus semejantes.

## Comunidades humanas, pasado y presente

El ser humano es uno de los primates más sociables. Durante el 99 % de la existencia humana, hemos vivido en pequeños grupos familiares de cazadores-recolectores nómadas. Hemos dependido de la familia y de la tribu para obtener las destrezas y la experiencia necesarias para defendernos de los depredadores, los saqueadores y las calamidades, para capturar presas, para recolectar alimentos, para reunir recursos para la comunidad. Nos hemos reunido para reafirmar lugares, personas y etapas importantes de la vida, inculcando así un sentido de pertenencia, una identidad y una cosmología. Las grupos sociales han proporcionado otros beneficios, como el acceso a parejas y relaciones duraderas y el intercambio de música, historias, arte y ocio.

Durante la mayor parte de la existencia humana, fuimos personas locales y tribales, que tal vez se encontraban con un par de cientos de personas y viajaban no más de unos cientos de kilómetros en toda su vida. No teníamos que preocuparnos de lo que hacían las tribus del otro lado de un lago, una montaña o un océano. La naturaleza parecía inmensa e infinitamente autorrenovable, y si llegábamos a degradar los recursos con un incendio o herramientas, nos trasladábamos a otro lugar. Sin embargo, ahora nos desplazamos por todo el planeta, y el efecto colectivo de todos los seres humanos sobre la Tierra reverbera en toda la biosfera. Tenemos que considerar la suma de los efectos que nuestra especie ha ocasionado con la pesca, la tala, la contaminación, la construcción de presas o el desarrollo, entre otras acciones, y no es fácil porque nunca hemos actuado así. Como consecuencia, negociaciones como las que tuvieron lugar en la Cumbre de la Tierra en Río y las conferencias sobre el clima en Kioto y París fueron frustrantemente difíciles y lentas.

A lo largo de la historia, las personas han dependido en gran medida de su principal rasgo de supervivencia: una mente curiosa e inventiva dotada de una memoria y una capacidad de previsión prodigiosas. Desde tiempos remotos, las personas evaluaban las posibles consecuencias de sus actos basándose en lo que ya sabían por experiencias pasadas. Como un jugador de ajedrez que planifica jugadas, sus mentes iban y venían del pasado al futuro y al presente, como ninguna otra especie había sido capaz de hacer.

Básicamente, los primeros humanos estaban llevando a cabo lo que ahora se llamaría un análisis de «rentabilidad», sopesando los posibles beneficios frente a los costes a largo plazo. El conocimiento tribal acumulado se ponía al servicio de las decisiones importantes por medio de intrincadas ceremonias y rituales, que reforzaban los lazos entre los miembros de la comunidad. Hoy en día se habla mucho del análisis de rentabilidad, pero es cada vez más frecuente, a medida que las consecuencias de lo que hacemos colectivamente como especie han ido adquiriendo mayor alcance, que las repercusiones ya no puedan predecirse. Además, las definiciones de «coste» y de «beneficio» han cambiado. Mientras que en el pasado el factor más importante era la supervivencia a largo plazo o el bienestar de la familia o el grupo, hoy las decisiones se toman en función de las implicaciones para una empresa, un puesto de trabajo, la cuota de mercado o los beneficios económicos.

## Amigos de los animales

Las sociedades humanas no son los únicos grupos que forjan vínculos y utilizan estrategias como la terapia del tacto para sustentar a su comunidad. Otros animales, sobre todo los primates, muestran comportamientos sociales complejos que refuerzan las relaciones. Los babuinos, por ejemplo, muestran su afecto y reafirman sus lazos sociales mediante el acicalamiento. Cuando se acicalan, disminuyen las concentraciones de las hormonas del estrés, los glucocorticoides. Al igual que los seres humanos, los babuinos recurren a los demás en momentos de estrés. Después de una muerte en su comunidad, amplían y refuerzan sus redes de acicalamiento, tendiendo la mano a los demás en busca de consuelo. Cuando se acicalan, las concentraciones de las hormonas del estrés, que aumentaron con el trauma, empiezan a descender y terminan por normalizarse. Los chimpancés tienen un comportamiento similar y consuelan a sus víctimas después de una pelea con abrazos, palmadas en la espalda e intentos de acicalamiento.

Muchas especies distintas de los primates también muestran simpatía entre sí. Al prestar atención a las necesidades de los individuos y reforzar los lazos sociales, fortalecen la comunidad. Por ejemplo, los cachalotes rodean a un miembro herido de su manada, y las orcas negras han permanecido con un miembro de la manada gravemente herido durante días y solo se han alejado cuando había muerto. La mayoría de los animales solo prestan un interés pasajero a los miembros muertos de su propia especie, pero los elefantes experimentan lo que podría interpretarse como duelo. Prestan especial atención a los cráneos, el marfil y los huesos de los elefantes muertos, incluso de los fallecidos hace mucho tiempo. Se ha visto a elefantes balancear suavemente trozos de marfil con las patas y también recoger marfil y llevarlo en la trompa.

El juego es otra forma de estrechar lazos con la familia y la comunidad. Los simios salvajes, por ejemplo, pueden utilizar el humor para reforzar los vínculos sociales y facilitar la transición cuando nuevos individuos se unen a su grupo. Al igual que los humanos, los orangutanes, gorilas y chimpancés se ríen cuando les hacen cosquillas y utilizan sonrisas y vocalizaciones que parecen sugerir juego y humor.

Así pues, evaluamos costes y beneficios dentro de un marco de valores muy diferente, ignorando, por ejemplo, la salud de la comunidad o el ecosistema. Hemos perdido la costumbre de pensar en las cosas que realmente nos importan, o quizá tenemos un sentido pervertido de lo que realmente importa. En lugar de pensar en distintos aspectos fragmentados de nuestra vida, debemos pensar de una manera más integral. John Robinson y Caroline Van Bers han sugerido algunas formas de obtener una imagen más completa de nuestro bienestar:

> *Aunque nos cueste entender el concepto de sostenibilidad ecológica, todos los seres humanos podemos entender la idea de bienestar social. Podemos evaluar nuestro bienestar personal sin demasiados problemas. Depende de cómo nos sintamos con respecto a nuestra prosperidad, el lugar donde vivimos, nuestras familias y amigos, nuestra salud física y varios otros factores. Del mismo modo, normalmente podemos evaluar el bienestar de nuestro barrio o nuestra comunidad utilizando indicadores que son casi intuitivos: vitalidad de la comunidad, ausencia de conflictos, árboles y arroyos sanos, etc...*
>
> *La necesidad de pertenencia a una comunidad y de sus rituales es una necesidad antigua. Ha llegado a incorporarse a la psique humana a lo largo de miles de generaciones y cientos de miles de años. Si se frustra, nos sentimos «alienados» y somos presa de dolencias psiquiátricas y psicosomáticas.*
>
> —ANTHONY STEVENS, «A Basic Need»

Las amenazas a la comunidad van más allá de la guerra; somos cautivos de una mentalidad llamada modernidad que considera lo moderno y reciente como lo mejor. Por el contrario, en esta mentalidad, todo lo que es antiguo o tradicional se considera primitivo y menos deseable. Abrumados por los increíbles cambios que han traído consigo la tecnología y el materialismo, hemos aceptado la creencia generalizada de que, de alguna manera, los seres humanos de hoy son diferentes de los del pasado; porque tenemos más información, hemos viajado más y estamos mejor educados que todos nuestros predecesores, seguramente nuestros pensamientos y necesidades son más sofisticados, y están en un plano diferente de los de todas las generaciones precedentes. Al cortar los lazos con nuestros antepasados, nos encontramos indefensos en un mundo de cambios vertiginosos, aislados de la memoria y la capacidad de previsión. Sin contexto, la información carece de sentido; sin perspectiva, los acontecimientos no pueden evaluarse; sin conexiones en el tiempo y el espacio, estamos solos y perdidos.

> *La placenta debe enterrarse con ceremonia en el recinto con el chamán presente. Al igual que el cordón del ombligo ata el feto al útero, el cordón enterrado ata al niño a la tierra, a la Tierra sagrada de la tribu, a la Gran Madre Tierra. Si alguna vez el niño abandona el lugar, volverá de nuevo a casa porque este cordón siempre tirará de él hacia los suyos.*
>
> *Cuando vuelva a casa... diré estas palabras: «¡Mi vientre se reúne hoy con el vientre de mi Gran Madre, la Tierra!»*
>
> —PRÍNCIPE MODUPE, *I Was a Savage*

Los rituales son una afirmación pública de significado, valor y conexión. Vinculan a las personas entre sí, con sus antepasados y con su lugar en el mundo. Anthony Stevens señala que, aunque los países industrializados han alcanzado cotas extraordinarias de riqueza, bienes de consumo y comodidades, cada vez son más los que anhelan una comunidad y unos rituales que los unan. Este deseo se intensifica a medida que la descomposición de las familias se vuelve más frecuente, y tanto adultos como niños sufren las consecuencias.

Durante miles de años, las pequeñas comunidades garantizaban una relativa tranquilidad a la vez que satisfacían las necesidades sociales de sus miembros. El ritmo explosivo al que nuestra especie se ha convertido en una criatura urbana ha ido acompañado de un deterioro del tejido social que mantenía unidas a las personas. El siglo XX fue testigo de un cambio sin precedentes: se pasó de la vida comunitaria predominantemente rural a la vida en la gran ciudad. En las ciudades, alejados de la naturaleza y de los medios de producción primarios como la agricultura, la pesca, la explotación forestal e incluso la industria manufacturera, aceptamos que sea la economía la que satisfaga nuestras necesidades. La tecnología nos ha permitido viajar con rapidez y comunicarnos a grandes distancias, mientras que la televisión, los ordenadores y los dispositivos portátiles de entretenimiento cercenan las actividades compartidas con vecinos y comunidades. El consumismo ha sustituido a la ciudadanía como principal forma de contribuir a la salud de nuestra sociedad. Son los objetivos económicos, más que los sociales, los que impulsan las políticas gubernamentales y empresariales. Los elevados niveles de desempleo resultantes producen estrés, enfermedades, y desintegración de las familias y comunidades. Unas comunidades y barrios estables son un requisito para la felicidad, para una vida productiva y gratificante, para un sentimiento crucial de seguridad y pertenencia. Son la base de la salud y la felicidad de los seres humanos. No es la economía la que crea la comunidad, sino el amor, la compasión y la cooperación. Esas cualidades existen en los individuos y se expresan entre las personas. Además, no pueden expresarse plenamente de forma aislada, sin contexto, separadas de su lugar en el tiempo y el espacio, de su fuente en el mundo natural.

La estabilidad de la familia (sea cual sea la forma que adopte) dentro de una comunidad proporciona un entorno en el que el niño desarrolla la curiosidad, la responsabilidad y la inventiva. La degradación ecológica (deforestación, pérdida de capa vegetal, contaminación, cambio climático, etc.) desestabiliza la sociedad al erosionar los cimientos de la sostenibilidad. Esta consecuencia quedó ilustrada gráficamente en 1992, cuando se suspendió toda la pesca comercial del bacalao de las aguas septentrionales en la provincia canadiense de Terranova. De la noche a la mañana, se perdieron cuarenta mil puestos de trabajo al desaparecer los que habían sido los cimientos de esa sociedad durante cinco siglos. En todo Canadá, las ciudades crecían a medida que se talaban los bosques que las rodeaban, y solo se daban de bruces con la realidad cuando los árboles habían desaparecido. La costa de la Columbia Británica está salpicada de pueblos que en su día sustentaron flotas pesqueras y conserveras, pero que fueron abandonados al disminuir las poblaciones de salmón. La salud ecológica es esencial para la buena salud de la comunidad.

La guerra, el terrorismo, la discriminación, la injusticia y la pobreza socavan esa estabilidad social tan importante. Los niveles crónicamente elevados de desempleo, como los que se dan en las provincias atlánticas de Canadá, en las reservas de los indios americanos o en las comunidades aborígenes australianas hoy en día, provocan desesperación, alcoholismo, enfermedades e incluso la muerte. La necesidad de un empleo que aporte sentido es fundamental para el bienestar no solo de la familia, sino también de la comunidad. Además de los beneficios económicos para el gobierno y los individuos, hay razones de peso para que el pleno empleo sea un objetivo social.

En el pasado, la economía se creaba para servir a las personas y a sus comunidades. Hoy en día, los racionalistas económicos sostienen que la gente debe sacrificarse y renunciar a los servicios sociales en aras de la economía. Al reflexionar sobre nuestras necesidades fundamentales como animales sociales, está claro que las familias y las comunidades que tienen asegurada la biodiversidad, el pleno empleo, la justicia y la seguridad constituyen el verdadero punto de partida innegociable en la delineación de un futuro sostenible.

> *La ley del amor funcionará, igual que la ley de la gravitación, lo aceptemos o no... un hombre que aplica la ley del amor con precisión científica puede lograr maravillas extraordinarias... Los hombres que descubrieron para nosotros la ley del amor eran científicos más grandes que cualquiera de nuestros científicos modernos... Cuanto más trabajo en esta ley, más me deleito en la vida, más me deleito en el plan de este universo. Me da paz y aporta sentido a los misterios de la naturaleza que no estoy facultado para describir.*
>
> —MAHATMA GANDHI, citado en P. Crean y P. Kome, eds., *Peace, a Dream Unfolding*

La conexión parece atenuarse a medida que se hace más inclusiva... al pasar de la familia al vecindario, del vecindario al país, a la mancomunidad de nuestra especie. Sin embargo, a medida que exploramos el continuo de relaciones en cualquier vida humana empezamos a ver que el círculo de inclusión se extiende aún más; el «continente» del que cada uno formamos parte abarca la Tierra.

La «ley del amor» es tan fundamental y universal como cualquier otra ley física. Está escrita dondequiera que miremos y traza nuestra íntima conexión con el resto del mundo vivo.

## Biofilia: reavivar nuestros vínculos evolutivos

Pensemos en dónde hemos estado todo este tiempo en la Tierra. Durante casi toda nuestra existencia hemos vivido completamente inmersos en el mundo natural, dependiendo de él en todos los aspectos de nuestra existencia. Nos desplazábamos por el paisaje que nos rodeaba, guiados por las estaciones, vivíamos fácilmente de la tierra y nos sustentábamos con su plenitud biológica.

Si la riqueza de la diversidad vegetal y animal del África actual es un indicio de la abundancia del pasado (y los restos fósiles corroboran esta abundancia), nuestros antepasados originales estuvieron rodeados de una asombrosa variedad de formas animales y vegetales. Surgimos de la matriz de formas de vida que compartían nuestro entorno y estábamos completamente ligados a ella. Eran algo más que nuestros parientes genéticos y presas potenciales; eran nuestros *compañeros,* compartían los despejados cielos nocturnos y anunciaban constantemente su presencia con sus llamadas. Hasta hoy, las sociedades de cazadores-recolectores tratan a las fuentes de su alimento con respeto y simpatía: los cazadores !kung del Kalahari ayunan antes de la caza para hacerse dignos de su tarea. Después de matar al animal, le agradecen el regalo de la vida y lo llevan al campamento para compartir el ritual. La comida era un regalo de la carne de otros seres que había que agradecer debidamente. Según Ivaluardjuk, un hombre inuit:

> *El mayor peligro de la vida reside en que el alimento humano consiste enteramente en almas. Todas las criaturas que tenemos que matar y comer, todas las que tenemos que abatir y destruir para hacernos ropa, tienen almas como nosotros, almas que no perecen con el cuerpo y que, por lo tanto, hay que apaciguar para que no se venguen de nosotros por haberles quitado sus cuerpos.*

El contexto evolutivo de la historia humana hace verosímil que el genoma humano —el mapa de ADN que nos convierte en lo que somos— haya adquirido con el tiempo una necesidad genéticamente programada de estar en compañía de otras especies. Edward O. Wilson acuñó el término «biofilia» (basado en las palabras griegas «vida» y «amor») para referirse a esta necesidad. Definió la biofilia como «la tendencia innata a centrarse en la vida y los procesos similares a la vida». Conduce a una «afiliación emocional de los seres humanos con otros seres vivos... Múltiples hilos de respuesta emocional se entretejen en símbolos que componen gran parte de la cultura».

Ancianos, poetas y filósofos de todas las culturas, incluida la nuestra, han expresado un sentimiento similar de hermandad o de sororidad, de compasión mutua y de interés común con el resto del mundo viviente, una relación que solo puede describirse como amor. Su fuente es el «sentimiento de compañerismo»: el conocimiento de que somos, como todas las demás formas de vida, hijos de la Tierra, miembros de la misma familia.

> *La indescriptible inocencia y beneficencia de la naturaleza, del sol, del viento y la lluvia, del verano y el invierno- ¡qué salud, qué alegría, proporcionan siempre!... ¿No tendré inteligencia con la Tierra? ¿Acaso no soy en parte hojas y vegetal?*
>
> —HENRY DAVID THOREAU, Walden[14]

En los entornos urbanos, nuestra necesidad genéticamente programada de estar con otras especies suele verse frustrada, y nos deja anhelantes. Hoy en día, la biofilia tiene que contentarse con oportunidades tristemente reducidas: jardinería, mascotas, visitas a zoológicos. No es casualidad, dice Wilson, que haya más visitantes en los zoológicos que en todos los grandes acontecimientos deportivos juntos. La atracción de la biofilia puede ser tan poderosa que incluso algo tan sencillo como una habitación con vistas parece marcar la diferencia. En una prisión estatal del sur de Michigan, por ejemplo, los presos cuyas habitaciones tenían ventanas que daban a tierras de cultivo y bosques precisaron servicios médicos en menor medida (un 24 % menos) que los presos cuyas habitaciones daban a un patio interior.

---

[14] N. del. T.: Traducción de Jorge Lobato: https://consumoetico.webs.uvigo.es/textos/walden.pdf.

La interacción provechosa con otros seres vivos puede ayudarnos a sanar. En un estudio, los investigadores hicieron un seguimiento a 71 nuevos propietarios de mascotas y los compararon con personas sin mascotas. Al cabo de un mes, los propietarios de mascotas mostraron una disminución de los problemas de salud. Las mascotas, sobre todo los perros, se utilizan en muchos programas de terapia para proporcionar consuelo y compañía a personas en hospitales, residencias de ancianos, escuelas y centros comunitarios.

También podemos encontrar propiedades curativas en los jardines. La terapia hortícola mejora el bienestar mental, y los jardines se están convirtiendo en parte integrante de las terapias curativas en escuelas, residencias de ancianos, hospitales, prisiones y otros centros. El escritor Oliver Sacks relata la importancia de un jardín para su curación personal tras una grave lesión en la pierna, cuando, después de pasar casi un mes en una habitación sin vistas, lo llevaron al jardín:

> *Fue una gran alegría estar en al aire libre... Una alegría pura e intensa, una bendición, sentir el sol en la cara y el viento en el pelo, oír a los pájaros, ver, tocar y acariciar las plantas vivas. Se restableció cierta conexión y comunión esenciales con la naturaleza tras el horrible aislamiento y alienación que había conocido. Una parte de mí revivió cuando me llevaron al jardín...*

Sin duda, todos estos ejemplos demuestran que la interacción con los seres vivos marca la diferencia, pero también es fundamental que conectemos con la naturaleza salvaje. Las experiencias en la naturaleza no son solo los viajes de aventura y los deportes de adrenalina; algo tan sencillo como un paseo por un parque local o un descanso a orillas de un arroyo puede contribuir en gran medida a proporcionarnos un respiro, restablecernos y reconectar. Por ejemplo, he asistido a sesiones de meditación para enfermos terminales de cáncer, personas que se han experimentado una montaña rusa de esperanza y desesperación tras la quimioterapia, la radioterapia y la cirugía. Daban fe de los efectos curativos y calmantes de la naturaleza. Me dijeron que su enfermedad les permitía «vivir de verdad» por primera vez, y casi todos ellos hicieron referencia a la importancia de «estar en la naturaleza», ya fuera caminando por el bosque, paseando por una playa o descansando en una granja o en una casa de campo.

> *La verdad es que nunca hemos conquistado el mundo, nunca lo hemos entendido; solo pensamos que tenemos el control. Ni siquiera sabemos por qué respondemos de determinada manera a otros organismos, y los necesitamos de formas diversas tan profundamente.*
>
> —EDWARD O. WILSON, *Biophilia*

Observemos cómo responden los niños ante una avispa o una mariposa. Los bebés parecen atraídos por el movimiento y el color de los insectos, y a menudo intentan tocarlos. No muestran ni miedo ni asco, solo fascinación. Sin embargo, cuando llegan a la guardería, la fascinación por la naturaleza suele haber sido sustituido por la repulsión, ya que muchos niños retroceden con miedo o aversión al ver un escarabajo o una mosca. Al enseñar a los niños a temer la naturaleza, aumentamos nuestro distanciamiento y no satisfacemos nuestras necesidades biofílicas innatas. Cortamos las conexiones, el amor que infunde a nuestras acciones compasión por nuestros semejantes. Es triste que hagan falta crisis extremas como un ataque de nervios, una lesión grave, la soledad o la muerte para devolvernos al confort curativo del hogar.

La biofilia nos proporciona un marco conceptual por medio del cual se puede examinar el comportamiento humano y proponer mecanismos evolutivos. Es un relato nuevo, que nos incluye en el mundo vivo que nos rodea, devolviéndonos a nuestra familia perdida hace mucho tiempo. Cada vez son más los estudios que apoyan la hipótesis de la biofilia. Por ejemplo, según el profesor de arquitectura Roger S. Ulrich,

> *en más de 100 estudios sobre experiencias recreativas en la naturaleza y en espacios naturales urbanos, se ha constatado que la mitigación del estrés es uno de los beneficios percibidos más importantes expresados verbalmente.*

Parece científicamente verificable que los seres humanos tienen una profunda necesidad de un vínculo íntimo con el mundo natural, lo que lleva a sugerir que

> *la degradación de esta dependencia humana de la naturaleza conlleva una mayor probabilidad de una existencia desvalida y apagada...*
>
> *Gran parte de la búsqueda humana de una existencia coherente y plena depende íntimamente de nuestra relación con la naturaleza.*

El amor, como sabemos por experiencia propia, es formativo: moldea a quien lo da y afecta a quien lo recibe, porque forma una unión entre ambos. El niño amado aprende de esa experiencia que es digno de amor, lo que le permite amar a los demás. La biofilia nos enseña la misma lección, según Wilson:

> *Cuanto más conocemos otras formas de vida, más disfrutamos y nos respetamos a nosotros mismos... La humanidad se enaltece no porque estemos muy por encima de los demás seres vivos, sino porque conocerlos bien eleva el concepto mismo de la vida.*

## Emparejar psicología y ecología

Por lo general, los psicólogos han emulado a la ciencia reduccionista, centrándose en una psique individual sin tener apenas en cuenta el entorno en el que existe una persona. El reduccionismo se centra en aislar, separar y controlar fragmentos de la naturaleza y ha sido una influyente forma de conocer, ya que ha proporcionado percepciones profundas sobre las propiedades y el comportamiento de ese trozo de naturaleza. Sin embargo, al centrarnos, perdemos de vista el contexto, los ritmos, las pautas y los ciclos a los que pertenece esa parte. Es, por lo tanto, una forma terriblemente limitada de conocer. Por supuesto, las relaciones con otros seres humanos son una parte fundamental del psicoanálisis, pero las demás criaturas biológicas de nuestro entorno, las circunstancias químicas y físicas en las que vivimos, trabajamos y jugamos, también nos afectan enormemente. La ecopsicología es un intento largamente esperado de ampliar nuestro campo de acción para incluir factores ambientales determinantes de nuestra constitución psíquica y nuestra salud. Cuando olvidamos que estamos enraizados en el mundo natural, también olvidamos que lo que le hacemos a nuestro entorno nos lo estamos haciendo a nosotros mismos. La ecopsicología es un intento de reconectarnos con nuestro hogar natural y corregir algunos de los daños causados por nuestro exilio en la ciudad moderna. Los ecopsicólogos sostienen que al estar separados de la naturaleza ponemos en riesgo nuestra salud emocional. Sostienen que para lograr una verdadera salud mental, En lugar de intentar ajustarnos al orden social existente y aceptar el *statu quo*, debemos poner la norma en tela de juicio y tener en cuenta que las necesidades tanto de la Tierra como de los seres humanos son interdependientes y están interconectadas. Como ha señalado Anita Barrows:

> *Solo por un constructo de la mente occidental creemos vivir en un «interior» limitado por nuestra propia piel, con todos y todo lo demás en el exterior. El lugar donde se producen los fenómenos de transición... podría entenderse, en este nuevo paradigma del yo, como la membrana permeable que nos sugiere o delinea el medio en el que existimos, pero no nos separa de él.*

Si seguimos pensando que estamos separados de lo que nos rodea, no seremos sensibles a las consecuencias de lo que hacemos, por lo que no podremos ver que nuestro camino es posiblemente suicida. Si no nos vemos a nosotros mismos como parte del mundo natural y nos distanciamos aún más, correremos el riesgo de sufrir una mayor sensación de soledad, falta de significado, propósito y sentido de pertenencia. Sin experiencias en la naturaleza, nos volvemos ignorantes y apáticos. Por ejemplo, puede que nuestros ojos y nuestra nariz nos informen de que el aire de la ciudad ya no es el gas incoloro, inodoro, insípido e invisible que definen los textos de física; sin embargo, parecemos ignorar que puede existir una relación entre la contaminación atmosférica y el creciente número de niños con asma.

Nuestro divorcio de la naturaleza se ve reforzado por la forma en que construimos nuestro hábitat. La mayor parte de la humanidad en el mundo industrializado y un número cada vez mayor en los países en desarrollo viven en ciudades donde urbanistas, arquitectos e ingenieros dictan la naturaleza de nuestro entorno.

En el entorno urbano que es hoy el hábitat humano más frecuente, la ciencia y la tecnología perpetúan la ilusión de dominio y moldean nuestra forma de ver el mundo. Las ciudades manifiestan una forma de pensar que refleja modelos mecánicos o tecnológicos basados en la normalización, la simplicidad, la linealidad, la previsibilidad, la eficiencia y la producción. Como señala Vine Deloria, esta mentalidad se refleja en el tipo de hábitat que hemos creado:

> *Los espacios naturales transformados en calles, metros, edificios gigantes y fábricas en las ciudades dieron lugar a la completa sustitución del mundo real por el mundo artificial del hombre urbano... Rodeados de un universo artificial en el que las señales de alarma no son la forma del cielo, el grito de los animales o el cambio de las estaciones, sino el simple parpadeo*

*del semáforo y el ulular de la ambulancia y el coche de policía, los habitantes de las ciudades no tienen ni idea de cómo es el universo natural.*

El lugar donde pasamos la mayor parte de nuestras vidas moldea nuestras prioridades y la forma en que percibimos nuestro entorno. Un hábitat de asfalto, hormigón y cristal diseñado por el hombre refuerza nuestra creencia de que estamos fuera y por encima de la naturaleza, inmunes a la incertidumbre y a lo inesperado de lo salvaje. Podemos comprobar cuánto han cambiado la vida y los valores desde nuestros orígenes observando los reductos de población indígena que aún se las arreglan para vivir tradicionalmente como lo hicieron nuestros antepasados durante la mayor parte de la existencia humana. En palabras de Paul Shepard:

*Su modo de vida es aquel al que nuestra ontogenia se ha ajustado por selección natural, fomentando la cooperación, el liderazgo, un calendario de crecimiento mental, y el estudio de un mundo misterioso y bello donde las claves del sentido de la vida estaban encarnadas en las cosas naturales, donde la vida cotidiana era inextricable del significado y el encuentro espirituales, y donde los miembros del grupo celebraban las etapas y la iniciación individuales como una participación ritual en la primera creación.*

Para Shepard, la relación humana fundamental que vincula a la persona sigue siendo el vínculo madre-hijo. No obstante, cuando estamos seguros gracias a ese vínculo, nuestro entorno nos influye poderosamente.

Shepard también sugiere que, a menos que experimentemos realmente la naturaleza en intervalos muy concretos de la infancia, no conseguiremos activar el vínculo emocional con el mundo salvaje que afecta a la forma en que lo tratamos de adultos. En consecuencia, carecemos de las restricciones necesarias para no desarrollar actitudes materialistas, nihilistas y otras actitudes ecológicamente destructivas, y nos volvemos

> *despreocupados ante de los residuos, revolcándonos en la basura, exterminando a los enemigos, queriendo tener todo ahora y nuevo, despreciando la vejez, negando la historia natural humana, fabricando seudotradiciones, y encenagados por las imágenes repetidas de la historia americana. Son los signos de pesadillas privadas de incoherencia y desorden en climas rotos, donde las tecnologías en pos del dominio crean problemas cada vez peores: pesadillas privadas amplificadas a un nivel social.*

Está claro que necesitamos un cambio de rumbo que nos lleve a una mayor concienciación de nuestra conexión con la naturaleza; de nuestra inseparabilidad de ella, en realidad. Como determinaron los delegados de un congreso de psicología celebrado en Harvard en 1990: «Si el yo se amplía para incluir el mundo natural, el comportamiento que conduzca a la destrucción de este mundo se experimentará como autodestrucción».

Para sanar nuestro planeta y a nosotros mismos, tenemos que alejarnos del «individualismo patológico», como lo llama la ecopsicóloga Sarah Conn. Al fin y al cabo, explica, «no vivimos sobre la Tierra; vivimos en ella». Debemos empezar a vernos como parte de nuestro entorno, no separados de él. Nuestra identidad va más allá de la carne, la sangre y nuestras acciones y pensamientos. Nuestra identidad incluye nuestro mundo natural, cómo nos movemos por él, cómo interactuamos con él y cómo nos sustenta. Si esas conexiones de pertenencia, a la Tierra y entre los seres vivos, no existen, debemos forjarlas, reconectando a las personas y a la naturaleza para que ambas puedan sanar.

### El amor nos hace humanos

En las propiedades fundamentales de la materia está engarzada una atracción mutua que podría considerarse la base del amor. Para los seres humanos, el amor, empezando por el vínculo entre madre e hijo, es la fuerza humanizadora que confiere salud al cuerpo y a la mente. Recibir amor libera la capacidad de amar y compadecerse, que es una parte fundamental de la convivencia como seres sociales. Ese amor se extiende más allá de los de nuestra propia especie; tenemos una afinidad innata por otras formas de vida. Si queremos trazar deliberadamente un futuro sostenible, la oportunidad de que cada uno de nosotros experimente el amor, la familia y a otras especies debe ser un componente fundamental.

# 8

## La materia sagrada

*bate palmas y canta, y canta con más fuerza*
*por cada desgarrón de su mortal vestido,*
—W.B. YEATS, «Navegando hacia Bizancio»

La satisfacción de las necesidades físicas básicas e inalienables es solo el principio del bienestar humano. Como hemos visto, la negación del amor, la compañía y la comunidad causa daños graves, a veces mortales, a un ser humano en desarrollo. Pero más allá de las necesidades físicas y sociales, tenemos otra necesidad igual de vital para nuestra salud y felicidad a largo plazo. Es una necesidad que engloba todas las demás, un aspecto de la vida humana tan misterioso que a menudo se desdeña o se niega. Al igual que el aire y el agua, al igual que el amor y la compañía de los de nuestra especie, necesitamos una conexión espiritual; necesitamos comprender a dónde pertenecemos.

Nuestros relatos nos cuentan de dónde venimos y por qué estamos aquí. En el principio, dicen estos relatos, había agua, y luego hubo cielo y fuego, hubo Tierra y hubo vida. Los seres humanos salimos reptando del vientre del planeta, o fuimos moldeados con arcilla y agua, tallados con ramitas, compuestos de semillas y cenizas, o eclosionamos del huevo cósmico. De un modo u otro, estamos hechos de los elementos sagrados que componen la Tierra. Estamos hechos de la Tierra, la respiramos con cada aliento que tomamos, la bebemos y la comemos, y compartimos la misma chispa que vivifica todo el planeta. Nuestros relatos nos lo dicen, y también nuestra ciencia.

Según nuestros mitos, fuimos creados para diversos fines. Se nos ordena ser fecundos y multiplicarnos, como todos los demás seres vivos; regocijarnos y dar gracias al creador; nombrar y cuidar las maravillas de la creación, o simplemente darles voz. La Mujer Araña en el mito de los hopi le dice a Sotuknang, el dios manifiesto: «Como me has ordenado, he creado a estas Primeras Personas. Están completa y firmemente formadas; tienen el color adecuado; tienen vida; tienen movimiento. Pero no pueden hablar. Eso es lo que les falta. Así que quiero que les des la palabra. También la sabiduría y el poder de reproducirse, para que puedan disfrutar de la vida y dar gracias al Creador».

Los relatos de la creación crean, o recrean, el mundo en el que viven los seres humanos, dan forma a lo que vemos e indican las normas por las que debemos regirnos. Estos relatos del Principio de Todo, increíblemente numerosos y diversos, son considerados por los pueblos que se guían por ellos como los más sagrados de todos los relatos, el origen de todos los demás. Los mitos nos ayudan a conciliar conflictos y contradicciones y a describir una realidad coherente. Dan un sentido que mantiene unido al grupo y expresan un conjunto de creencias; incluso en nuestra sociedad escéptica, nos guiamos por mitos tan profundamente arraigados que creemos que son la realidad.

Además de decirnos de dónde venimos, nuestros mitos también nos cuentan que algo salió mal, que los humanos hemos sido exiliados del hogar, expulsados del jardín. Muchos relatos diferentes describen cómo perdimos nuestro lugar en la armonía de la creación. El primer hombre y la primera mujer comieron del fruto del árbol de la ciencia del bien y del mal, creyendo que serían como dioses. Prometeo robó el fuego sagrado que estaba reservado a los dioses y atrajo el castigo sobre los hombres. Muchos mitos africanos cuentan un relato similar: «Todos los animales miraban a ver qué hacía la gente. Hicieron fuego. Frotaron dos palos de una manera especial y así hicieron fuego. El fuego prendió en la maleza y rugió por el bosque y los animales tuvieron que correr para escapar de las llamas». En este relato de los yao, en el norte de Mozambique, los humanos llevaron el fuego y la destrucción a «las decentes bestias pacíficas». Esta crueldad hizo desaparecer a los propios dioses de la faz de la Tierra. La mayoría de los sistemas de creencias incluyen relatos de este tipo, en los que se describe cómo desobedecimos a los dioses, les engañamos, tratamos de ser como ellos, desdeñamos al cielo. Actuando de forma diferente al resto de la creación, al separarnos de la voluntad divina, rompimos la armonía. Como el relato de nuestra caída es común a la mayoría de las culturas, el problema debe ser humano, no cultural. Vivimos en un mundo en el que las cosas van mal, en el que los conflictos y las tragedias son habituales, en el que a menudo nos sentimos solos y confusos, y nuestros mitos nos dan razones que explican este desorden.

¿Qué nos hace tan diferentes de las demás criaturas de la Tierra? La desobediencia, el espíritu pendenciero, la ambición, la codicia... estos son los crímenes, nos decimos, que nos han apartado del resto de la naturaleza. Pero pueden ser las consecuencias de ser conscientes. La consciencia y su creación, la cultura, son las principales herramientas de adaptación del ser humano. Nuestro cerebro gigante nos permite ver patrones al discernir repeticiones, similitudes y diferencias. De este modo, ganamos en historia y en previsión: podemos planificar. Como podemos aprender de la experiencia, podemos enseñar a nuestros hijos más de lo que sabíamos cuando teníamos su edad. Podemos cambiar más rápidamente de lo que nos permitiría la evolución, respondiendo a las amenazas al sacar partido de nuestra experiencia y decidiendo alterar nuestra forma de vivir.

> *[tanto] de tu sombra siguiéndote a zancadas en la mañana*
> *como de tu sombra alzándose a tu encuentro al atardecer;*
> *te haré ver el miedo en un puñado de polvo.*
>
> —T.S. ELIOT, *La tierra baldía*[15]

La consciencia nos ayuda a dar sentido a los estímulos sensoriales que nos bombardean en cada momento de vigilia. Sin consciencia, el habla, por ejemplo, no sería más que un fenómeno físico, sonidos creados por ondas de energía. En cambio, gracias a estos sonidos, intuimos emociones y relaciones. Los sonidos facilitan que seamos conscientes de nosotros mismos: abrimos *la* boca y surgen sonidos. El sonido puede ser física, pero nuestra percepción e interpretación de estos sonidos —por medio de nuestra consciencia— aportan un contexto personal a estos fenómenos y a nuestras vidas.

---

[15] N. del T.: Traducción de Juan Malpartida. https://www.madrid.org/fo/2010/es/prensa/pdf/poema_the_waste_land.pdf.

Con consciencia, somos capaces de percibir que existe una relación entre nuestro entorno y nosotros mismos. El calor del sol nos hace felices; vemos el naranja vivo de una amapola, olemos a tostada quemada; podemos sentir dolor e infligirlo. Sin embargo, cada una de estas experiencias es subjetiva, y esta variación de la percepción entre los individuos es lo que hace que la consciencia sea tan difícil de abordar. ¿Ven las personas la misma «calidad» de azul? ¿Sus pensamientos internos siguen los mismos caminos? ¿Cómo sienten el placer y el dolor? Mediante la consciencia, nos damos cuenta de la vida mental de los demás. Además, esta consciencia, a su vez, da lugar a cualidades más abstractas como la compasión, la culpa y la envidia.

El estudio de la consciencia, antaño al margen de la ciencia por su naturaleza abstracta y subjetiva, está aumentando a medida que neurocientíficos, psicólogos y filósofos intentan comprender cómo funciona. Como dice el filósofo David Chalmers: «No hay nada que conozcamos más íntimamente que la experiencia consciente, pero no hay nada que sea más difícil de explicar». Chalmers postula que existen distintos tipos de problemas a la hora de estudiar la consciencia: los problemas fáciles, como la forma en que los procesos físicos de nuestro cuerpo dan lugar a la cognición (en esencia, las cualidades objetivas; las cosas que podemos medir por medio de la causa y el efecto), y los problemas difíciles, como la naturaleza de nuestros pensamientos, percepciones y emociones. ¿Qué procesos físicos de nuestro cerebro dan lugar a estas experiencias subjetivas? Aquí reside el verdadero misterio para la mente. ¿Cómo los cambios químicos y eléctricos de nuestro cerebro se traducen en nuestros pensamientos, emociones y comportamientos? Quizá nunca sepamos la respuesta. Chalmers, por ejemplo, cree que quizá la consciencia sea como el espacio, el tiempo y la masa, realidades físicas de nuestro universo que simplemente existen.

A medida que empezamos a comprender la consciencia en nosotros mismos, podemos empezar a ampliar esta comprensión para responder a preguntas como cuándo comienza la consciencia en los seres humanos o si los animales no humanos también tienen consciencia. Según algunos estudios, los animales distintos de los humanos muestran signos de consciencia o, al menos, de autoconsciencia, la capacidad de reconocer su propia existencia. La prueba más habitual para determinar la existencia de autoconsciencia consiste en comprobar si los sujetos se ven a sí mismos, o lo que perciben como ellos, como algo extraño cuando se miran en un espejo. Un chimpancé, por ejemplo, se limpiará una mancha de pintura de la frente cuando se mire en un espejo, demostrando de este modo que entiende que la pintura está en su propia frente y no en la de otro chimpancé. Los chimpancés comparten esta capacidad de *volverse* autoconscientes (no suelen reconocerse instantáneamente) con los orangutanes y quizá incluso con los delfines. ¿Qué significa entonces el autorreconocimiento? Al ser conscientes de nosotros mismos y de cómo nos afectan nuestras experiencias, podemos utilizar este conocimiento para inferir una comprensión del estado mental de los demás. Aprendemos que podemos ser altruistas o crueles, empáticos o egoístas. Con la consciencia forjamos nuestro lugar en la comunidad humana.

La consciencia aporta capas de cualidades subjetivas a nuestras vidas, pero tiene sus inconvenientes. Conscientes del tiempo, conocemos nuestro origen y nuestro destino: sabemos que estamos condenados a morir. Ese conocimiento está siempre con nosotros: el precioso *yo, mí, yo mismo,* el centro de cada consciencia, acabará desapareciendo.

> *Alzo la voz en un lamento. Me aflijo al recordar que debemos dejar las bellas flores, los nobles cantos; gocémonos un rato, cantemos, pues debemos partir para siempre, hemos de ser destruidos en nuestra morada.*
>
> *Nuestros amigos saben cómo me duele y me enfada que nunca más puedan nacer, que nunca más sean jóvenes en esta Tierra.*
>
> *Todavía un poco de tiempo con ellos aquí, luego nunca más estaré con ellos; nunca más gozaré de ellos, nunca más los conoceré.*
>
> *¿Dónde morará mi alma? ¿Dónde está mi casa? ¿Dónde estará mi casa? Soy miserable en la Tierra.*
>
> *Cogemos, desenrollamos las joyas, las flores azules se tejen sobre las amarillas, para dárselas a los niños.*
>
> *Que mi alma se cubra de flores diversas; que se embriague con ellas; porque pronto he de ir llorando ante el rostro de nuestra Madre.*
>
> —LAMENTO AZTECA, en Margot Astrov, ed.,
> *American Indian Prose and Poetry*

Algunas muertes entendemos que son temporales. A medida que la Tierra gira alrededor del Sol, las estaciones lo hacen con ella, y los humanos han aprendido de ellas que la muerte de la naturaleza precede a su renacimiento. Tal vez el Edén de nuestros mitos fuera la región tropical en la que evolucionamos por primera vez, donde el sol nunca desciende por el cielo en invierno, el aire es siempre cálido y húmedo, y los árboles dan fruto en una secuencia medida sin fin. Desde que nos dispersamos por las regiones templadas y más allá, hemos visto caer las hojas, soportado las garras del invierno y aprendido que la primavera volverá, con los rituales y sacrificios adecuados. Pero también hemos visto cómo la edad se oscurecía hasta convertirse en muerte, cómo los niños eran abatidos, cómo sufríamos la pérdida de personas queridas. A diferencia de las muertes de la naturaleza, nuestra pérdida es permanente. Como expresa Shelley en su elegía *Adonais,* «¡Ay, ay de mí, que en el girar del año viene y se va el invierno. Pero queda mi pena».[16] El tiempo en la naturaleza es cíclico o acumulativo; el tiempo humano es lineal. Debido a esta contradicción entre la recurrencia de la naturaleza y el carácter finito de nuestro propio destino, buscamos algo eterno, algo absoluto, inmutable, fuera del tiempo: el yo esencial, el alma, el espíritu. Sin agua, sin aire, sin energía, sin alimento, sin otras formas de vida y otros seres humanos, morimos. Pero también dependemos de manera crucial de la idea de espíritu. Sin eso estamos realmente condenados, ahogados en el tiempo y el cambio, obligados a observar cómo se reduce inexorablemente la distancia entre el *presente* y el *final*. Los amigos, la familia, todas las alegrías y

16 N. del T.: Traducción de https://repositori.uji.es/xmlui/bitstream/handle/10234/198236/TFG_2022_Ramirez_Cantalejo_Alba.pdf?sequence=1&isAllowed=y.

la belleza de la vida están amenazadas por el tiempo y la muerte, y necesitamos al espíritu para sanar ese doloroso conocimiento.

«Espíritu» es una palabra poderosa y misteriosa; en inglés sus significados se extienden como una telaraña invisible por todos los niveles de la existencia. Es el aire, como vimos en un capítulo anterior, es el aliento, y por extensión es la vida y es la palabra. Es el poder de la creación divina, que se mueve sobre las aguas, y es la divinidad misma: el Gran Espíritu, el Espíritu Santo, el Señor de Todo. Los espíritus son volátiles, invisibles, poderosos y algunos son eternos. Pueden embriagar, fortalecer, habitar, embrujar o expresar la esencia de algo. Sobre todo, vivifican el mundo, lo santifican. La «Espiritualidad», tal como la concebimos, es la aprehensión de lo sagrado, lo santo, lo divino. En nuestro mundo moderno vemos la materia y el espíritu como antitéticos, pero nuestros mitos revelan una comprensión diferente. Describen un mundo impregnado por el espíritu, donde la materia y el espíritu son simplemente aspectos diferentes del todo: juntos constituyen el «ser». Todas las culturas han creído en un poder más allá del poder humano, en la vida más allá de la muerte, en el espíritu. Muchas han creído en un mundo animado, habitado y sagrado que les rodea, el mundo natural que constituye la realidad. Estas creencias nos devuelven nuestro sentido de pertenencia, de «estar con», que es amenazado por nuestro cerebro separador y conquistador; nos proporcionan reglas y rituales para restablecer la armonía, para reincorporarnos y celebrar el mundo del que formamos parte. La creación de mitos por nuestra mente, su capacidad para encontrar coherencia en el caos, para crear sentido, puede ser el antídoto de nuestra especie contra los riesgos de la consciencia, una cura contra la muerte.

## Mundos espirituales

> *En Cree, no tenemos comparaciones animado frente a inanimado entre las cosas. Los animales tienen un alma igual a la nuestra. Las rocas tienen alma, los árboles también. Los árboles son «quién», no «qué».*
>
> —TOMSON HIGHWAY, citado en Suzanne Methot, «The Universe of Tomson Highway»

Las culturas tradicionales viven en un mundo animado. Las montañas, los bosques, los ríos, los lagos, los vientos y el sol pueden tener sus deidades, mientras que cada árbol, piedra y animal puede tener, o ser, un espíritu. Los espíritus de los muertos, o de los no nacidos, también pueden estar eternamente presentes, actuando poderosamente en el mundo de los vivos, formando parte del círculo sin fin del tiempo. Estas cosmovisiones pueden considerar que toda muerte, incluida la de los seres humanos, es simplemente una fase en el continuo de nacimiento, vida, muerte y renacimiento que vemos en la naturaleza. Los seres humanos están incluidos en esta totalidad de la creación, participando de diversas maneras en la mente creativa de la Tierra viviente. En lugar de estar separados del mundo por su consciencia única, pertenecen a un mundo consciente en el que todo interactúa con todo lo demás en un proceso de creación continua. Dentro de esta cosmovisión están los rituales que permiten corregir los errores, apaciguar a los espíritus y que el mundo se desarrolle como debe. Estos rituales son responsabilidad de la parte humana de la creación (quizá porque a menudo somos nosotros quienes provocamos las perturbaciones).

La cosmovisión tradicional de los hawaianos es solo uno de los innumerables ejemplos de este tipo de visión del mundo. Michael Kioni Dudley resume parte de estas creencias: «Tradicionalmente, los hawaianos han considerado que el mundo en su totalidad está vivo del mismo modo que lo están los seres humanos. Han creído que *toda* la naturaleza es consciente —capaz de conocer y actuar— y capaz de interrelacionarse con los humanos... Los hawaianos también consideraban la tierra, el cielo, el mar y todas las demás especies de la naturaleza que les precedían como familia, como seres ancestrales conscientes que se habían desarrollado antes en la escala evolutiva, que cuidaban y protegían a los seres humanos y que merecían a cambio un trato similar *(aloha'aina* [amor por la tierra])».

Del mismo modo, los aborígenes australianos viven en una tierra que se crea constantemente, en parte por su propia iniciativa. Sus antepasados cantaron la creación del mundo en el «Tiempo del sueño». Ahora, como describe David Kinsley, los aborígenes contemporáneos «tienen la responsabilidad de perpetuar el carácter sagrado de la tierra recreándola, o recordándola», para lo que deben servirse de las mismas canciones, transmitidas de generación en generación. Una mujer aborigen se queda embarazada cuando pasa por una parte sagrada del paisaje y el espíritu de un antepasado decide entrar en ella. El espíritu crece dentro de ella y nace en el mundo como un ser humano. «Es decir, todo ser humano es de algún modo esencial un espíritu de la tierra, un ser que tiene una conexión eterna e íntima con la tierra. Es un espíritu encarnado de la tierra, que vive temporalmente en forma humana». Para conocer la verdadera identidad de esa persona, los aborígenes tienen que descubrir de qué lugar sagrado procede el espíritu del antepasado. «Una persona no es simplemente descendiente de sus padres biológicos. Cada individuo es ante todo una encarnación de la tierra, un ser espiritual que pertenece íntima y específicamente a la geografía local. Sus creencias sobre la impregnación por espíritus son una declaración inequívoca de que los seres humanos están enraizados en la tierra y se desorientarán, sufrirán y, en última instancia, morirán si son desarraigados y transportados fuera del lugar donde nacieron».

El sentido del espíritu, de lo sobrenatural, es compartido por un gran número de religiones del mundo. Pero ¿por qué surgieron las religiones? Para algunos, la religión proporcionó un marco para interpretar los fenómenos observados por los primeros humanos —el movimiento del sol, el paso de las estaciones— y respondió a preguntas sobre quién o qué controlaba estos fenómenos y, quizá lo más importante, qué ocurre después de la muerte. A medida que las nuevas sociedades intentaban responder a estas preguntas, surgieron sistemas de creencias religiosas, cada uno con sus propios rituales, líderes, expectativas, códigos morales y respuestas a las grandes preguntas de la vida.

La religión también puede haber sido una ventaja evolutiva. Al unir a las personas como miembros de una comunidad, con ideas compartidas sobre el mundo, las religiones proporcionaban el pegamento social que unía a las sociedades. Según otros, al ofrecer una estructura para transmitir conocimientos sobre el mundo, las religiones proporcionaron una ventaja que ayudó a los pueblos a sobrevivir.

Al ofrecer respuestas sobre nuestro destino una vez que dejamos de ser mortales, la religión también daba contexto y sentido a unas vidas fugaces y a menudo plagadas de peligros y caos. La religión podría haber servido para aliviar las cargas emocionales de la gente y disminuir sus temores. Independientemente de si la vida en el más allá prometía la reencarnación o el cielo, de alguna manera el mero hecho de «conocer» su destino podría haberles proporcionado cierto consuelo. (Hoy sabemos que la religión puede ser un «factor de bienestar». Por ejemplo, algunos estudios demuestran que, en comparación con las personas no religiosas, las personas que lo son viven más tiempo y con mejor salud).

Hay docenas de religiones en el mundo, dominantes o no, pero, curiosamente, casi todas ellas están entretejidos por un hilo conductor común: comparten relatos de lo sobrenatural, de almas o milagros o creación divina, relatos que parecen contradecir lo que la ciencia nos dice sobre el mundo. Estos seres espirituales pueden dividir las aguas y atravesar paredes; pueden habitar las rocas y los árboles, incluso los cielos. ¿Fantasioso? Tal vez, pero incluso los más versados en la física de nuestro universo pueden quedar fascinados por estas ideas tan convincentes. El psicólogo Paul Bloom opina que hay una buena razón para esta tendencia: cree que estamos predispuestos a creer en el espíritu. Según Bloom, somos dualistas naturales, inclinados a creer, sobre todo cuando somos jóvenes, que nuestro cuerpo físico y nuestra entidad consciente (una mente o alma) son distintos. Para muchos, sugiere Bloom, no importa que esta idea entre en conflicto con la ciencia; simplemente «les parece correcta». Por ejemplo, muchas personas —incluso las que no son especialmente religiosas— parecen hablar con toda naturalidad de que las almas de las personas se van a otra parte después de la muerte. Aunque no la creamos, podemos *entender* la idea de un cuerpo sin alma (un cadáver) e incluso, quizá, de un alma sin cuerpo (ángeles, espíritus, una deidad, como Dios, que escucha nuestras plegarias).

Los niños, en particular, tienden a creer intuitivamente en lo sobrenatural y a creer que los cuerpos y las almas son distintos. En un estudio, por ejemplo, se contó a los niños la historia de un ratón moribundo. Cuando se les preguntó, los niños entendieron que el cuerpo del ratón había desaparecido y que no podía oír ni ir al baño, pero más de la mitad de los niños pensaron que al ratón muerto le seguiría gustando el queso y querría a su madre. En sus jóvenes mentes, la mente y el cuerpo del ratón eran distintos. Su cuerpo podía haber desaparecido, pero su alma había sobrevivido. Con este ejemplo y muchos otros, Bloom apunta a que el concepto de vida después de la muerte es algo que estamos naturalmente predispuestos a considerar, más que algo que se enseñe por medio de una religión formal. Como señala Bloom:

> *Sin duda, las enseñanzas religiosas pueden modelar las creencias concretas que tengamos; nadie nace con la idea de que el lugar de nacimiento de la humanidad fue el jardín del*

*edén, ni de que el alma entra en el cuerpo en el momento de la concepción, ni de que los mártires serán recompensados con el acceso carnal a decenas de vírgenes. Estas son ideas aprendidas. Pero los temas universales de la religión no se aprenden. Surgen como un subproducto accidental de nuestros sistemas mentales. Forman parte de la naturaleza humana.*

Todas las religiones exploran el lugar de las personas en el mundo natural y social que las rodea. Aportan explicaciones a misterios como la muerte y el desorden, y utilizan mitos y enseñanzas morales para relacionar las esferas humana y no humana. En sus formas preliminares, las religiones contemporáneas del mundo, como el hinduismo, el judaísmo, el cristianismo y el islam, presentaban un mundo animado e integrado similar al de las cosmovisiones tradicionales. Como dice Lao Tse en el *Tao Te Ching:*

*La virtud del universo es la completitud.*
*En él todas las cosas se consideran iguales.*

Sin embargo, algunas de esas religiones mundiales han cambiado de postura en los últimos siglos, apoyando el desarrollo de una imagen muy diferente de la realidad y de nuestro lugar en ella.

## La alienación del espíritu

*Ya no somos primitivos; ahora el mundo entero parece profano. Hemos agotado la luz de las ramas en el bosque sagrado, la hemos extinguido de los lugares elevados y de la ribera de los arroyos sacros. Como pueblo, hemos pasado del panteísmo al panateísmo.*

—ANNIE DILLARD, *Enseñarle a hablar a una piedra*[17]

Aquí en Occidente hemos exorcizado a los espíritus y nos hemos desvinculado de la red viva del mundo. En lugar de vernos física y espiritualmente conectados a la familia, al clan y a la tierra, ahora nos guiamos principalmente la mente, como individuos separados que actúan y se relacionan con otros individuos separados y con un mundo sin vida y mudo más allá del cuerpo. Aplicando nuestra mente a la materia que nos rodea, hemos creado una cultura material extraordinaria: ciudades y autopistas y tostadoras y licuadoras, tecnología informática, tecnología médica, sujetapapeles, rifles de asalto y televisores. Pero nos encontramos separados, fragmentados, solos, temerosos de la muerte. Hemos acuñado una palabra para este estado de ánimo: «alienación», que significa distanciamiento. Somos extraños en el mundo; ya no pertenecemos a él. Como está separado de nosotros, podemos actuar sobre él, abstraernos de él, utilizarlo, desmontarlo; podemos destrozarlo, porque es *otro,* es *ajeno.* Podemos sentir desesperación, pena y culpa por el daño que causamos, pero parecemos incapaces de cambiar nuestra forma de vivir. ¿Cómo ha ocurrido esto? ¿Es porque hemos perdido nuestra religión? ¿O es más una consecuencia que una causa? Tal vez sea la consecuencia

17 N. del T.: Traducción de Teresa Lanero: https://docplayer.es/225487018-A-alk-y-turae.html.

inevitable de la «modernización», pues las sociedades humanas se han alejado de la dependencia inmediata de la tierra.

Ese alejamiento del mundo natural fue posible gracias a una corriente de pensamiento excepcional: las ideas que dieron forma a nuestra civilización. Hoy damos esas ideas tan por sentado que no las vemos como ideas (que pueden repensarse, revisarse, desecharse) sino como realidad. Muchos pensadores remontan los orígenes de nuestra particular y violenta caída en desgracia, nuestro exilio del jardín, a Platón y Aristóteles, que iniciaron un influyente proceso de separación entre el mundo como principio abstracto y el mundo como experiencia, dividiendo la mente del cuerpo, y a los seres humanos del mundo que habitan. De paso, sentaron las bases de la ciencia experimental.

Gracias a Galileo, que identificó el lenguaje de la naturaleza con las matemáticas (un lenguaje abstracto inventado por los humanos), y a Descartes, que aprendió a hablar ese lenguaje con fuerza, surge el mundo moderno. La famosa definición de Descartes de la existencia («pienso, luego existo») completa un nuevo mito sobre nuestra relación con el mundo: los seres humanos son las cosas que piensan (las *únicas* cosas, y eso es *todo lo* que son), y el resto del mundo está formado por cosas que pueden medirse (o «pensarse»). Sujeto u objeto, mente o cuerpo, materia o espíritu: este es el mundo dual que hemos habitado desde entonces, donde la capacidad del cerebro para distinguir y clasificar ha dominado el mundo. De esta dualidad proceden las ideas con las que vivimos, lo que William Blake llamó «cadenas forjadas por la mente», las abstracciones mentales que parecen demasiado obvias para cuestionarlas, que construyen y confinan nuestra visión de la realidad.

*Érase una vez —pero esto no es un cuento de hadas ni un cuento para dormir— que sabíamos menos sobre el mundo natural que hoy. Mucho menos. Pero entendíamos ese mundo mejor, mucho mejor, porque vivíamos cada vez más cerca de sus ritmos.*

*La mayoría de nosotros nos hemos alejado de nuestra comprensión anterior, de nuestra intimidad de antaño. Damos por sentado lo que nuestros antepasados no podían, no se atrevían a dar por sentado; nos hemos apartado del mundo de las estaciones, del mundo de las inundaciones y los arcoíris y las lunas nuevas. Tampoco, reconociendo nuestra pérdida, podemos simplemente dar marcha atrás, fingir inocencia para redescubrir la intimidad. Han intervenido demasiadas cosas.*

—DANIEL SWARTZ, «Jews, Jewish Texts and Nature»

Este mundo dividido nos sitúa a cada uno como una mente dentro de los límites de nuestro cuerpo. Esto, creemos, es el borde de *mí,* esta capa de piel; este es el organismo que propulso por el mundo, rodeado de cosas, recibiendo mensajes sensoriales —olores, sabores, vistas— a través de diversos orificios y terminaciones nerviosas, que pueden ayudarme a conocer el mundo exterior, o resultar ser ideas peligrosamente equivocadas. Esta idea del cuerpo como máquina —bastante nueva en la historia de nuestra especie— ha producido tecnología para remediar sus límites: más máquinas para ampliar el alcance, acelerar el movimiento y magnificar la fuerza y la agudeza sensorial de este cuerpo-máquina cuando actúa sobre el mundo más allá de sus límites. La mente dentro del cuerpo —el fantasma en la máquina— es lo que nuestra cultura nos enseña que somos, lo que aceptamos como obvio y normal y real.

> *Ordeñamos la vaca del mundo, y mientras lo hacemos*
> *Le susurramos al oído: «No eres verdad».*
>
> —RICHARD WILBUR, «Epistemology»

Atrapados en este cuerpo, estamos apresados en lo que más tememos: la mortalidad. Aunque la medicina moderna hace lo que puede, también forma parte de la misma cosmovisión cultural; trabaja dentro del mundo dual separado. La medicina moderna no tiene límites ni fronteras que guíen su camino. En cambio, su imperativo primordial parece ser que si puede hacerse, debe hacerse. Para la medicina, los límites biológicos son un reto que hay que superar: cuando se puede ayudar a sobrevivir a un niño prematuro de un kilogramo, la siguiente posibilidad es hacer lo mismo con un niño de 0,5 kilogramos. Si la cirugía puede corregir anomalías congénitas en un bebé, entonces las técnicas que se utilizan permiten realizar cirugía fetal. Los partos por cesárea, la ovulación múltiple inducida por hormonas, la fecundación *in vitro*, los trasplantes de embriones... todo ello eleva al médico-científico a un papel rector en el íntimo proceso de la reproducción y el desarrollo. En el otro extremo de nuestra vida, el proceso de envejecimiento se presenta a menudo como una enfermedad, una degradación de órganos, tejidos o sistemas genéticos, un fallo en la máquina. Una vez considerado una anomalía, el envejecimiento se convierte en un desafío o una desgracia en lugar de una etapa honorable y admirable de la vida humana.

*Quizá por primera vez, el paisaje de los significados es suplantado por el paisaje de los hechos. Antes del Renacimiento, los seres humanos, al igual que otras criaturas, ocupaban un mundo cualitativamente heterogéneo, plagado de lugares significativos. Solo los vástagos del Renacimiento han imaginado que todo es lo mismo, materia neutra para su transformación y explotación. Para ello, eliminaron todo rastro de valor del entorno y lo depositaron exclusivamente en los límites del ego. El resultado es una exaltación del ser humano individual y la creación de un entorno desnudo y descolorido.*

—NEIL EVERNDEN, *The Natural Alien*

Con el tiempo, el cuerpo debe debilitarse y morir: la máquina se desgasta. Cuando lo hace, el fantasma debe desaparecer. Estas son las consecuencias no de la mortalidad, sino de la forma en que pensamos sobre ella. En la división impuesta por el mundo dual, intentamos establecer contacto más allá de nuestro yo limitado, luchamos por construir y mantener una comunidad en un mundo diseñado en torno al individuo, en busca de una conexión duradera. Separados del mundo natural, nos sentimos solos, destructores y culpables, pero nuestras soluciones a la destrucción del medio ambiente se elaboran dentro del marco mental que creó la división y el aislamiento. «Salvar la naturaleza» porque tiene sentido desde el punto de vista económico, porque el mundo natural puede contener medicamentos para curar los males humanos o incluso porque hacerlo es «justicia natural»; todos son *argumentos* del mundo cartesiano, en el que la mente actúa sobre el mundo, observando, analizando, cuantificando. Ante todo, son *argumentos,* y en toda discusión hay un ganador y un perdedor.

> *Fría y austera, no proponiendo ninguna explicación sino imponiendo una ascética renuncia a todo otro alimento espiritual, esta idea [de que el conocimiento objetivo es la única fuente de verdad] no era del tipo que disipaba la ansiedad, sino que la agravaba. De un solo golpe pretendía barrer la tradición de cien mil años, que se había fundido con la propia naturaleza humana. Puso fin al antiguo pacto animista entre el hombre y la naturaleza, sin dejar en lugar de ese precioso vínculo más que una búsqueda angustiosa en un universo helado de soledad.*
>
> —JACQUES MONOD, *Chance and Necessity*

El método científico es un perfeccionamiento de la forma en que en el mundo occidental aprendemos a ver y comprender el mundo desde el principio de la vida hasta su fin, desprovistos (como se nos enseña) de todas las confusiones e irrelevancias de la experiencia personal transitoria. La ciencia moderna confirma y reproduce esta imagen de la realidad, examinando y explorando la naturaleza pieza por pieza, con la esperanza de recomponerla en un sistema abstracto, inteligible y racional que contenga todo lo que existe. Es como si hubiéramos adoptado los riesgos de la consciencia, nos hubiéramos enviado al exilio para *abstraernos* del significado y el valor del mundo. Al mismo tiempo, hemos repudiado los rituales y sacrificios olvidados que curarían la herida.

En la actualidad, hay muchos indicios de que la cultura occidental está empezando a reconsiderar su afán por colonizar y explotar el resto del planeta. La búsqueda de la reconciliación espiritual adopta formas muy diversas: encontrar la virtud en los cristales, buscar orientación en el movimiento de los planetas, someterse a las exigencias de sectas y cultos, buscar el renacimiento en nuevas formas de antiguas religiones, peregrinar, reunirse en lugares sagrados. Todo esto, y muchas otras incursiones en lo «sobrenatural» o «paranormal», representan un anhelo generalizado y profundamente sentido de completitud y propósito en esta Tierra. Teólogos, ecologistas y pueblos indígenas están encontrando puntos en común a medida que exploran la necesidad de reconocer lo sagrado en el aquí y ahora, en lugar de en el más allá, y tratan de ayudar a los seres humanos a volver a su lugar en la creación.

Los conocimientos que se pueden obtener de los pueblos indígenas de todo el mundo son especialmente importantes. Vivir en un lugar a lo largo del tiempo permite comprender cómo funcionan los ecosistemas y contribuye a que las personas forjen relaciones con la tierra, el agua, el aire y todo lo que hay en ellos. Muchos pueblos indígenas se refieren a todas las cosas, desde los árboles y las rocas hasta los animales, como «parientes». Las conexiones profundas pueden tener un elemento espiritual, pero también son prácticas. Vemos la naturaleza como algo de lo que formamos parte y no como simples «recursos» que explotar. Aprendemos a cuidar y vivir dentro de los límites de aquello que hemos llegado a respetar y amar. Empezamos a comprender la interconexión de toda existencia.

## Volver al jardín

*Solo los seres humanos han llegado a un punto en el que ya no saben por qué existen. ... han olvidado el conocimiento secreto de sus cuerpos, sus sentidos, sus sueños.*

—LAME DEER, citado en D.M. Levin, *The Body's Recollection of Being: Phenomenal Psychology and the Deconstruction of Nihilism*

*Millones de años de experiencia ancestral se acumulan en las reacciones instintivas de la materia orgánica, y en las funciones del cuerpo se incorpora un conocimiento vivo, de alcance casi universal...*

—ERICH NEUMANN, *The Origins and History of Consciousness*

¿Cómo podemos reincorporarnos al mundo, restablecer su espíritu y celebrar lo sagrado? El psicólogo David Michael Levin cree que debemos empezar por volver a entrar en el cuerpo, explorando el modo en que la tecnología nos ha aislado de la sabiduría corporal. Todos los relatos humanos tratan de tejer un sentido y un orden a partir de la disyunción y la confusión, pero el relato contado por el mundo occidental excluye específicamente la experiencia humana como fuente de verdad. Reivindicamos una «realidad objetiva», hecha de principios universales abstractos, que es más correcta y más exacta que el desordenado mundo sensorial que experimentamos a diario. Pero es de ese mundo sensorial del que formamos parte, el que nos penetra, y el que creamos y recreamos continuamente. Basta pensar un momento para darnos cuenta de lo «subjetivo» que es el mundo. Si paseamos por el jardín en pleno verano, observaremos cómo se mueve y cambia a nuestro alrededor. Cada planta tiene una historia que conocemos; de dónde viene, quién la trajo al jardín, dónde más ha crecido, cómo ha florecido. Cada planta es densa en relaciones hechas y sostenidas por nuestra consciencia, como un campo de significado que se extiende por el tiempo y el espacio. Los macizos de flores también tienen otros significados: algunos nos hablan directamente —de éxito, quizá, o de reproches por no haber desbrozado o podado—, otros insinúan posibilidades, relaciones con otras partes del mundo del jardín. ¿Los colores que cambian en esa hoja describen la química del suelo o señalan la llegada de otro organismo, tal vez un moho o un hongo? Las hormigas siempre se arrastran por los gordos capullos de la peonía; ¿cómo afectan a la flor? Una multitud de seres vivos, incluido el jardinero, crean y mantienen ese campo de significado: mariposas, aves, escarabajos, organismos del suelo, que se mueven y actúan en su propia esfera, entrecruzándose unos con otros, de forma intencionada, con un fin, bellos. ¿Es esta la «realidad objetiva»? Por supuesto que no. ¿Es la realidad? Desde luego.

> *Pues si nuestro cuerpo es la materia sobre la que se aplica nuestra consciencia, es coextensivo con ella. Incluye todo lo que percibimos; se extiende hasta las estrellas.*
>
> —HENRI BERGSON, citado en D.M. Levin, *The Body's Recollection of Being: Phenomenal Psychology and the Deconstruction of Nihilism*

Atender a nuestra experiencia, devolver el espíritu a la punta de los dedos, nos permite redefinir la consciencia: en lugar de estar atrapada dentro de la mente, se convierte en un entendimiento, una región de cuidados, la conversación que mantenemos con el jardín que nos rodea. «La conversación de la humanidad», según el ecologista Joseph Meeker, «es un diálogo abierto y continuo que conecta íntimamente nuestros cuerpos y mentes con los procesos de la naturaleza que impregnan todas las formas de vida». Como cualquier otro diálogo, requiere atención:

> *Aprender a conversar bien con el mundo puede empezar por escuchar atentamente los mensajes que nos envían sin cesar nuestro cuerpo y las demás formas de vida que comparten este planeta. Las mejores conversaciones siguen siendo las que reproducen variaciones sobre ese gran y antiguo tema: «Yo estoy aquí; ¿dónde estás tú?».*

*Ver un Mundo en un grano de arena,*
*Y un Cielo en una flor silvestre,*
*tener el Infinito en la palma de tu mano,*
*y la Eternidad en una hora.*

—WILLIAM BLAKE, «Augurios de inocencia»[18]

Anhelamos escapar de la muerte, por lo que rechazamos el cuerpo mortal y su comunicación con el mundo que lo rodea y buscamos el conocimiento abstracto y eterno. Sin embargo, la ciencia (al igual que nuestros mitos) nos dice dónde reside la inmortalidad: reside en el mundo al que pertenecemos, en la

---

[18] N. del T.: Traducción de Jordi Doce. https://trianarts.com/william-blake-nacio-en-londres-el-28-de-noviembre-de-1757/#sthash.3M3rQhGb.dpbs.

materia de la que estamos hechos. La materia no es mortal; como hemos visto antes, la materia no es transitoria, es transformadora, se desplaza por el tiempo y el espacio, de forma en forma, pero nunca se pierde. Conocemos este tipo de inmortalidad; nuestros indicios de ella adoptan un millón de formas corporales: la curva de la cabeza del niño heredada de su bisabuelo, la postura familiar de la mujer que barre, transmitida desde tiempos inmemoriales, la mano levantada en señal de despedida, la curva de los labios que sonríen al saludar; estas son las formas genéticas y sociales en que los humanos perduramos para siempre. No obstante, la transformación de nuestra materia personal va más allá del mundo genético y social de los humanos; la materia de la que estamos hechos cada uno de nosotros viene y va en el mundo que nos rodea. En «Transformaciones»,[19] Thomas Hardy expresa una versión casera de este proceso interminable:

*Es parte de ese tejo,*
*recogido aquí a sus pies,*
*un hombre al que mi abuelo conoció:*
*esa rama puede ser su esposa,*
*una rubicunda vida humana*
*ahora convertida en brote verde...*

*Así, pues, no están pues bajo tierra,*
*sino que rellenan, como nervios y venas,*

[19] N. del T.: En Antología poética de Thomas Hardy. Alba editorial 2023. Traducción de Xandru Fernandez.

*cuanto crece al aire libre*
*y sienten el sol y la lluvia*
*y la energía de nuevo*
*que los hacía ser quienes eran.*

No materia muerta, sino viva como nervios y venas, sentidos y energía, la pareja humana sigue participando de la consciencia, del ser de la Tierra. Volver a entrar en el cuerpo reaviva el mundo que nos rodea; los espíritus regresan a la arboleda sagrada.

*Obituario, 8 de mayo de 1994*

*Carr Kaoru Suzuki falleció en paz el 8 de mayo. Tenía ochenta y cinco años. Sus cenizas se esparcirán sobre los vientos de la isla de Quadra. Encontró una gran fuerza en la tradición japonesa del culto a la naturaleza. Poco antes de morir, dijo: «Volveré a la naturaleza de donde vengo. Formaré parte de los peces, los árboles, las aves: esa es mi reencarnación. He tenido una vida rica y plena y no me arrepiento de nada. Viviré en vuestros recuerdos de mí y a través de mis nietos».*

## La visión ecológica

Hoy estamos siendo testigos del comienzo de una nueva forma de pensar sobre el mundo —como conjuntos de relaciones en lugar de objetos separados— que llamamos ecología. Tendemos a pensar que un árbol es la parte marrón y verde que sobresale del suelo. Incluso si incluimos las raíces, estamos excluyendo la mayor parte del árbol. El aire que se mueve a su alrededor, el agua que lo atraviesa, la luz del sol que lo vivifica y la tierra que lo sustenta son partes integrantes del árbol. ¿Qué pasa con los insectos que lo fecundan, los hongos que le ayudan a absorber nutrientes y todo el resto de la vida relacionada con ese árbol? ¿Es la solidez visible la única parte «real», o existe también como proceso, relación, conexión? Conocemos muy bien la respuesta; un modelo de tamaño natural fabricado con materiales indistinguibles de los de un árbol real difícilmente nos engañaría ni un minuto: reconocemos un árbol cuando lo vemos. Sabemos que es más de lo que permite nuestra definición cultural, y algunos ecologistas están aprovechando en la actualidad el lenguaje de la ciencia para darnos una descripción más completa de nuestro mundo.

> *Podríamos decir que un árbol no es tanto una cosa como un ritmo de intercambio, o quizá un centro de fuerzas organizativas. La transpiración induce el flujo ascendente de agua y materiales disueltos, facilitando una afluencia desde el suelo. Si fuéramos conscientes de ello, más que del aspecto de una forma arbórea, podríamos considerar el árbol como el centro de un campo de fuerzas hacia el que se atrae el agua... El objeto al que atribuimos significado es la configuración de las fuerzas necesarias para ser un árbol... una atención rígida a los límites puede ocultar el acto de ser en sí mismo.*
>
> —NEIL EVERNDEN, *The Natural Alien*

Esta redefinición de algo tan familiar como un árbol suena extraña al principio. Sin embargo, podemos reconocer la forma de algo más que un árbol que describe, del mismo modo que sabemos que un bosque es algo más que los árboles que crecen en él y que nuestra relación con el mundo se extiende más allá de los bordes de nuestra piel. Nuestro lenguaje no está a la altura de nuestra aprehensión debido a la forma en que se nos ha enseñado a identificar el mundo. Pertenecemos a ese mundo que nos rodea, estamos hechos de él, y respondemos a él de formas que escapan al conocimiento.

> *¿Oh castaños!, con flores de profunda raíz,*
> *¿Eres la hoja, la flor o el tronco?*
> *¡Oh cuerpo sometido a la música!*
> *¡Oh centelleante mirada!*
> *¿Cómo del baile se distingue el bailarín?*
>
> —W.B. YEATS, «Ante los ojos de los niños del colegio»[20]

El mundo, podemos decir, no es un jardín, y pensando como una hoja no fue como los humanos inventaron los ascensores y las vacunas. De hecho, el mundo que hemos creado es un logro extraordinario y sin precedentes, construido a partir del asombroso poder de nuestro cerebro con capacidad de abstracción y creador de patrones. Sin embargo, le ha faltado el ingrediente del que, como descubrimos, dependemos para prosperar: la idea de completitud y conexión que llamamos espíritu. Los seres humanos siempre han creído en un poder más allá del poder humano, en la vida después de la muerte y en el espíritu entre nosotros (lo sagrado, lo santo). No obstante, nuestra narrativa cultural no incluye estas creencias, por lo

[20] N. del T.: traducción de Amal Haddad, Universidad de Granada. https://www.realinfluencers.es/2017/03/21/10-poemas-sobre-educacion/.

que nuestra experiencia de ellas está atrofiada y truncada, y es dolorosa. Las consecuencias son verdaderamente intimidantes: la negación del valor, la negación del ser. Sin embargo, si miramos con atención, veremos que ese relato original sigue contándose dentro de nosotros y a nuestro alrededor, incluso en nuestra cultura desespiritualizada.

### Habla el Espíritu

*Alégrese el cielo, goce la tierra,*
*retumbe el mar y cuanto lo llena;*
*vitoreen los campos y cuanto hay en ellos,*
*aclamen los árboles del bosque,*
*delante del Señor, que ya llega,*
*ya llega a regir la tierra:*
*regirá el orbe con justicia*
*y los pueblos con fidelidad.*

—SALMOS 96:11-13[21]

El salmo reafirma el canto de la Tierra cantándolo. Dar voz a la voz de la Tierra ha sido una tarea humana específica desde el principio de los tiempos, según los relatos que nos contamos a nosotros mismos, las canciones que cantamos, nuestros rituales y nuestra poesía. La repetición, el ritmo, la rima, los patrones gestuales, el movimiento y el lenguaje son las formas en que hablamos y conferimos coherencia a la experiencia, reafirmando nuestra conexión con todo lo demás. Estas formas

---

[21] N. del T.: Traducción de https://www.conferenciaepiscopal.es/biblia/salmos/.

repetitivas y resonantes de palabra y movimiento dan sentido a la aleatoriedad, imitan y encarnan los procesos cíclicos e interdependientes que crean y mantienen la vida en la Tierra, la red de la que formamos parte. En lugar del tiempo lineal de la mortalidad, la danza y la poesía marcan una medida circular, siguen el compás del mundo.

> Los mortales *saltan* y *danzan* obedeciendo a la Tierra, la presencia elemental del suelo; los mortales saltan y danzan con un *ritmo* de poder, un ritmo que obtiene su medida del suelo inconmensurable bajo sus pies. Gracias a nuestra destreza, los gestos de la danza son de celebración. Conmemoran y dan gracias. Rinden la voluntad de poder del ego, devolviéndola, en aceptación de nuestra mortalidad, a la todopoderosa Tierra, base de nuestro conjunto de conocimientos.

El lenguaje humano era el don del poder, un instrumento de creación análogo al de los dioses, como sugiere la Mujer Araña, en el mito de los hopi del principio de este capítulo, cuando pide «palabra», «sabiduría» y «reproducción» para el primer pueblo. Del mismo modo, el Creador del Génesis asigna a Adán el poder de nombrar:

> *Entonces el Señor Dios modeló de la tierra todas las bestias del campo y todos los pájaros del cielo, y se los presentó a Adán, para ver qué nombre les ponía. Y cada ser vivo llevaría el nombre que Adán le pusiera.*

Nombrar algo crea una identidad; los nombres establecen valores y funciones, dan a algo vida, una existencia propia. *Somos* nuestros nombres de una forma que no podemos describir; oímos que nos llaman a través de una habitación ruidosa, sentimos como si las propias letras fueran de alguna manera nuestras. El lenguaje teje mundos de existencia y significado; pero es un arma de doble filo. Llamar a un bosque «madera», a los peces «recursos», a los espacios naturales «materia prima» aprueba su tratamiento en consecuencia. La propaganda de las prácticas forestales destructivas nos informa de que «la tala a rasa es una pradera temporal». La definición identifica, especifica y limita una cosa, describe lo que es y lo que no es: es la herramienta de nuestro gran cerebro clasificador. La poesía, en cambio, es la herramienta de la síntesis, de la narración. Lucha contra los límites en un esfuerzo por significar más, incluir más, encontrar lo universal en lo particular. Es la danza de las palabras, la creación de más que significado, la revinculación del nombre, la cosa, con todo lo que la rodea.

*Yo solo abrevo en el significado*
*De las honduras del cerebro*
*Donde abrevan las aves y las hierbas y las piedras.*
*Que todo fluya en ascenso*
*Rumbo a los cuatro elementos,*
*Rumbo al agua y la tierra y el fuego y el aire.*

—SEAMUS HEANEY, «Las primeras palabras»[22]

---

[22] N. del T.: Traducción de Pura López Colomé https://akantilado.wordpress.com/2011/09/24/poemas-de-seamus-heaney/.

Desde los inicios de la poesía, poetas y cantautores han luchado contra la dicotomía mente/cuerpo, cantando su sentido del mundo, del cuerpo y el espíritu moviéndose juntos por el mundo eternamente. La poesía toma a la criatura humana fracturada, mortal y anhelante y la remodela en anhelo de ser y pertenencia. Las palabras, en su artesanal elaboración, intentan resolver las contradicciones de la consciencia, atrapando la palabra (tan insustancial como el aire, tan transitoria como el aliento) mientras va y viene, atándola a lo eterno.

*Y he advertido*
*una presencia que me turba con la alegría*
*de los pensamientos elevados; un sentimiento sublime*
*de algo todavía más profundamente entremezclado,*
*cuya morada es la luz de los soles crepusculares,*
*y el océano circundante y el aire vivo,*
*y el cielo azul, y la mente del hombre;*
*un movimiento y un espíritu que impelen*
*a todas las cosas pensadas, a todos los objetos de todos*
*los pensamientos,*
*y que se desliza sobre todas las cosas.*

—WILLIAM WORDSWORTH, «La abadía de Tintern»[23]

A medida que la visión cartesiana del mundo se imponía en Occidente, poetas, escritores y filósofos contraatacaban utilizando su experiencia personal de la naturaleza como arma

[23] N. del T.: Traductor Gonzalo Torné. Editor: Penguin Random House Grupo Editorial España.

contra los principios abstractos de la ciencia. A finales del siglo XVIII y principios del XIX, en Gran Bretaña y Europa, el movimiento romántico produjo una poesía extraordinaria, a menudo tachada, tanto entonces como ahora, de sentimental o antirracional. De hecho, la mejor poesía romántica fue profundamente subversiva, atacando la sabiduría convencional de aquella época y de la nuestra. Poetas como Blake, Schiller y Wordsworth insistieron en la realidad y la primacía de la percepción humana, y en el crucial entendimiento que aporta.

Los artistas de todo tipo tienden a ver su trabajo como similar, incluso idéntico, al trabajo del mundo natural y su continuo proceso de creación. «Las grandes obras de arte», según Goethe, «son obras de la naturaleza con tanta verdad como las montañas, los arroyos y las llanuras». Thomas Huxley, el gran científico victoriano, invirtió la comparación: «La naturaleza viva no es un mecanismo», insistía, «sino un poema». Toda la creación era la fuente de Paul Klee para sus cuadros: «Me sumerjo de antemano en el universo y luego me pongo en relación fraternal con mis vecinos, con todo lo que hay en esta Tierra». En muchas sociedades, el arte es práctico (porque es poderoso), un diseño arraigado en las necesidades de la vida: postes tallados que sostienen el tejado y protegen la vivienda, rituales de curación, danzas de la lluvia, pinturas en la arena. Son formas de hacer visibles los designios del universo, los cables que nos atan a la Tierra. En nuestra sociedad, este valor intrínseco ha sido eliminado del arte. En algunos casos, un valor monetario ha ocupado su lugar, como en las guerras de pujas por los *Lirios* de Van Gogh o el precio de las entradas para el *ballet*. En otros casos, la historia oficial es que los objetos o procesos carecen de valor: los juegos de rondas de los niños, las canciones de marcha de los soldados, los cuentos antes de dormir, los castillos de arena (esos objetos tan contradictorios: estructuras fortificadas y asediadas que desaparecerán con la marea entrante). Son solo juegos, decimos, solo pasatiempos; pero mientras lo decimos, sabemos muy bien otra verdad más fundamental. El mundo también es ni más, ni menos, que un pasatiempo: el juego de la vida, la materia y el espíritu jugando juntos. Somos jugadores en este juego, le ponemos voz, contamos su historia. Hablamos; por lo tanto, nos comunicamos. Cantamos; por lo tanto, nos unimos al canto de la creación.

### Más allá del valor económico

Los premios Nobel se conceden a economistas que intentan dar un valor económico a todo lo que nos importa, no solo el trabajo y los bienes materiales, sino las relaciones humanas, la familia, el divorcio, los hijos, el amor y el odio. Este fenómeno refuerza la idea de que la economía es el rasgo dominante de la vida moderna y que nada queda fuera de su alcance. Sin embargo, hay muchas cosas que no tienen precio, más allá de cualquier cálculo en dólares y céntimos. Cada uno de nosotros tiene esos tesoros: cartas de amor del pasado, una baratija que perteneció a un bisabuelo o a una tía favorita, un álbum de recortes lleno de recuerdos de la infancia.

La carta de un agente inmobiliario en la que me instaba a vender mi casa debido a un mercado en alza me hizo reflexionar sobre lo que valoro de mi casa, las cosas que la convierten en mi hogar. El terreno está situado junto al océano con una vista espectacular de la bahía del Inglés, el centro de Vancouver y las montañas detrás de West y North Vancouver. Pero las cosas que realmente me importan van más allá del valor. En la verja hay un pomo que talló mi mejor amigo cuando se quedó con nosotros una semana para ayudarme a construir la valla, y cada vez que paso por esa verja, pienso en él. Todos los años recojo espárragos y frambuesas que mi suegro plantó para mí porque sabía que son mis favoritos. El jardín inglés que ha creado es su orgullo, y cada vez que me detengo a disfrutarlo, me lo imagino allí de pie, con un pie sobre una pala, dando caladas a su pipa.

Enterramos al perro de la familia, Pasha, bajo el cerezo, en una parcela que mis hijas han convertido en cementerio para un hámster, una salamandra y otras criaturas muertas que han encontrado en el vecindario. En las ramas del cerezo hay una casita que pasé muchas horas construyendo y muchas más viendo cómo la usaban mis hijas. Una clemátide ha trepado por la verja trasera. Cuando murió mi madre, esparcimos sus cenizas en ella, y cuando murió la hija de mi hermana, añadimos algunas de sus cenizas a las de la abuela. Ahora, cuando las flores moradas florecen, el dolor de la pérdida de mi madre y mi sobrina se suaviza porque siento que están cerca.

Dentro de casa aún utilizamos un mueble de cocina que mi padre hizo para Tara y para mí cuando nos casamos. Lo rescatamos de nuestro apartamento, y es un pedacito de mi padre y de nuestros primeros años juntos. Por toda la casa hay recuerdos de mi mujer y de los cumpleaños, Navidades y Acción de Gracias que hemos compartido.

En el mercado inmobiliario, ninguna de estas cosas añade un céntimo al valor de la propiedad, pero para mí son las que hacen de mi casa un hogar y representan un valor más allá del precio. Me refiero a cosas que solo existen en mi mente y mi corazón, recuerdos y experiencias que me importan, que enriquecen y dan sentido a mi vida. Son valores espirituales. Ningún economista podrá jamás incluirlos en una ecuación, pero son tan reales y mucho más importantes que cualquier cantidad de dinero o cualquier objeto material.

### Vivir del espíritu

Un sistema ético completamente basado en la ecología es el siguiente paso crucial. Primero tenemos que reconciliar las dolorosas contradicciones de nuestra vida. Aunque sabemos quiénes somos, de dónde venimos y para qué estamos, no le damos importancia a ese conocimiento; nuestra cultura tiende a negar u ocultar esa percepción, y de este modo nos quedamos alienados y temerosos, creyendo que la verdad es «objetiva» en lugar de encarnada. Un mundo que es materias primas, recursos, materia muerta que hay que convertir en cosas, no tiene nada de sagrado. Como consecuencia, talamos la arboleda sagrada, la arrasamos y declaramos que no importa, porque solo es materia. Al igual que los esclavistas de un siglo anterior declaraban que su mercancía era incapaz de tener «sentimientos debidamente humanos». Así se han sacrificado generaciones de animales de laboratorio en nombre de la investigación. Los pesticidas envenenan los lagos y los ríos, los peces desaparecen de los océanos, las selvas se convierten en humo... este es el mundo que hemos creado y en el que seguiremos viviendo a menos que cambiemos nuestras ideas y contemos una historia diferente.

Sabemos muy bien lo que más nos importa: la gente a la que queremos, el lugar donde vivimos. «El hogar está donde está el corazón» encarna la verdad sentida. También sabemos lo que más tememos: la separación, la pérdida, la exclusión, el exilio y el exilio final, la muerte. «La espiritualidad puede ser nuestra principal adaptación local, el medio por el que entramos en contacto con lo sagrado, nos mantenemos unidos frente a la desintegración. Las formas y variedades de creencias espirituales y rituales entre las culturas de la Tierra pueden ser otro ejemplo de la increíble y extravagante invención por parte de la evolución de formas para que la vida sobreviva». No podemos volver por completo a esa cosmovisión anterior que nos arraigó tan firmemente en nuestro ecosistema; se han interpuesto demasiadas cosas. Sin embargo, podríamos volver a algunas de nuestras preguntas más antiguas y nos encontraríamos las respuestas mirándonos fijamente a la cara. ¿Cuál es el sentido de la vida? Respuesta: la vida. ¿Por qué estamos aquí? Respuesta: para estar aquí, para pertenecer, para ser. El mundo hace muchas cosas: recicla el agua, construye el suelo, cultiva setas, crea bacterias, inventa el oro, el granito, la radiación electromagnética, los castaños. Además, a través de nosotros se hace consciente. Si podemos ver (como vimos muy bien una vez) que nuestra conversación con el planeta es recíproca y mutuamente creativa, no podremos evitar caminar con cuidado en ese campo de significados.

*Si no estuviéramos tan decididos*
*a mantener nuestra vida en movimiento*
*y por una vez no pudiéramos hacer nada,*
*tal vez un gran silencio*
*podría interrumpir esta tristeza*
*de no comprendernos nunca*
*y de amenazarnos con la muerte.*

—PABLO NERUDA, citado en R.S. Gottlieb, ed.,
*This Sacred Earth*

# 9

## Restablecer el equilibrio

*Todo lo que somos es historia. Desde el momento en que nacemos hasta que continuamos nuestro viaje espiritual, participamos en la creación de la historia de nuestro tiempo aquí. Es con lo que llegamos. Es todo lo que dejamos atrás. No somos las cosas que acumulamos. No somos las cosas que consideramos importantes. Somos historia. Todos nosotros. Lo que importa entonces es crear la mejor historia posible mientras estemos aquí; tú, yo, nosotros, juntos. Cuando podemos hacerlo y nos tomamos el tiempo de compartir esas historias con los demás, nos hacemos más grandes por dentro, nos vemos, reconocemos nuestro parentesco... cambiamos el mundo, una historia cada vez...*

—RICHARD WAGAMESE, Autor de los anishinaabe

La humanidad es una especie infantil, recién evolucionada en la red de la vida. ¡Pero qué especie tan magnífica somos! Podemos mirar al exterior y sentirnos espiritualmente elevados por la belleza de un valle boscoso o de una montaña ártica cubierta de hielo, nos sobrecoge la visión de los cielos repletos de estrellas y nos llena de reverencia entrar en un lugar sagrado. En la belleza, el misterio y la maravilla que nuestro cerebro percibe y expresa, añadimos un regalo especial al planeta.

Sin embargo, nuestra descarada euforia por nuestra increíble inventiva y productividad en este siglo nos ha cegado y no nos ha dejado ver nuestro lugar en este planeta. Si queremos equilibrar y dirigir nuestro extraordinario poderío tecnológico, tenemos que recuperar algunas virtudes ancestrales: la humildad para reconocer lo mucho que aún nos queda por aprender; el respeto que nos permita proteger y restaurar la naturaleza; y el amor que pueda elevar nuestra mirada a horizontes lejanos, mucho más allá de las próximas elecciones, de la próxima nómina o del próximo dividendo bursátil. Por encima de todo, tenemos que recuperar nuestra fe en nosotros mismos como criaturas de la Tierra, que viven en armonía con todas las demás formas de vida.

Qué signo de madurez sería para nuestra especie reconocer las profundas limitaciones inherentes al conocimiento humano y las consecuencias destructivas de nuestras rudimentarias pero poderosas tecnologías. Sería el principio de la sabiduría prestar atención a los ecosistemas delimitados por la naturaleza —cordilleras, cuencas hidrográficas, fondos de valles, sistemas fluviales y lacustres, humedales— en lugar de a regiones determinadas por la política o la economía. El flujo y reflujo de organismos —peces, aves, mamíferos, bosques— por todas las extensiones de la Tierra reflejan ritmos territoriales intrínsecos que merecen respeto. Los elementos que han dado origen a la vida en este planeta y siguen alimentándola —aire, agua, suelo, energía, biodiversidad— son sacrosantos y deben tratarse como tales. No hay ignominia en admitir la ignorancia o en confesar nuestra incapacidad para lidiar con lo silvestre, para controlar las fuerzas de la naturaleza o incluso para entender las fuerzas cósmicas que modelan nuestra vida. Reconocer y aceptar estas limitaciones con humildad es el nacimiento de la sabiduría y el comienzo de la esperanza de que finalmente redescubriremos nuestro lugar en el orden natural.

Cuando reconocemos nuestra dependencia de los mismos factores biofísicos que sustentan todas las demás formas de vida, creer que tenemos la responsabilidad de «gestionarlo» todo se convierte en una carga terrible. Sin embargo, si miramos el mundo a través de las lentes de toda la vida en su conjunto, podemos reconocer los orígenes de nuestro camino destructivo y darnos cuenta de que no somos los «gestores»; hay sabiduría suficiente para la autogestión en la red de criaturas vivas que ha sobrevivido durante más de 3600 millones de años. En lugar de intentar gestionar los sistemas que sustentan la vida del planeta y fracasar en nuestro intento, podemos controlar —cada uno de nosotros— el efecto que tenemos en esos sistemas.

Saber cómo actuar es el primer gran problema. Muchas personas deseosas de trabajar por el cambio personal y público se sienten cada vez más desconcertadas por los mensajes, a menudo contradictorios, de los expertos, así como por los mantras que repiten una y otra vez los medios de comunicación. Ya no confiamos en nuestro sentido común innato ni en la sabiduría de nuestros mayores. Cuando pregunté al gran líder de los nisga'a James Gosnell qué sintió la primera vez que vio una tala a rasa, me contestó: «No podía respirar. Era como si la Tierra hubiera sido despellejada. No podía creer que alguien le hiciera eso a la Tierra». Gosnell sabía, como la mayoría de nosotros, en «la boca del estómago», que una tala a rasa inmensa donde antes había un bosque milenario es una afrenta a la vida misma. Sin embargo, mientras Gosnell confiaba en su propio sentido común que le decía que tales prácticas son un sacrilegio, nosotros nos sentimos tranquilizados por los «expertos» forestales que nos dicen que «solo tiene mal aspecto durante un tiempo, pero pronto reverdecerá». Estos expertos llaman «bosques» a las plantaciones de árboles, nos aseguran que los animales crecerán en ellos, nos dicen que los árboles pueden «cosecharse» en menos de un siglo y afirman con seguridad que se trata de una «práctica silvícola correcta». Pero en el fondo, sabemos que no es así... y lo que sabemos es la verdad.

Cuando vemos un arroyo cuyo curso se ha cambiado y cuyas orillas han sido enterradas en hormigón, cuando usamos un producto una vez y lo tiramos, cuando consumimos una nueva molécula que imita la grasa pero que pasa por nuestro cuerpo sin ser digerida, cuando oímos hablar de la clonación de una oveja o de un ser humano o cuando nos enteramos de que los cerdos están siendo manipulados para proporcionar órganos para trasplantes en humanos, sabemos visceralmente que esto no está bien. Sin embargo, cuando expresamos estos recelos, a menudo se nos dice que somos «demasiado sensibles», como si preocuparnos lo suficiente como para ser sensibles a una cuestión invalidara de algún modo nuestra preocupación. O nos dicen que carecemos de los conocimientos necesarios para emitir un juicio. Debemos confiar en nuestras reacciones viscerales iniciales e insistir en que los expertos demuestren sus argumentos.

## ¿Qué podemos hacer?

En este momento crítico de nuestra historia en la Tierra, nos estamos haciendo las preguntas equivocadas. En lugar de «¿cómo reducimos el déficit?» o «¿cómo nos hacemos un hueco en la economía mundial?», deberíamos preguntarnos «¿para qué sirve una economía?» y «¿cuánto es suficiente?». ¿Cuáles son las cosas de la vida que proporcionan alegría y felicidad, tranquilidad y satisfacción? ¿La plétora de bienes que tan eficazmente proporciona nuestra economía con altos niveles producción es el camino hacia la felicidad y la satisfacción, o siguen siendo las relaciones entre los seres humanos y no humanos el núcleo de las cosas importantes de la vida? ¿Es la uniformidad de alimentos y otros productos que encontramos ahora en cualquier lugar del planeta un sustituto adecuado de lo diferente y lo inesperado? Parece que hemos olvidado las verdaderas cosas que importan y debemos establecer el verdadero mínimo aceptable de necesidades no negociables para recuperar el equilibrio con nuestro entorno. Para ello, hay muchas cosas que cada uno de nosotros puede hacer. Presentamos aquí algunas estrategias muy prácticos para cambiar nuestra forma de pensar y de vivir.

- Reflexionemos de manera crítica sobre la información que nos inunda. Consideremos cuidadosamente su origen. Las organizaciones financiadas por intereses creados, como la industria petroquímica, las empresas forestales o las tabacaleras, pueden no ser fiables. Los activistas medioambientales han influido en las grandes corporaciones, muchas de las cuales han adoptado medidas para disminuir la contaminación o el consumo de energía. Incluso gigantes energéticos como BP han reconocido los peligros del cambio climático y se han comprometido a reducir sustancialmente las emisiones en sus operaciones y productos. No obstante, algunas empresas han lanzado ingeniosas campañas de relaciones públicas para dar a entender que están comprometidas con el medio ambiente, pero hacen poco por reducir su impacto ambiental y lo único que pretenden con esas campañas es su lavado de imagen o «ecoblanqueamiento». A menudo, un portavoz de un grupo de este tipo puede reclamar credibilidad por su experiencia en proyectos medioambientales. Pero después de traicionar a Jesús, Judas habría tenido poca credibilidad argumentando: «Confía en mí. Yo fui uno de los discípulos originales». La razón por la que las organizaciones no gubernamentales, o los grupos comunitarios, tienen tanta credibilidad es que sus motivos son obvios. No buscan el máximo beneficio, cuota de mercado o poder; trabajan para conseguir unas comunidades sostenibles, un futuro para sus hijos, un medio ambiente limpio o la protección de los espacios naturales.

- Confiemos en nuestro sentido común, en nuestra capacidad para evaluar la información. Hay una diferencia entre la información publicada en una publicación sensacionalista como el *National Enquirer* y la información de revistas como *Scientific American* o *New Scientist.* Determinar la exactitud y los sesgos de la cada vez mayor variedad de fuentes en Internet se ha vuelto especialmente importante. Los informes de periódicos como el *Wall Street Journal* (EE. UU.), el *Globe and Mail* (Canadá) o el *Australian* deben leerse teniendo en cuenta sus conocidos sesgos favorables a las empresas. Muchos libros tienen un fuerte sesgo antiecologista, pero proclaman su objetividad y equilibrio. Para una excelente refutación y revelación de muchos de estos libros, podemos leer *Betrayal of Science and Reason*, de Paul y Anne Ehrlich.

- Confirmemos hasta quedar satisfechos la profundidad de la crisis ecológica mundial a la que se alude en la «Advertencia de los científicos del mundo a la humanidad» de 1992 y en su actualización de 2017 «Advertencia de los científicos del mundo a la humanidad: un segundo aviso», así como la «Advertencia de los científicos del mundo sobre una emergencia climática» de 2019 y los informes del Grupo Intergubernamental de Expertos sobre el Cambio Climático. No tenemos por qué estar hechos un lío cuando se trata de a qué «experto» creer; basta con que hablemos con los ancianos de nuestro entorno, personas que han vivido en su parte del mundo durante los últimos setenta u ochenta años. Preguntémosles qué recuerdan del aire, de otras especies, del agua, de los barrios y las comunidades, de las relaciones entre las personas y de sus formas de comunicarse y entretenerse. Nuestros mayores nos hablan de los inmensos cambios que se han producido en el lapso de una sola vida humana; basta con proyectar hacia el futuro el ritmo de cambio que ellos han experimentado para hacernos una idea de lo que podría quedar en las próximas décadas. ¿Es esto progreso? ¿Es sostenible este modo de vida?

- Proyectemos nuestra mente hacia el futuro y consideremos los problemas que estamos dejando como legado a nuestros hijos y nietos. ¿Cómo será la calidad del aire, del agua y del suelo que tendrán? ¿Qué tipo de alimento comerán? ¿Cuántos espacios naturales les quedarán para disfrutar? Si no somos capaces de actuar con seriedad para paliar los problemas de contaminación tóxica, deforestación o cambio climático, ¿podrán las generaciones futuras superar las consecuencias que les dejemos?

- Reflexionemos profundamente sobre algunas de nuestros supuestos más extendidos; muchos sustentan el camino hacia la destrucción en el que nos encontramos.
  – Existe la creencia generalizada de que los seres humanos somos especiales, de que nuestro intelecto nos ha elevado desde el mundo natural para introducirnos en un entorno creado por el hombre. Nuestra absoluta necesidad de aire, agua, suelo, energía y biodiversidad desmiente ese supuesto.
  – Hoy en día, son muchos los que creen que la ciencia y la tecnología nos proporcionan la comprensión y las herramientas necesarias para controlar la naturaleza y encontrar soluciones a los problemas que la ciencia y la tecnología han contribuido a crear. La tecnología proporciona instrumentos potentes pero rudimentarios para actividades muy sencillas. Sin embargo, la ciencia fragmenta nuestra forma de ver el mundo, así que no tenemos un contexto en el que determinar qué repercusión tienen nuestras actividades y aplicaciones tecnológicas.
  – Algunos creen que un medio ambiente limpio solo es asequible cuando la economía es fuerte, pero en realidad

es al revés; la biosfera es lo que nos da la vida y el sustento. Los seres humanos y nuestras economías tienen que encontrar un lugar dentro del medio ambiente. El supuesto de la economía de que el crecimiento incesante no solo es necesario sino posible es suicida para cualquier especie que viva en un mundo finito.

– Suponemos que, aunque solo seamos una de 30 millones de especies, todo el planeta es nuestro. Damos por sentado que podemos controlar nuestros recursos naturales por medio de las subdivisiones burocráticas del gobierno y la industria. Creemos que podemos hacer evaluaciones medioambientales y análisis de rentabilidad para minimizar el efecto de lo que hacemos. Todos estos supuestos, y muchos más, no resisten un análisis crítico, pero rara vez se ponen en tela de juicio.

- Pensemos en nuestras conexiones con la red viva. ¿Cómo afecta al planeta el uso del coche para recorrer dos manzanas hasta la tienda? ¿Cuáles son los verdaderos costes y beneficios de tener una prenda que está de moda en esta temporada y pronto se desecha?

- Construyamos una jerarquía de nuestras propias necesidades básicas, aquellas cosas que nos son absolutamente necesarias para vivir, sentirnos realizados y ser felices. Lo podemos hacer respondiendo a algunas preguntas bastante básicas. ¿Pasar tiempo con nuestros seres queridos es más importante que ir de compras? ¿Es necesario ganar más dinero, tener un coche más grande o poseer el último

> artilugio tecnológico para satisfacer nuestras verdaderas necesidades biológicas, sociales y espirituales? ¿Cuál es el valor de la comunidad, la justicia, los espacios naturales y la diversidad de especies para nosotros, nuestros hijos y los nietos de nuestros hijos?

En este libro hemos intentado demostrar que tenemos una jerarquía de al menos tres niveles de necesidades innegociables. El primero está formado por el grupo de factores que satisfacen nuestras necesidades biológicas: aire limpio, agua limpia, suelo y alimentos limpios, energía y biodiversidad. A menos que se cumplan estos requisitos fundamentales, no podremos mirar más allá de satisfacerlos inmediatamente a cualquier precio. Un segundo nivel de necesidades está integrado por las derivadas de nuestra naturaleza social. Para llevar una vida plena y rica, necesitamos amor por encima de todo, y la mejor manera de satisfacer esa necesidad es procurar la estabilidad de las familias y las comunidades. Para desarrollar todo el potencial de cada uno, debemos tener la garantía de un empleo que aporte sentido, de justicia y de seguridad, porque sin ellos nos quedamos cojos e incompletos. Por último, como seres espirituales, tenemos que saber que existen fuerzas en el cosmos que escapan a la comprensión y el control humanos, que formamos parte indisoluble de la totalidad de la vida en la Tierra, atrapados en un proceso de creación infinito. Solo atendiendo a todos estos niveles de necesidades puede la sociedad proporcionar plena satisfacción y oportunidad a sus miembros y lograr una verdadera sostenibilidad.

- Reflexionemos sobre cómo podemos satisfacer nuestras necesidades fundamentales y al mismo tiempo ganarnos la vida. Para ello, nuestra economía tiene que estar conectada con el mundo real de la biosfera. La globalización significa que, en Vancouver, el cordero criado y enviado desde Nueva Zelanda es más barato que el criado en el valle de Fraser, a 100 kilómetros de distancia. Esto puede tener sentido económico, pero no ecológico. Las estimaciones del coste anual de los «servicios» prestados por la naturaleza, como la limpieza del aire y el agua, la polinización de las plantas, la inhibición de la erosión y las inundaciones o la creación de suelo vegetal, entre otros, ascienden a decenas de billones de dólares; sin embargo, la economía convencional considera estos regalos de la naturaleza «externalidades», lo que significa que no se incluyen en los cálculos económicos. Una verdadera economía de la Tierra tendría en cuenta estos servicios. La idea de que el crecimiento es la definición de progreso es suicida. Como dice el ecologista Paul Ehrlich, el crecimiento incesante en un mundo finito es el credo de la célula cancerosa y el resultado de adherirse a él es la muerte.

- Nuestros intentos de evitar las consecuencias negativas de nuestra actividad deben hacerse «en la base», no al final. Es decir, debemos tratar de evitar problemas como la contaminación o el cambio climático evitando la causa del problema en primer lugar en lugar de tratar de resolver el problema después de que exista. Nuestro sistema de cálculo de costes de los productos y actividades humanas debe incluir los costes ecológicos, así como los costes desde la extracción hasta los desechos finales, lo que se denomina contabilidad de costes de la cuna a la tumba; la práctica económica actual omite muchos costes de interés.

- Protejamos el vigor y la diversidad de las comunidades locales. La unidad social que gozará de mayor estabilidad y resistencia en el futuro es la comunidad local, que aporta a individuos y familias un sentido de pertenencia, compañerismo y apoyo, propósito y significado. La comunidad local aporta una historia y una cultura comunes, unos valores compartidos y un futuro compartido. No es de extrañar que cuando a algunas comunidades indígenas se les ha presentado un «plan de tala a diez años» de una empresa forestal, lo hayan rechazado con la exigencia de que la empresa «vuelva con un plan de tala a quinientos años». Ese tipo de perspectiva es propia de una comunidad profundamente arraigada y comprometida con un lugar.

¿Cómo podemos prestar los servicios comunitarios que esperamos partiendo de nuestras necesidades básicas? Una comunidad que desee evitar el ciclo de auge y caída que resulta de la explotación a corto plazo de un recurso o una oportunidad industrial debe ofrecer opciones de empleo estables a largo plazo, una relativa libertad frente a la incertidumbre de la economía global y las fuerzas del mercado, y una mayoría de servicios vitales cubiertos con sus propios recursos y personal. Es importante apoyar a la comunidad local para mantenerla viva, porque sin comunidades locales fuertes no podremos salvar el mosaico de todas las comunidades del planeta. Algunas recomendaciones sencillas sobre cómo apoyar a la comunidad local son comprar en la zona, comer productos locales y de temporada, contratar personal de la zona, trabajar en la zona o jugar localmente.

- Podemos empezar por volver a conectarnos con todo lo que hay en la Tierra, recreando una visión completa del mundo mediante el establecimiento o le redescubrimiento de rituales y ceremonias que celebren esos vínculos y nuestras comunidades. Tenemos muchos rituales en los que basarnos: Acción de Gracias, Halloween, festivales estacionales que celebran las frutas, las verduras, el agua o alguna característica local especial.

- Podemos adoptar formas más holísticas de ver las cosas conociendo y apoyando la historia, los conocimientos, los derechos, la reconciliación y los movimientos indígenas. Al cuestionar y superar las arraigadas perspectivas colonialistas, podemos compartir la sabiduría y los conocimientos necesarios acumulados por las gentes del lugar a lo largo de milenios, y podemos aprender sobre las injusticias históricas que durante demasiado tiempo han intentado negar esos conocimientos y esa sabiduría. Reconocer los territorios indígenas se ha convertido en una práctica habitual antes de reuniones y actos en Canadá, Australia y Nueva Zelanda. Es un comienzo, pero todos tenemos que hacer más para crear sociedades más equitativas e ilustradas basadas en el respeto y la responsabilidad hacia los demás y hacia toda existencia.

- Participemos. A largo plazo, una vida sostenible exige un cambio fundamental de valores. Sin embargo, toda acción precede invariablemente a un cambio profundo de valores, por lo que hacer algo es importante. De paso, aprendemos y nos comprometemos.

En el nivel más superficial, pero no por ello menos importante, apoyamos con dinero a una organización ecologista. La mayoría disponen de presupuestos muy reducidos, e incluso con pequeñas donaciones se puede hacer mucho. Echemos un vistazo a los grupos ecologistas de nuestro entorno, elijamos uno (o varios) que refleje nuestros valores y apoyémoslo (o apoyémoslos). Prestemos nuestros servicios de forma voluntaria, no solo a una organización ecologista, sino a uno de los muchos grupos caritativos que se ocupan de satisfacer las necesidades de las familias y la comunidad. La mayoría de las organizaciones no gubernamentales dependen de voluntarios, y resulta agradable y educativo conocerlos y trabajar con ellos. Me ha sorprendido el número y la calidad de los voluntarios de mi propia fundación. He sido voluntario a tiempo completo en ella desde que se puso en marcha, y ha sido una de las actividades más satisfactorias y gratificantes de mi vida. El voluntariado nos da la sensación de trabajar realmente en beneficio de la humanidad y del futuro. Además, nos recompensa con mucha diversión, sobre todo cuando encontramos compañeros que comparten nuestros objetivos y trabajan con nosotros para alcanzarlos.

He conocido a gente que pregunta: «¿Cómo sabes que estás teniendo algún efecto?»; o que suspira con resignación «¿Para qué? Somos insignificantes». Rendirse es escurrir el bulto porque nadie sabe lo que nos deparará el futuro. Entre casi ocho mil millones de personas, lo que hace cada uno de nosotros parece insignificante, pero muchas personas insignificantes pueden sumar una fuerza real. La Fundación David Suzuki lleva mucho tiempo trabajando para determinar las medidas más eficaces que podemos adoptar como individuos para reducir nuestro impacto negativo en el entorno. Nos centramos en la vivienda, el transporte y la alimentación, los tres ámbitos en los que nuestras decisiones y acciones tienen mayor repercusión. Nuestras diez propuestas son:

1. Instar al gobierno a tomar medidas climáticas audaces y ambiciosas ahora.
2. Utilizar la energía con prudencia y, de paso, ahorrar dinero.
3. Cargarse de energías renovables.
4. Comer pensando en un planeta con un clima estable.
5. Iniciar una conversación sobre el clima.
6. Hacer más ecológicos los desplazamientos.
7. Consumir menos, derrochar menos, disfrutar más de la vida.
8. Invertir en energías renovables y desinvertir en combustibles fósiles.
9. Movilizarse para conseguir una acción climática local.
10. Ser políticamente activos y votar.

En mi caso, la recompensa de implicarme es que podré mirar a mis hijas a los ojos y decirles: «Lo he hecho lo mejor que he podido». Creo en lo que me enseñó mi padre: que soy lo que *hago,* no lo que *digo.* Si todo el mundo trabaja duro y tenemos suerte, puede que incluso pueda tranquilizar a mis hijas, como solía hacer cuando se despertaban después de un mal sueño, diciéndoles que «todo va a salir bien». Ahora mismo no podemos afirmarlo con mucha seguridad.

- Trabajemos para que nuestra casa sea lo más ecológica posible. De las tres *R* —reducir, reutilizar y reciclar—, reducir es, con diferencia, el precepto más importante. Empecemos por eliminar la idea de que los objetos de usar y tirar son aceptables. Convirtamos «desechable» en una palabra obscena y favorezcamos lo reutilizable frente a lo reciclable. Gran parte de nuestra economía se basa en el consumo de baratijas, objetos inútiles que despiertan un breve interés y luego se olvidan o se tiran. La proliferación de bienes de consumo está impulsada por la necesidad de encontrar un nicho en el mercado más que de satisfacer una auténtica necesidad humana, por lo que, como consumidores, podemos hacer constar nuestra protesta no comprando. Me apresuro a añadir que un mundo sostenible no tiene por qué ser apagado y monótono, desprovisto de color o frivolidad. Será un mundo en el que los productos se fabrican para satisfacer una necesidad humana real e incorporan principios de durabilidad, reciclabilidad y bajo coste energético y ecológico. Esos son los principios que hay que tener en cuenta antes de diseñar productos divertidos y atractivos.

Vivir de un modo que satisfaga nuestras necesidades biológicas, sociales y espirituales no tiene por qué estar lleno de dolor y sacrificio, una vida sombría, sin diversión, frivolidad ni risas. De hecho, creo que el tiempo que pasamos con nuestros seres queridos, compartiendo conversación, compañía y actividades, es mucho más placentero que el disfrute fugaz de la posesión de un novedoso artículo o la sobrecarga sensorial de la realidad virtual.

- Hay muchas pequeñas formas de modificar nuestro estilo de vida que son buenas para nuestra salud, nuestro bolsillo y la salud del planeta. No son más que nociones de sentido común asumidas tácitamente hace dos generaciones. Actuar en consecuencia basándonos en esas nociones refuerza nuestra comprensión de que podemos vivir de una manera que tenga sentido para la Tierra.
  - Preguntémonos «¿de verdad necesito esto?» antes de comprar un artículo.
  - Utilicemos el transporte público para ir a trabajar siempre que sea posible.
  - Caminemos o utilicemos la bici o los patines si tenemos que hacer un trayecto de menos de diez manzanas.
  - Utilicemos las dos caras de las hojas de papel.
  - Preparemos almuerzos que no generen basura para nuestros hijos.

– Hay muchos libros con consejos útiles para vivir de forma más respetuosa con el planeta. Compremos uno y empecemos a hacer lo que sugiere.

- Las industrias que diseñan medios de producción pueden seguir el ejemplo de la naturaleza, en la que los residuos de una especie son la oportunidad de otra. Una planta que utiliza la energía del sol para crecer y reproducirse también puede alimentar a una multitud de parásitos y herbívoros y, al morir, alimentar a otras formas de vida al tiempo que devuelve materia orgánica al suelo para nutrir a futuras generaciones de plantas. La materia se utiliza, se transforma y se vuelve a utilizar en un ciclo interminable. La naturaleza ha desarrollado mecanismos excepcionales para sobrevivir y florecer a lo largo de la inmensidad del tiempo, a medida que la Tierra ha sufrido cambios geológicos y climatológicos. Nuestros conocimientos científicos son profundos, pero aún estamos en mantillas para desentrañar los secretos de la naturaleza, con la tecnología potente pero rudimentaria que poseemos. Con demasiada frecuencia carecemos de los conocimientos necesarios para prever las consecuencias de nuestras manipulaciones, como hemos aprendido con la energía nuclear, el DDT, los CFC y los OMG. Sin embargo, necesitamos que la ciencia y la tecnología revelen la naturaleza de los desafíos a los que nos enfrentamos y minimicen los peligros que nos aguardan. Necesitamos mucha más investigación básica y la aplicación de la tecnología con humildad y respeto por la naturaleza. Janine Benyus ha sugerido que utilicemos lo que llama biomimetismo —copiar la naturaleza en lugar de someter nuestro entorno a golpes— como principio para guiar nuestras acciones. Podemos transformar nuestro pensamiento, pasando de la linealidad de extraer, procesar, fabricar, vender, usar y desechar a la circularidad de los ciclos naturales.

- Salgamos a la naturaleza. La naturaleza no es nuestro enemigo; es nuestro hogar. De hecho, nos sustenta y está en cada uno de nosotros. Todos los seres vivos son nuestros parientes y pertenecen con nosotros a la biosfera. De puertas afuera aprendemos muy pronto que hay otro ritmo y un programa distinto al del frenético ritmo y programa humanos. Sintamos la lluvia y el viento en la cara, olamos la fragancia de la tierra y el océano, contemplemos el espectáculo de las miríadas de estrellas en el aire limpio o los innumerables animales en su migración anual. Hacerlo reavivará esa sensación de asombro y emoción que todos teníamos de niños al descubrir el mundo y engendrará un sentimiento de paz y armonía al estar en equilibrio con el mundo natural que es nuestro hogar.

- No nos sintamos culpables. La culpa es agotadora y opresiva; como dice la camiseta, *Nobody's Percfet* (Nadie es percfeto). He reducido radicalmente el uso del coche, pero he utilizado mucho el avión, y cada vuelo libera enormes cantidades de contaminantes y gases de efecto invernadero en mi nombre. Aunque he renunciado a la carne roja, como pescado. Hay muchas cosas con las que convivo que me impiden ser ecológicamente puro. Lo más importante ahora es el intercambio de ideas, hacer correr la voz mientras todos trabajamos para reducir nuestro efecto sobre el planeta, desarrollar infraestructuras para que podamos vivir de forma sostenible y crear un apoyo público que, en última instancia, cambie las prioridades políticas. Eso es lo importante que hay que hacer ahora mismo. No obstante, también hay cosas que podemos hacer durante la transición hacia una vida sostenible. Por ejemplo, yo compré el primer coche híbrido de gasolina y electricidad que se vendió en Canadá, el Prius, y ahora tengo un vehículo totalmente eléctrico. También intento evitar los viajes en avión y comprar «créditos de carbono» cuando vuelo o viajo en coche. Con ellos se introduce energía limpia, como la eólica o la solar, en la red eléctrica para equilibrar las emisiones realizadas en mi nombre, pero aun así debo reducir mis emisiones de carbono.

*Hasta que uno no se compromete hay vacilación, la posibilidad de volverse atrás, siempre ineficacia, en lo que se refiere a todos los actos de iniciación (y de creación)... en el momento en que uno se compromete definitivamente, también la Providencia se moviliza. Acuden en nuestra ayuda toda suerte de cosas que de otra manera nunca hubiesen acudido. Todo lo que puedas hacer o sueñes que puedes hacer, empiézalo. La audacia tiene genio, poder y magia. Empiézalo ya.*

—GOETHE, citado en P. Crean y P. Kome, eds., *Peace, a Dream Unfolding*

## La suma de una fuerza irresistible

Para que nadie se desespere, conviene recordar las palabras de Margaret Mead: «Nunca dudes de que un pequeño grupo de ciudadanos reflexivos y comprometidos puede cambiar el mundo».

En 1985, habrían llamado loco a cualquiera que dijera en voz alta que la Unión Soviética pronto dejaría de existir y pondría fin a la carrera armamentística, que el Muro de Berlín caería para que las dos Alemanias se convirtieran en una, y que el *apartheid* terminaría y Nelson Mandela saldría de la cárcel y se convertiría en presidente de Sudáfrica. Sin embargo, menos de diez años después, ocurrió lo inconcebible con muy poco derramamiento de sangre. No hay que perder la esperanza; ocurren cosas increíbles, y nadie puede saber cuál puede ser el factor decisivo. Pensemos en Al Gore, exvicepresidente de Estados Unidos y fallido candidato presidencial. Había manifestado su interés y preocupación por el medio ambiente con su exitoso libro *Earth in the* Balance, y tras una estrepitosa derrota política, a pesar de haber obtenido la mayoría de los votos, Gore siguió pronunciándose sobre el cambio climático. Con el estreno de la película *Una verdad incómoda* y el libro basado en ella, Gore logró el reconocimiento y el respeto mundiales por su llamamiento a la acción para combatir las amenazas del calentamiento global. En *Earth in the Balance,* Al Gore describió los resultados de una investigación sobre las propiedades físicas de los montones de arena en crecimiento. Cuando se añaden granos de arena a un montón de uno en uno, el montón crece hasta alcanzar un punto crítico en el que la adición de un grano más de arena provoca avalanchas, deslizamientos y cambios masivos. Es una acertada metáfora del modo en que los individuos pueden provocar cambios repentinos en la comprensión popular y la acción social. Nadie puede predecir cuándo se alcanzará ese punto crítico en el que un grano adicional puede ser el agente final que provoque un enorme cambio. Cada persona, grupo u organización que trabaja por un mundo diferente puede parecer impotente e insignificante, pero todos ellos pueden sumar una fuerza que puede llegar a ser irresistible.

En 1972, cuando las Naciones Unidas convocaron la primera conferencia mundial sobre el medio ambiente, solo una decena de instituciones gubernamentales nacionales del mundo se ocupaban del medio ambiente. Hoy en día, casi todos los gobiernos federales, estatales y municipales tienen departamentos o comités de medio ambiente. Prácticamente todos los delegados de la conferencia procedían de países industrializados. En la actualidad, en todo el mundo en desarrollo hay muchos grupos ecologistas de base y no gubernamentales. Solo en Indonesia hay más de mil, y desde Brasil a Malasia, Japón y Kenia hay organizaciones y grupos de base que trabajan por un modo de vida sostenible.

Hoy en día, cualquier revista centrada en el medio ambiente publica buenos reportajes. Además, hay cientos, si no miles, de informes de este tipo. Premios sobre medio ambiente como el *Goldman Environmental Prize*, el *Champions of the Earth* o el *Blue Planet Prize*, entre otros, honran a algunos de los cientos de candidatos que lo merecen. Esta es la base de la esperanza real de que se está produciendo un cambio.

A menudo, se acusa a los ecologistas de ser «negativos», «contrarios al desarrollo», «antiprogreso» o «demasiado deprimentes». Por eso, con el cambio de milenio, la investigadora Holly Dressel y yo nos propusimos determinar si existen alternativas a las prácticas destructivas para el medio ambiente. Buscamos lo que hacen particulares, empresas, organizaciones y gobiernos para encontrar realmente prácticas alternativas y sostenibles. Preveíamos un libro con pocas páginas. Para nuestra sorpresa y deleite, podríamos haber escrito diez volúmenes. Titulamos el libro *Good News for a Change: Hope for a Troubled Planet*, y en él se documentaban numerosas actividades en países ricos y pobres que tratan de conseguir un equilibrio con la naturaleza. Las miles de historias positivas de todo el mundo que se cuentan ocurren a nivel de países, estados y provincias, municipios, empresas y grupos. Pero lo más importante es que los particulares se ven impulsados a actuar y, al hacerlo, tienen un efecto no solo local, sino a menudo mundial. A continuación, incluyo una selección totalmente personal de solo algunas de las muchas historias que me han inspirado. Demuestran cuánto poder tenemos cada uno de nosotros sobre el futuro de la Tierra.

## El recordatorio de un niño en la Cumbre de la Tierra

*... y un muchacho será su pastor.*

—ISAÍAS 11:6

*Aún soy solo una niña, y sé que si todo el dinero que se gasta en guerras se utilizara para acabar con la pobreza y bus-*

*car soluciones medioambientales, la Tierra sería un lugar maravilloso...*

—SEVERN CULLIS-SUZUKI, 12 años,
*Cumbre de la Tierra Río de Janeiro, junio de 1992*[24]

La visita de diez días de mi familia a la aldea de Aucre, en la selva tropical brasileña, tuvo lugar en 1989, cuando mis hijas Severn y Sarika tenían nueve y cinco años, respectivamente. Al alejarnos de la aldea en el avión, pudimos ver la invasión de los mineros en busca oro que contaminaban los ríos y destruían las riberas, y a los agricultores que quemaban la selva en una búsqueda desesperada de tierra para cultivar alimentos. Severn empezó a alarmarse por el futuro de sus nuevos amigos de Aucre y, al regresar a Vancouver, fundó un club llamado ECO (Environmental Children's Organization), que era una organización infantil de medio ambiente. Cinco niñas de diez años empezaron a hablar de la belleza de los bosques tropicales; de los animales, plantas y personas que los habitan; y de la necesidad de protegerlos. Con el tiempo, las invitaron a acudir a clases y dar charlas, y adquirieron cierta notoriedad local.

En 1991, Severn me dijo que quería llevar ECO a la Cumbre de la Tierra de Río de Janeiro, en junio de 1992. Esta conferencia congregaría al mayor número de jefes de Estado de la historia. «Creo que todos esos adultos hablarán de nuestro futuro», dijo Severn, «y nos necesitan allí para actuar como su conciencia». Dos meses después, Severn mostraba orgullosa un cheque

[24] N. del T.: Traducción de https://www.ersilias.com/discurso-de-severn-cullis-suzuki-ante-la-cumbre-de-medio-ambiente-y-desarrollo-1992/.

de mil dólares a nombre de ECO, extendido por un filántropo estadounidense con el que había hablado de su sueño.

Mi mujer, Tara, y yo nos dimos cuenta entonces de que era fundamental que la gente reunida en la Cumbre de la Tierra escuchara la perspectiva de los niños. Así que nos ofrecimos a igualar cada dólar recaudado por el club con otro. Sin dejarse intimidar por el reto, las chicas se pusieron a fabricar y vender salamandras ornamentales (*ecogecos*) de plástico, a vender libros usados y a organizar ventas de pasteles. Atrajeron la atención de otro filántropo y de Raffi, el conocido cantante infantil. Ambos hicieron donaciones generosas. Por último, las chicas celebraron un acto público para mostrar diapositivas y describir su objetivo. Para nuestra sorpresa, ECO recaudó más de 13 000 dólares, suficientes, con los otros 13 000 dólares que pusimos nosotros, para llevar a cinco niños y tres adultos a Río.

En la Cumbre de la Tierra, ECO se registró como organización no gubernamental y alquiló un estand en el Foro Global junto con otros cientos de grupos. Instalaron una exposición de fotos y carteles, repartieron periódicos y folletos sobre ECO y hablaron con mucha gente. Pronto aparecieron periodistas y cámaras de televisión para entrevistar a estas cinco chicas de Canadá. El ministro canadiense de Medio Ambiente, Jean Charest, hizo acto de presencia acompañado por las cámaras. Finalmente, James Grant, responsable estadounidense de UNICEF, oyó hablar a las niñas e instó a Maurice Strong, organizador de la Cumbre de la Tierra, a que invitara a Severn a intervenir en una sesión plenaria, y así lo hizo.

Severn tenía doce años. Escribió su discurso, con aportaciones de sus compañeras de ECO, y lo ensayó una y otra vez en el taxi hasta Rio Centro, sede de la conferencia. Fue la última en hablar, en una enorme sala que engullía a algunos centenares de delegados. Entre lo que dijo estaba lo siguiente:

*Solo soy una niña y no tengo soluciones, pero quiero que se den cuenta: ustedes tampoco las tienen; no saben cómo arreglar los agujeros en nuestra capa de ozono; no saben cómo devolver los salmones a aguas no contaminadas. No saben cómo resucitar un animal extinto. Y no pueden recuperar los bosques que antes crecían donde ahora hay desiertos. Si no saben cómo arreglarlo, por favor, dejen de destruirlo.*

*En mi país derrochamos tanto… Compramos y desechamos, compramos y desechamos, y aun así, los países del Norte no comparten con los necesitados. Incluso cuando tenemos más que suficiente, tenemos miedo de perder parte de nuestra riqueza, miedo de soltarla.*

*Ustedes nos enseñan a comportarnos en el mundo. Nos enseñan a no pelear con otros, a arreglar las cosas, a respetarnos, a enmendar nuestras acciones, a no herir a otras criaturas, a compartir y a no ser codiciosos. Entonces, ¿por qué fuera de casa se dedican a hacer las cosas que nos dicen que no hagamos?*

*Mi padre siempre dice: «Eres lo que* haces, *no lo que* dices». *Lo que hacen me provoca el llanto por las noches. Nos educan diciéndonos que nos queréis; los desafío: por favor, hagan que sus acciones reflejen sus palabras.*

Pronunciadas desde el corazón, estas palabras electrizaron la sala de conferencias y rápidamente se extendieron más allá.

Cuando terminó la Cumbre de la Tierra, Maurice Strong citó a Severn para recordar a los delegados por qué estaban allí.

Severn es ahora directora ejecutiva de la organización que fundamos su madre y yo, la Fundación David Suzuki, y una nueva generación de jóvenes está emprendiendo la lucha. Me emocioné a finales de 2019 cuando la joven activista climática Greta Thunberg visitó Canadá y acompañó a Severn en la marcha por el clima de Vancouver. En septiembre, antes de venir a Vancouver, Greta se dirigió a cerca de medio millón de jóvenes en Montreal, en la mayor marcha de la historia de Quebec. En la huelga de Vancouver, quince jóvenes también presentaron la causa contra el gobierno de Canadá por no hacer lo suficiente para hacer frente al cambio climático.

La implicación de Greta en las cuestiones climáticas comenzó en 2018, cuando hizo una solitaria «huelga escolar por el clima» frente al Parlamento sueco. Tenía quince años. Al cabo de unos meses, jóvenes de todo el mundo organizaron sus propias huelgas climáticas y, un año después de su primera huelga en solitario, millones de personas participaron en 2500 actos en 163 países de los siete continentes.

En un poderoso discurso en el Foro Económico Mundial 2019 en Davos (Suiza), Greta dijo a los delegados: «Los adultos siguen diciendo: "Tenemos que dar esperanzas a la próxima generación". Pero no quiero su esperanza, ni quiero que la tengan. Quiero que entren en pánico, que sientan el miedo que yo siento todos los días, y luego quiero que actúen. Quiero que actúen como lo harían en una crisis. Quiero que actúen como si su casa estuviera en llamas, porque eso es lo que está pasando».

Los niños no deberían pasar su tiempo en los tribunales o protestando. Deberían disfrutar de sus años de formación, salir al aire libre, jugar, pasar tiempo con amigos y familiares, estudiar e incluso conectarse a las redes sociales. Pero les hemos fallado, y están haciendo todo lo posible para superar ese fracaso. Como la mayoría son demasiado jóvenes para votar, tienen pocas vías, aparte de las protestas y las acciones legales, para conseguir que los políticos y otras personas les presten atención. Más allá de las huelgas climáticas, jóvenes de países como Canadá, Estados Unidos, Reino Unido, Países Bajos, Portugal, Irlanda y Alemania, entre otros, han emprendido acciones judiciales contra sus gobiernos por no hacer frente a la emergencia climática.

En Canadá, quince jóvenes de siete provincias y un territorio presentaron una demanda en la que alegaban que el gobierno federal está contribuyendo al peligroso cambio climático y, al hacerlo, está violando sus derechos a la vida, a la libertad y a la seguridad de la persona en virtud del artículo séptimo de la Carta canadiense de derechos y libertades, y también por no proteger recursos esenciales en fideicomiso público. Los jóvenes demandantes también alegaron que la conducta de Canadá viola su derecho a la igualdad en virtud del artículo decimoquinto de la Carta, ya que los jóvenes se ven afectados de forma desproporcionada por los efectos del cambio climático.

Estos jóvenes solo piden que prestemos atención a las pruebas científicas y actuemos en consecuencia. Deberíamos haber escuchado a Severn en 1992. Ahora deberíamos escuchar a Greta y a todos los jóvenes. Cada día que no actuamos frente a la crisis climática es un día robado a los jóvenes y a los que aún no han nacido. Tenemos una deuda de gratitud con Greta y con todos los jóvenes por sostener un espejo ante nuestros actos. Más que nada, les debemos un futuro, y eso significa tomarnos en serio los cambios necesarios para resolver la crisis climática.

## Ian Kiernan y su fatídica regata

*Cuando di la vuelta al mundo en barco, vi con mis propios ojos que la gente utilizaba los océanos como un cubo de basura. Cuando llegué a casa, ya me había decidido a hacer algo al respecto, empezando por mi propio patio trasero, el puerto de Sídney.*

—IAN KIERNAN entrevista con David Suzuki

Ian Kiernan fue un torbellino de actividad desde Sídney, Australia. Era un regatista profesional cuya vida se transformó en 1986-87, cuando se unió a veinticuatro personas de once países para competir en una vuelta al mundo en vela en solitario. El viaje de 42 000 kilómetros de Kiernan en un barco de 20 metros comenzó en Newport (Rhode Island). Atravesó el océano Atlántico hasta Ciudad del Cabo (Sudáfrica) y luego rodeó la Antártida hasta llegar a Sídney.

En anteriores regatas, Kiernan siempre había tirado su basura por la borda, pero esta la seguían 33 000 escolares estadounidenses, así que los participantes acordaron almacenar su basura a bordo. A Kiernan le avergonzó darse cuenta de lo que había hecho en el pasado; mientras pasaba largas horas observando el mar pasar, vio que incluso en las aguas más remotas y prístinas, los desechos creados por el hombre, sobre todo espuma rígida de poliestireno expandido y plástico, estaban por todas partes. En su juventud, Kiernan había oído hablar de la vasta extensión de algas llenas de vida del mar de los Sargazos, y estaba ansioso por verlo de primera mano durante esta carrera. Para su consternación, lo primero que encontró fueron unas sandalias de goma, una bolsa de plástico y una tubería de plástico. Decepcionado y enfadado, decidió hacer algo al respecto, empezando por su patio trasero: el puerto de Sídney.

Cuando Kiernan llegó a Sídney, era un héroe nacional para los australianos, y aprovechó su fama para difundir su idea de limpiar el puerto. Destinó el 85 % del dinero recaudado a comunicar su idea. En marzo de 1989, organizó su primera limpieza del puerto de Sídney, con la esperanza de que algunos miles de personas acudieran a ayudar. Para su asombro, cuarenta mil personas acudieron y recogieron 5000 toneladas de basura Casualmente, el día de la limpieza, la prensa reveló que se estaban vertiendo aguas residuales sin tratar en el puerto de Sídney, y la noticia avivó la urgencia de los ciudadanos por tomar medidas inmediatas.

Este sensacional acontecimiento galvanizó a Australia, y empezaron a llegar llamadas de otras ciudades. Kiernan fue a Tasmania para ofrecer ayuda, a Darwin, en el Territorio del Norte, y a Wollongong, donde la gente sacó 158 coches y dos autobuses del lago Illawarra. Esta respuesta envió a los políticos el mensaje de que la gente se preocupaba apasionadamente por su medio ambiente. Las empresas vieron oportunidades de ser buenos ciudadanos corporativos y ganar dinero si se implicaban. En 1990, Kiernan amplió su proyecto a todo el país, y el Día de «A limpiar Australia» atrajo a 300 000 personas. Ahora, cada primer domingo de marzo se celebra el Día de «A limpiar Australia, en el que participan más de medio millón de personas y 850 ciudades y pueblos. La idea de Kiernan se amplió en 1993 a «A Limpiar el Mundo», y el Programa de las Naciones Unidas para el Medio Ambiente enseña a la gente cómo poner en marcha sus propios comités de «A limpiar el Mundo». En 1996 ya participaban 110 países y 40 millones de personas en todo el mundo. Kiernan observó que a los habitantes de los países ricos parece importarles menos que a los de los países más pobres, donde la limpieza es una cuestión de salud infantil. En África, Corea, Polonia y Rusia hay programas de limpieza en marcha. Aunque ya ha fallecido, desde su solitaria vigilia en los océanos del planeta, Kiernan convirtió su vergüenza y su rabia en un plan de acción que ha permitido a la gente responsabilizarse de su entorno local.

## Un nuevo tipo de arquitecto: William McDonough

> *... el diseño conduce a la manifestación de la intención humana, y si lo que hacemos con nuestras manos ha de ser sagrado y honrar a la Tierra que nos da la vida, entonces las cosas que hacemos no solo deben surgir de la tierra sino volver a ella —la tierra a la tierra, el agua al agua—, de modo que todo lo que se recibe de la Tierra pueda devolverse libremente sin causar daño a ningún sistema vivo. Esto es la ecología. Esto es un buen diseño.*
>
> —WILLIAM MCDONOUGH, citado en K. Ausubel, *Restoring the Earth*

En la naturaleza, algunos animales recogen materiales de su entorno para utilizarlos en su supervivencia, igual que hacemos nosotros. La larva de los tricópteros incorpora arena o ramitas en una funda protectora; el cangrejo decorador coloca deliberadamente anémonas o algas en su caparazón para camuflarse; los gorilas construyen cuidadosamente plataformas para dormir con ramas, lianas y hojas. Sin embargo, los seres humanos nos diferenciamos de todas las demás especies en la forma en que extraemos material de nuestro entorno y lo aprovechamos para vestirnos, cobijarnos y obtener bienes, así como en la cantidad que extraemos.

Admiramos los objetos creados por el hombre que combinan forma y función de forma estéticamente agradable: la elegante curva de una espada samurái, el avión supersónico *Concorde*, la Torre Eiffel o la Catedral de San Pablo. La integración de aspecto y eficiencia en el diseño es intuitivamente satisfactoria. Sin embargo, la arquitectura moderna, según William McDonough, arquitecto afincado en Charlottesville (Virginia), floreció en una época de energía barata y materiales baratos como el vidrio. Como consecuencia, nuestros edificios tienen un aspecto impresionante, pero derrochan energía y están llenos de sustancias químicas tóxicas procedentes de pegamentos, alfombras y muebles. Según McDonough: «Nuestra cultura ha adoptado una estrategia de diseño que dice: "Si la fuerza bruta no funciona, es que no la estás usando lo suficiente"».

McDonough es un nuevo tipo de arquitecto. Su actitud y sus valores se forjaron durante su educación en Hong Kong, donde la escasez crónica de agua era un recordatorio constante de los recursos finitos de la Tierra. Se licenció en Arquitectura por la Universidad de Yale en 1976. Apenas habían pasado dos años desde que el embargo de petróleo árabe conmocionara al mundo y, sin embargo, los mejores diseñadores parecían ignorar la escasez. Crítico con la visión cortoplacista de su profesión, a McDonough le gusta citar una historia relatada por el ecofilósofo Gregory Bateson. En el New College de Oxford (Inglaterra), las enormes vigas de roble de la sala principal de la universidad miden 12 metros de largo y 0,5 metros de grosor. En 1985, la podredumbre seca los había debilitado tanto que hubo que sustituirlos. Si se hubieran encontrado robles de ese tamaño en Inglaterra, habrían costado unos doscientos cincuenta mil dólares por tronco, lo que supondría un coste total de sustitución de unos cincuenta millones de dólares. Entonces, el guarda forestal de la universidad informó a los administradores de que, cuando se construyó la sala principal 350 años antes, los arquitectos habían ordenado que se plantara y mantuviera un bosquecillo de robles para que, cuando apareciera la podredumbre seca, unos tres siglos y medio más tarde, se pudieran sustituir las vigas. Eso sí que es planificación a largo plazo, y McDonough cree que debe convertirse en norma en el pensamiento arquitectónico.

McDonough ha añadido otra *R* al trío de reducir, reutilizar y reciclar: *rediseñar*. Para evitar la toxicidad de los materiales de construcción actuales, busca incansablemente productos no tóxicos. Señala que el 30 % del material de los vertederos son residuos de la construcción y que el 54 % de la energía de Estados Unidos se gasta en nombre de la construcción. El diseño arquitectónico basado en principios de sostenibilidad podría tener un enorme efecto tanto en la eliminación de residuos como en el consumo de energía.

En 1986 McDonough fue contratado por el Fondo de Defensa Medioambiental para diseñar un edificio que combinara conservación y diseño. Estableció nuevos niveles de eficiencia energética, aumentó el caudal de aire seis veces por encima del estándar normal, sustituyó los materiales sintéticos por fibras naturales como el yute y sustituyó los clavos por colas. Una de las principales preocupaciones de McDonough es la plétora de materiales y suministros de construcción que emiten gases tóxicos. «Estamos goteando veneno», dice. «Fabricamos productos o subcomponentes de productos que nadie debería comprar». Ha desempeñado un papel decisivo en la búsqueda de materiales ecológicamente benignos. Los criterios en los que basa la aceptabilidad son: «... no mutágenos, no carcinógenos, sin toxinas persistentes, sin metales pesados, no bioacumulativos, sin disruptores endocrinos. Punto». De las más de ocho mil sustancias químicas analizadas, solo treinta y ocho cumplían los criterios y pueden convertirse en productos tan benignos que no solo se pueden compostar, sino que también son comestibles.

McDonough tuvo una gran oportunidad de difundir sus ideas cuando le pidieron que diseñara un nuevo edificio de Walmart en Tulsa (Oklahoma). Los pequeños comerciantes y las personas preocupadas por las comunidades locales suelen oponerse a megatiendas como Walmart por motivos ecológicos y sociales, pero McDonough aprovechó la oportunidad. Walmart construye una nueva tienda en algún lugar cada dos días, y eso implica una enorme cantidad de materiales y productos de construcción; por ejemplo, casi un kilómetro de claraboyas al día. Para McDonough, esto significaba que si se incorporaban principios ecológicos al programa de construcción de Walmart, la propia magnitud de las necesidades de la empresa podría bastar para crear nuevos fabricantes de productos ecológicos. Las tiendas Walmart se construyen partiendo del supuesto de que durarán como tales cuarenta años, por lo que McDonough diseñó la tienda de Tulsa para convertirla en un edificio de apartamentos una vez transcurrido ese período. No se utilizaron CFC en la tienda, y la introducción de claraboyas redujo las necesidades energéticas en un 54 %. En lugar de acero, cuya fabricación requiere mucha energía, utilizó madera en el tejado. Para asegurarse de que la madera procedía de prácticas forestales sostenibles, puso en marcha *Woods of the World*, un sistema de información sobre investigación forestal sin ánimo de lucro cuya base de datos se puso a disposición de arquitectos y constructores.

McDonough cree que el pensamiento ecológico y la sostenibilidad deben convertirse en una parte tan natural de la vida como respirar:

> *Todo el mundo tiene que ser diseñador. Lo que pedimos es una creatividad masiva. La cuestión fundamental que intentamos abordar es el lugar que le corresponde al ser humano en el mundo natural. ¿Cómo podemos empezar a formar parte del diseño natural?*

McDonough cree que toda sostenibilidad se basa en las comunidades locales y descansa en el reconocimiento de que todo es interdependiente. Charlottesville es la cuna de Thomas Jefferson, artífice de la Constitución estadounidense y de la Declaración de Independencia, y McDonough tiene pensado rendirle un homenaje:

> *... vamos a declarar la interdependencia. Jefferson lo haría si viviera hoy. Es una declaración por la vida, la libertad y la búsqueda de la felicidad, libre de tiranías remotas. Salvo que esta vez se trata de una tiranía intergeneracional a distancia, y los tiranos somos nosotros y nuestro mal diseño.*

En 2002, McDonough y el químico alemán Michael Braungart publicaron *Cradle to Cradle: Remaking the Way We Make Things,* que intenta situarnos en la próxima revolución industrial: el diseño deliberado e inteligente de una tecnología que sea sostenible.

> *Creo que podemos lograr cosas grandes y provechosas dentro de un nuevo marco conceptual: uno que valore nuestro legado, honre la diversidad y alimente los ecosistemas y las sociedades... Es hora de diseños creativos, abundantes, prósperos e inteligentes desde el principio.*
>
> —WILLIAM MCDONOUGH

## Reforestar Kenia: Wangari Maathai

*Todos tenemos un Dios en nosotros, y ese Dios es el espíritu que une toda la vida, todo lo que hay en este planeta. Debe de ser esa voz que me dice que haga algo, y estoy segura de que es la misma voz que habla a todos los habitantes del planeta, al menos a todos los que parecen preocuparse por el destino del mundo, por el destino de este planeta.*

—WANGARI MAATHAI, citada en P. Sears, «Wangari Maathai: "You Strike the Woman".»

Wangari Maathai, fallecida en 2011, destacaba entre la multitud, especialmente en Norteamérica, porque era escultural, vestía con brillantes motivos africanos y tenía la piel casi negra como el azabache. Era una mujer extraordinaria desde el punto de vista de cualquier sociedad. Obtuvo la licenciatura en Estados Unidos, hizo un máster en Alemania y obtuvo el doctorado en Kenia, y su marido se divorció de ella por ser «demasiado educada, demasiado fuerte, demasiado exitosa, demasiado testaruda y demasiado difícil de controlar». Un grupo de mujeres de Kenia estrechamente vinculado con el gobierno la acusó de violar la tradición africana por no ser dócil y no someterse a los hombres. También la acusaron de haber alzado la voz contra los hombres del Gobierno, incluido el presidente. Estas críticas revelaron su inmenso compromiso y su valentía.

Kenia importa todo su petróleo, electricidad y carbón, por lo que la mayoría de la población depende de la leña local como combustible. Los bosques del país han disminuido a tal ritmo que su cubierta forestal es ahora una fracción de lo que fue. La mayoría de los aldeanos sufren escasez crónica de madera y, como señaló Maathai:

*La pobreza y la necesidad tienen una relación muy estrecha con un medio ambiente degradado...*

*... cuando se habla de los problemas, se tiende a restar poder a la gente. Se tiende a hacer sentir a la gente que no hay nada que puedan hacer, que están condenados, que no hay esperanza. Me di cuenta de que para romper el ciclo hay que empezar con un paso positivo, y pensé que plantar un árbol es muy sencillo, muy fácil, algo positivo que cualquiera puede hacer.*

Maathai se dio cuenta de que muchos niños de Kenia se alimentaban con pan blanco procesado, margarina y té azucarado, una dieta que los mantenía enfermos y desnutridos. Se dio cuenta de que esta mala alimentación era consecuencia directa de la escasez de leña para cocinar. Estableció una conexión entre el gran número de niños con mala salud y la degradación de la tierra como consecuencia de la tala de bosques para plantaciones y combustible. Los campos estaban cultivados de forma intensiva y, sin árboles que protegieran del sol y la lluvia, el suelo se secaba y deslavaba. Maathai plantó siete árboles en su patio trasero y en 1976 empezó a enseñar a la gente cómo plantar árboles en lo que se conocería como el Movimiento del Cinturón Verde.

Maathai empezó a instar a los agricultores kenianos, el 70 % de los cuales eran mujeres, a plantar árboles como cinturón protector alrededor de los campos. Recorrió escuelas para instar a los alumnos a que consiguieran que sus padres plantaran especies de árboles autóctonas, como baobabs, acacias, bananos de la montaña, crotón, cedros, cítricos e higueras. Gracias al reclutamiento de niños y mujeres, el Movimiento del Cinturón Verde de Maathai se ha convertido en una fuerza importante en el país. En 2021, había plantado más de cincuenta y un millones de árboles en Kenia. En 1986, los miembros kenianos del Cinturón Verde empezaron a enseñar sus métodos a personas de distintos países africanos, una iniciativa que se convirtió en el Movimiento Panafricano del Cinturón Verde, que incluye grupos activos en Tanzania, Uganda, Malawi, Lesoto, Etiopía y Zimbabue.

El Movimiento del Cinturón Verde ofrece empleo a discapacitados, pobres y jóvenes desempleados. Llega a muchas mujeres pobres y analfabetas, se gana su confianza y las empodera. La organización les enseña sobre nutrición adecuada y alimentos tradicionales, y favorece la planificación familiar. En las zonas rurales, el personal del movimiento distribuye herramientas y forma a la gente para que recoja y plante semillas. Se ha convertido en una gran fuerza de cambio en Kenia y fue reconocida por las Naciones Unidas como modelo de conservación de base comunitaria.

En 2002, Maathai fue elegida por una amplia mayoría para el Parlamento, donde trabajó incansablemente para concienciar sobre los problemas medioambientales y conseguir que se cancelara la terrible carga de deuda internacional para los países africanos pobres. En 2004 recibió el Premio Nobel de la Paz por su labor en el Movimiento del Cinturón Verde.

### Karl-Henrik Robèrt y el Paso Natural

*Durante miles de millones de años, las células han transformado un guiso tóxico de compuestos inorgánicos en depósitos minerales, bosques, peces, suelo, aire respirable y agua, la base de nuestra economía y de nuestra existencia saludable. Con la luz solar como única fuente de energía, estos recursos naturales se han creado en ciclos de crecimiento autosostenibles: los «residuos» de una especie nutren a otra. Los únicos procesos en los que podemos confiar indefinidamente son los cíclicos; todos los procesos lineales acaban llegando a su fin.*

—KARL-HENRIK ROBÈRT, «Educating a Nation: The Natural Step»

La historia de Karl-Henrik Robèrt es como una película de Hollywood. Robèrt era un reputado científico y médico especializado en el cáncer infantil. Con los años empezó a darse cuenta de que muchos de los niños que acudían a él tenían formas de cáncer probablemente inducidas por agentes ambientales. Le asombraba el amor que los padres entregaban a sus hijos. «Harían cualquier cosa dentro de sus posibilidades por esos niños», me contó, pero su preocupación por el medio ambiente, que puede haber sido el origen de los problemas de sus hijos, no era tan intensa. Robèrt reflexionó sobre ello y finalmente redactó un documento que era su intento de definir las condiciones necesarias para tener una sociedad sana y sostenible. En él advierte de que

*hasta ahora, gran parte del debate sobre el medio ambiente ha tenido el carácter de una charla de monos entre las hojas marchitas de un árbol moribundo; las hojas representan problemas concretos y aislados... muy pocos de nosotros hemos prestado atención al tronco y las ramas del medio ambiente. Se están deteriorando como consecuencia de procesos sobre los que hay poca o ninguna contro-*

*versia; y los miles de problemas individuales objeto de tanto debate son, de hecho, manifestaciones de errores sistémicos que están socavando los cimientos de la sociedad.*

En su análisis, Robèrt se dio cuenta de que en la naturaleza la utilización de la energía y los recursos es circular: el producto de desecho de una especie es la oportunidad de otra. El ser humano lo ha cambiado al romper los círculos y crear modelos lineales de producción en los que el material se extrae de la Tierra, se fabrica o se utiliza y, finalmente, se desecha como residuo o basura. Robèrt intentó redactar los principios de la sostenibilidad.

Lo que hizo entonces es extraordinario. Envió su documento a cincuenta de los principales científicos suecos y les pidió que analizaran de forma crítica sus ideas. Recibió un aluvión de comentarios críticos, pero en lugar de dejarse vencer por ellos, incorporó sus sugerencias a un nuevo borrador y lo envió de nuevo, invitando a que se hicieran más comentarios. Lo repitió veintiuna veces hasta que redujo las ideas a cuatro conceptos fundamentales con los que ninguno de los cincuenta científicos podía estar en desacuerdo. ¡Había logrado el consenso científico!

Entonces llevó el documento al rey de Suecia y le pidió que lo refrendara, y así lo hizo. Fue a la televisión sueca y pidió tiempo de antena para hablar de sus ideas; lo consiguió. Acudió a estrellas del espectáculo suecas y les pidió que colaboraran en un programa, y así lo hicieron. Finalmente, envió una explicación impresa y una cinta de audio con sus ideas a todos los hogares y escuelas de Suecia: 4,3 millones de ejemplares.

Las ideas de Robèrt se han dado a conocer con el nombre de Paso Natural y se enseñan en todas las escuelas de Suecia. También han sido adoptadas como normas por más de cincuenta empresas de ese país. Ahora, el Paso Natural se ha extendido a otros países del mundo. ¿Cuáles son las cuatro «condiciones sistémicas» que, según los científicos, son esenciales para las sociedades sostenibles? Aunque engañosamente sencillos, los principios representan un cambio profundo en la forma en que percibimos nuestras actividades en el planeta:

- La naturaleza no puede soportar una acumulación sistemática de materia dispersa extraída de la corteza terrestre (minerales, petróleo, etc.).
- La naturaleza no puede soportar una acumulación sistemática de compuestos persistentes fabricados por el ser humano (por ejemplo, PCB).
- La naturaleza no puede soportar un deterioro sistemático de su capacidad de renovación (por ejemplo, la captura de peces a un ritmo mayor de lo que pueden reponerse, la conversión de tierras fértiles en desiertos).
- Por lo tanto, si queremos que la vida continúe, debemos (a) ser eficientes en el uso de los recursos y (b) promover la justicia, porque ignorar la pobreza llevará a los pobres, para sobrevivir a corto plazo, a destruir recursos (por ejemplo, las selvas tropicales) que todos necesitamos para sobrevivir a largo plazo.

*Vivimos en dos mundos que se interpenetran. El primero es el mundo vivo, que se ha forjado en un crisol evolutivo a lo largo de cuatro mil millones de años. El segundo es el mundo de carreteras y ciudades, granjas y artefactos, que la gente ha ido diseñando para sí misma a lo largo de los últimos milenios. Lo que amenaza a ambos mundos —la insostenibilidad— es el resultado de la falta de integración entre ellos.*

—SIM VAN DER RYN y STUART COWAN, *Ecological Design*

Las ideas de Robèrt están arraigando en muchas empresas y países. Comunidades como Whistler (Columbia Británica) y Canmore (Alberta) están experimentando un crecimiento explosivo y han estado trabajando con la división de Paso Natural de Canadá para encontrar formas de ser sostenibles, y grandes corporaciones como Interface e IKEA han adoptado el Paso Natural para reducir su impacto ecológico. Al replantearse por completo su forma de desarrollar su actividad y cambiar procesos como la compra de materiales, la fabricación, el transporte, la construcción de instalaciones o el mantenimiento y la gestión de residuos, las empresas reducen residuos, son más eficientes y aumentan su rentabilidad.

El Paso Natural parte de la capacidad de absorción y regeneración de la Tierra como patrón con el que se sopesa la actividad humana, de modo que se libera a los expertos humanos de intentar establecer límites basados en una ciencia incompleta. Al aceptar las condiciones del sistema, las empresas y los grupos deben encontrar sus propias soluciones y formas para intentar vivir dentro de ellas, reivindicando de este modo el proceso como propio. Es un proceso fascinante y positivo que está teniendo una enorme repercusión.

*No creo que en la sociedad las soluciones provengan de la izquierda o de la derecha, o del norte o del sur. Vendrán de... islas de personas íntegras que quieren hacer algo. Esto es lo que debe hacer una red: identificar a las personas que querrían hacer algo bueno. Están por todas partes. Así es como aparecerá el cambio: no percibiremos la diferencia. No será nadie ganando a nadie. Simplemente se extenderá. Será algo que las personas inteligentes hagan.*

—KARL-HENRIK RÒBERT, «That Was When I Became a Slave»

## Defensora de la biodiversidad: Vandana Shiva

*La familia de la Tierra ha estado formada no solo por todos los seres humanos de diversas sociedades, sino todos los seres. Las montañas y los ríos también son seres. En hindi, las palabras Vasudhaiva Kutumbam significan «Familia de la Tierra», la democracia de toda la vida, de todos los seres pequeños y grandes sin jerarquía porque ecológicamente no tenemos ni idea de cómo encajan las cosas en la red de la vida.*

—VANDANA SHIVA, citada en K. Ausubel, Restoring the Earth

Vandana Shiva es una mujer india con una pasión y un compromiso generados por su educación. Su madre era una funcionaria de educación de alto rango que, tras la partición de India y el nacimiento de Pakistán, se hizo agricultora. Vandana recuerda que su madre señalaba a menudo que el bosque es un modelo de existencia. El padre de Vandana era un veterano conservacionista forestal que a menudo la llevaba con él de excursión a los bosques de las estribaciones del Himalaya. De hecho, Vandana nunca vio una ciudad hasta los quince años, y para entonces ya había desarrollado un profundo vínculo con la naturaleza que subyace en todo lo que hace y piensa.

Fue su amor por la naturaleza lo que llevó a Shiva a cursar estudios de posgrado en Canadá sobre física cuántica, el estudio de la estructura fundamental de toda la materia. Este campo le enseñó la imprevisibilidad y la diversidad de las partículas más elementales del universo, conceptos que impregnan sus ideas y acciones actuales. Mientras estudiaba en la universidad, pasaba parte de sus veranos haciendo senderismo por las zonas que había recorrido su padre, y fue en uno de estos viajes cuando conoció a las mujeres del famoso movimiento *Chipko* (literalmente, «abrazadoras de árboles»), en el que las mujeres abrazaban árboles para evitar que fueran talados. Comenzó a colaborar con el movimiento.

Para cuando consiguió su doctorado, había rechazado puestos en Norteamérica para regresar a la India, justo cuando se cuestionaban los cacareados beneficios de la Revolución Verde. Como parte de la Revolución Verde, en muchos países, las semillas de cereales tradicionales, adaptadas localmente y genéticamente diversas, fueron sustituidas por algunas variedades altamente seleccionadas que requerían grandes cantidades de fertilizantes, agua, herbicidas (para reducir la competencia de las plantas) e insecticidas, así como maquinaria agrícola para plantar y cosechar los nuevos cereales. En un país como la India, donde en aquella época casi el 70 % de la población se dedicaba a la agricultura campesina, el impacto de la Revolución Verde fue inmenso. Las comunidades autosuficientes que habían cultivado productos para satisfacer las necesidades locales se transformaron en proveedoras de mercados extranjeros, muy dependientes de la experiencia de otros lugares y atrapados en un tipo de agricultura cara que exigía el uso de más maquinaria. Según Shiva:

> *El mundo moderno ha construido sus ideas sobre la naturaleza y la cultura sobre el modelo de la fábrica industrial, juzgando un bosque, por ejemplo, por el valor de su madera y no por su capacidad de proporcionar sustento vital.*

Shiva vio que el efecto de la Revolución Verde había sido agotar la diversidad, que es el escudo esencial contra los brotes de plagas. La diversidad era necesaria para enriquecer el suelo, proporcionar alimento al ganado y alimentar a la población. Al final, el suelo se degrada, las comunidades sufren y solo las empresas ganan dinero. Shiva empezó a trabajar con los agricultores para luchar contra las empresas transnacionales de semillas y preservar la diversidad genética que perpetuaba la agricultura tradicional. En 1991, escribió *The Violence of the Green Revolution* para contrarrestar los supuestos beneficios.

Shiva también creó la Fundación de Investigación para la Ciencia, la Tecnología y la Política de Recursos Naturales. Por medio de la fundación, descubrió, entre otras cosas, que empresas de la India habían obtenido sentencias que les permitían patentar semillas híbridas como «invenciones», con lo que se hacían con el control absoluto de la base misma de la agricultura. Una vez patentada, una semilla no puede reutilizarse, intercambiarse o revenderse sin pagar al titular de la patente. Además, manipulando uno o dos genes de los tal vez entre treinta mil y cien mil que puede tener una planta, una empresa podría considerarla una nueva forma de vida. Cuando se dio cuenta de las implicaciones de lo que estaba ocurriendo, Shiva decidió luchar contra el control empresarial sobre las semillas:

> *Si para la revolución textil, Gandhi cogió la rueca, en el periodo de la ingeniería de la vida tiene sentido coger la semilla... Cada grano de semilla cuenta la historia de la comunidad. En la semilla hay una declaración política de qué tipo de vida queremos, qué tipo de agricultura queremos, qué relación con la tierra queremos.*

Como física cuántica, Shiva sabe que en todas partes hay *potencial* y que siempre hay una variedad de resultados posibles. Para nosotros, la libertad es mantener abiertos los potenciales u opciones, no restringir las posibilidades. Cuando las grandes organizaciones controlan los medios de producción y difunden técnicas o ideas uniformes para homogeneizar la producción e imponer certidumbre, nuestras opciones se reducen y nos volvemos vulnerables a los imprevistos.

Cuando la empresa Cargill, valorada en 47 000 millones de dólares y la mayor comercializadora de cereales del mundo, solicitó patentes sobre semillas tradicionales indias, Shiva supo que había que plantar cara a la empresa. Si se concedían patentes, podría llegar impedirse a los agricultores utilizar sus propias semillas. Los agricultores indios consideran que las semillas son de su propiedad intelectual y están indignados por las acciones de Cargill. En 1993, los agricultores invadieron las oficinas administrativas de Cargill en Delhi y quemaron sus archivos. Meses después, los agricultores arrasaron las instalaciones de procesamiento de semillas de Cargill, valoradas en 2,5 millones de dólares, y poco después más de medio millón de agricultores se manifestaron en Bangalore para protestar contra las leyes para patentar plantas. Tras la manifestación masiva, Cargill no tardó en anunciar que dejaría de patentar semillas en la India.

Para Shiva, la biotecnología y las patentes de formas de vida son una extensión grotesca del utilitarismo aplicado a los recursos, una mentalidad que observa el mundo y evalúa todo lo que hay en él en función de su posible utilidad y control:

> *Cuando la vida se ha convertido en una mina de genes, nada es seguro. Esa es realmente la base de nuestra resistencia en la India al comercio de esclavos del siglo XX, el comercio de materiales genéticos.*

Shiva comprende una de las lecciones más importantes de la biología, que la clave de la resistencia de la vida y de la cosecha del agricultor es la diversidad:

> *La obligación de cultivar la diversidad es una obligación cósmica de mantener un equilibrio mayor. Esa es la forma en que hemos estado llevando a cabo la conservación de semillas en la India.*

Ha creado diez bancos de semillas comunitarios para preservar la diversidad existente en las variedades locales de cereales de los agricultores. Sabe que, con el tiempo, estos bancos se convertirán en un legado de valor incalculable para que las generaciones futuras puedan protegerse de las incertidumbres de un mundo cambiante. Quiere que se establezcan zonas libres de patentes en la India y trabaja por una red mundial de agricultores y jardineros que colaboren en la conservación de las reservas de semillas. Al mismo tiempo, trabaja con la Red del Tercer Mundo, con sede en Malasia, para mantenerse al tanto de los rápidos cambios en biotecnología y luchar contra los programas con ánimo de lucro de las corporaciones transnacionales y organizaciones económicas como la Organización Mundial del Comercio.

### Muhammad Yunus y el Banco Grameen

*Hay que acabar con el mito de que el crédito es privilegio de unos pocos afortunados. Miras a la aldea más pequeña y a la persona más pequeña de esa aldea: una persona muy capaz, una persona muy inteligente. Solo hay que crear el entorno adecuado para apoyar a estas personas a fin de que puedan cambiar sus propias vidas.*

—MUHAMMAD YUNUS, citado en D. Borstein, «The Barefoot Bank With Cheek»

Para las personas que no han podido encontrar un empleo estable o que no poseen un coche o una casa, obtener un préstamo bancario es imposible. Sin una garantía ni un trabajo estable, estas personas parecen ser un todo un riesgo para pedir dinero prestado. Ya es bastante difícil para una persona en un país como Australia, Canadá o Estados Unidos, así que imaginémonos lo que debe ser para alguien en uno de los países más pobres de la Tierra. Hace solo unos años, Bangladesh era considerado un caso perdido desde el punto de vista económico, y algunas personas sugerían que se detuviera la ayuda al país porque la población estaba más allá del límite para la reanimación. Pues bien, Muhammad Yunus desmintió esa idea.

Yunus se había doctorado en economía en Estados Unidos en la década de 1960, y el activismo estudiantil de la época inflamó su idealismo. A su regreso a Bangladesh en 1972, Yunus quiso ayudar a mejorar la suerte de sus conciudadanos. En 1974, durante una terrible hambruna en Bangladesh, Yunus se animó a financiar a un pequeño grupo de familias para que pudieran crear pequeños artículos para la venta. Creía que la concesión de tales préstamos podría aliviar la pobreza rural generalizada. Llevó a sus alumnos a conocer a los agricultores y aldeanos locales con vistas a ayudarles. En 1976, mientras dirigía el Departamento de Economía de la Universidad de Chittagong, Yunus paseaba por un pueblo cuando tuvo una epifanía en un encuentro con Sufiya Khatun, una viuda. Tejía taburetes de bambú para venderlos y Yunus se sorprendió al saber que sus beneficios eran de apenas dos céntimos al día. Cuando le preguntó por qué ganaba tan poco, Khatun le contó que tenía que comprar el bambú al contado y que la única persona que le prestaba dinero le cobraba tanto que apenas le dejaba beneficios.

Yunus decidió averiguar si había otras personas en el pueblo con el mismo problema y, junto con sus alumnos, confeccionó una lista de cuarenta y dos personas que necesitaban

26 dólares para comprar materiales y trabajar libremente. Yunus señala entonces:

> *Me sentí muy avergonzado de formar parte de una sociedad que no podía proporcionar veintiséis dólares a cuarenta y dos seres humanos capaces y cualificados que intentaban ganarse la vida.*

Para préstamos de cantidades tan pequeñas, el papeleo administrativo en los bancos normales costaría más que los préstamos. Además, esta población era extremadamente pobre y analfabeta, y carecía de garantías.

Dos años más tarde, Yunus creó la primera sucursal del Banco Grameen (que significa «aldea»). Este banco se diferenciaba de los demás en que (1) los préstamos debían devolverse a tiempo, (2) solo los más pobres (los sin tierra) podían optar a los préstamos, y (3) se salía a la búsqueda de mujeres, que ocupaban el escalón social y económico más bajo, para concederles los préstamos. Los préstamos se conceden a mujeres cuyo patrimonio familiar está muy por debajo de los requisitos de un banco normal. En lugar de aportar una garantía, cada mujer se convierte en miembro de un grupo de cinco personas que asume la deuda colectiva de los cinco miembros. A su vez, pasan a formar parte de un centro de cuarenta miembros, que se reúne semanalmente.

El banco ha tenido un éxito espectacular. En 1983, el Banco Grameen contaba con 86 sucursales que atendían a 58 000 clientes, y en mayo de 2006 más de dos mil ciento ochenta y cinco sucursales daban servicio a 69 140 aldeas y 6,39 millones de clientes, el 96 % de los cuales eran mujeres. Sorprendentemente, el 98,45% de sus préstamos se devuelven a tiempo. En noviembre de 2019, el Banco Grameen ha prestado servicios a más de nueve mil seiscientos millones de miembros en 81 678 aldeas, más del 93 % de las aldeas de Bangladesh. De los cerca de treinta millones de prestatarios de Grameen en Bangladesh, más de la mitad han salido de la pobreza absoluta, que se mide por criterios como que todos los niños en edad escolar asistan a la escuela, que todos los miembros de la familia coman tres veces al día, que dispongan de un inodoro, una casa impermeable y agua potable, y que tengan la capacidad de devolver un préstamo de ocho dólares estadounidenses a la semana. Por su revolucionaria labor, Yunus recibió el Premio Nobel de la Paz en 2006.

Se han creado más de cuatrocientos tipos diferentes de empresas con préstamos del Banco Grameen, por ejemplo, empresas que descascarillan arroz, fabrican palitos de helado y procesan aceite de mostaza. En la actualidad, el ejemplo del Banco Grameen ha inspirado la creación de bancos similares en muchas partes del mundo, incluso en el país más rico de la Tierra, Estados Unidos. *Microeconomía, microcréditos* y *microbancos* son términos que han llegado incluso a interesar al Banco Mundial y a las Naciones Unidas. Es un justo homenaje a la labor de Muhammad Yunus.

### Marcar la diferencia

Estos son solo algunos de los cientos de héroes de la ecología que ya han tenido un efecto significativo sobre sus sociedades y más allá. A ellos se unen millones de personas que donan dinero y trabajan desinteresadamente sin reconocimiento público como voluntarios, realizando tareas que van desde escribir cartas hasta dotar de personal a los bloqueos y participar en protestas públicas. Hay alegría en el compañerismo de otros que trabajan para marcar la diferencia para las generaciones futuras, y hay esperanza. Cada uno de nosotros puede actuar de forma decisiva a favor del cambio; juntos podemos recuperar esa ancestral armonía sostenible, en la que las necesidades humanas y las de todos nuestros compañeros del planeta se mantienen en equilibrio con los procesos sagrados y autorrenovadores de la Tierra.

> *El mundo natural es sujeto además de objeto. El mundo natural es la fuente materna de nuestro ser como terrícolas y el alimento vivificante de nuestra existencia física, emocional, estética, moral y religiosa. El mundo natural es la gran comunidad sagrada a la que pertenecemos. Ser ajeno a esta comunidad es convertirse en indigente en todo cuanto nos hace humanos. Perjudicar a esta comunidad es mermar nuestra propia existencia.*
>
> —THOMAS BERRY, *The Dream of the Earth*

# Epílogo

Mientras escribo esto, hay, en palabras del *Washington Post*, «no menos de cinco potentes cúpulas de calor hinchándose sobre las masas continentales del hemisferio norte». Hace una o dos semanas, la temperatura en la Columbia Británica de David Suzuki alcanzó los 49,6 °C, probablemente la temperatura más alta que se ha registrado en Canadá en millones de años. En la actualidad, el humo de los incendios en Canadá y la costa oeste de Estados Unidos ha degradado la calidad del aire en la costa este lo suficiente como para que se nos pida que nos abstengamos de hacer ejercicio al aire libre, y en Siberia se han declarado nuevos y enormes incendios forestales. Entretanto, mientras Europa central trata de limpiarse tras las inundaciones récord, China registra... inundaciones récord: Zhengzhou, sede de la fabricación de iPhones, recibió 635 milímetros de lluvia en veinticuatro horas; literalmente, llovió en un día lo que suele llover en todo un año. En Turquía e Irlanda se registran temperaturas récord.

Todo esto supone un duro telón de fondo para leer *El equilibrio sagrado.* Duro porque fue escrito en el momento en que el autor todavía estaba, en su mayoría, señalando el daño que se avecinaba, ofreciendo una advertencia y un conjunto de recetas verdaderamente útiles. No hicimos caso de esa advertencia, y no seguimos esas recetas; al menos hasta que fuimos golpeados por la COVID-19, seguimos usando más combustibles fósiles año tras año, y viendo cómo subía la temperatura. Incluso ahora, mientras nos asolan día tras día más incendios, más inundaciones, más tormentas, más sequías, nuestros dirigentes siguen insistiendo en que debemos desenterrar más materia para quemarla.

A veces pienso en los límites de la persuasión: David Suzuki es votado año tras año como el canadiense más admirado; difícilmente habrá un canadiense que no le haya escuchado hablar. Sin embargo, Justin Trudeau pudo ir a Texas hace unos años y decir, ante una multitud enfervorizada de ejecutivos de la industria petrolera, que «ningún país encontraría 173 000 millones de barriles de petróleo bajo tierra y los dejaría allí». Desde luego, no Canadá, que literalmente ha socializado un oleoducto para poder mantener el flujo del petróleo más intensivo en carbono del planeta, a pesar de las protestas de las Primeras Naciones, aunque lo último que necesita el sensible y bello paisaje oceánico frente a la Vancouver de Suzuki es un brusco aumento del tráfico de petroleros. Es como si las palabras acabaran de rebotar en los ojos y oídos de la gente.

Pero quizá no, o no del todo. Porque en la generación transcurrida desde que David Suzuki nos hizo el gran regalo de este libro, ha ocurrido algo más: el surgimiento del mayor movimiento mundial de la historia, el decidido a exigir responsabilidades a la industria y a cambiar la dinámica de nuestro declive. Sus palabras han tenido mucho que ver; han llegado a

suficientes ojos y oídos (a suficientes corazones, en realidad) para ayudar a crear esa corriente. He podido ver cómo la gente ha empezado a inundar las calles y las cárceles, intentando y consiguiendo bloquear oleoductos, o bloquear el flujo de dinero a las grandes petroleras. Sí, hay un espantoso efecto provocado por el retraso: los daños que no evitamos hace dos decenios son los que provocan la destrucción actual. Sí, todo lo que podemos hacer es evitar que sea peor de lo que sería. Pero eso es suficiente para muchos de nosotros.

Y ese «nosotros» es muy diferente de lo que era. Al principio de estas páginas, David nos cuenta cómo una visita a los haida, que luchaban contra la tala a rasa de árboles, le ayudó a cambiar su visión del mundo; su fundación ha llevado a cabo una notable labor con activistas indígenas de todo el mundo. Su ascenso a la vanguardia del movimiento contra la destrucción del planeta ha sido importante desde el punto de vista estratégico (desde las arenas bituminosas hasta Standing Rock, pasando por Burnaby y los yacimientos de carbón de Australia, las tierras de los indígenas se encuentran sobre grandes depósitos de carbono, o frente a las rutas necesarias para llevarlo al mercado), pero aún más importante desde el punto de vista espiritual. De hecho, los primeros años de la carrera de Suzuki como científico de laboratorio y su vida posterior como defensor junto a los pueblos de las Primeras Naciones me parecen el ejemplo mismo de uno de los hechos más importantes de nuestro tiempo: las tradiciones de sabiduría más antiguas y las más modernas se encuentran en sintonía. Es decir, la visión desde el satélite y el superordenador, y la visión desde la carpa de sudación, me parece que encajan, y en lo que coinciden es

en que la sabiduría convencional del mundo (especialmente que podemos seguir haciendo crecer nuestras economías para siempre) está peligrosamente equivocada.

Esa convergencia es poderosa, y en el próximo decenio contribuirá a hacer realidad el último desafío al poder corporativo que amenaza con aplastarnos. Será una batalla memorable. Pero llega muy tarde. Leer las extraordinarias palabras de este volumen es recordar exactamente cuántas advertencias hemos tenido, cuán poco hemos hecho y todo lo valioso que, como consecuencia, hemos perdido.

¡Que no perdamos nada más!

*Bill Mckibben*

# Créditos

Las siguientes fuentes han dado su permiso para la utilización del material citado:

De *Biophilia*, de E.O. Wilson. Copyright © 1984 de E.O. Wilson. Reimpreso con permiso del autor. De *The Diversity of Life,* de E.O. Wilson. Copyright © 1992 de E.O. Wilson. Reimpreso con permiso del autor. De «Biophilia and the Conservation Ethic», de E.O. Wilson, en *The Biophilia Hypothesis,* editado por S.R. Kellert y E.O. Wilson. Copyright © 1993 de E.O. Wilson. Reimpreso con permiso del autor. De «Natural Resources and an Optimum Human Population», de D. Pimentel, en *Population and Environment,* vol. 15, n.º 5. Copyright © 1994 de D. Pimentel. Reimpreso con permiso del autor. De *Creation Myths: Man's Introduction to the World,* de D. Maclagan. Copyright © 1977 de D. Maclagan. Reimpreso con permiso de Thames & Hudson. De Worldwatch Paper 117, «Saving the Forests: What Will It Take?», de A.T. Durning, Worldwatch Institute, diciembre de 1993. Reimpreso con permiso de Worldwatch Institute. De *Restoring the Earth* © 1997 de Kenny Ausubel. Reimpreso con permiso de H.J. Kramer, P.O. Box 1082, Tiburon, CA. Todos los derechos reservados. De «All-Consuming Passion: Waking Up From the American Dream». Creado por New Road Map Foundation, P.O. Box 15981, Seattle, WA 98115. Reimpreso con permiso de New Road Map Foundation. De *Living Within Our Means,* de John Robinson y Caroline Van Bers. Copyright © 1996 de David Suzuki Foundation. Reimpreso con permiso de David Suzuki Foundation.

De *Wisdom of the Elders*, de Peter Knudtson y David Suzuki. Copyright © 1992 de Peter Knudtson y David Suzuki. Reimpreso con permiso de los autores. De *In Context* 28, «Educating a Nation: The Natural Step», una entrevista con Karl-Henrik Robert. Reimpreso con permiso de Context Institute (P.O. Box 946, Langley, WA 98260; URL: http://www.context.org; correo electrónico: ci@context.org). De «World Scientists' Warning to Humanity». Reimpreso con permiso de Union of Concerned Scientists. De *Amazonian Cosmos: The Sexual and Religious Symbolism of the Tukano Indians*, de G. Reichel-Dolmatoff. Copyright © 1971 de G. Reichel-Dolmatoff. Reimpreso con permiso de University of Chicago Press. De *Peace, a Dream Unfolding,* editores P. Kome y P. Crean, Lester & Orpen Dennys Ltd., impresión de Key Porter Books, Toronto, 1986. Reimpreso con permiso de Key Porter Books. De *Motivation and Personality*, de A.H. Maslow. Copyright © 1970 de A.H. Maslow. Reimpreso con permiso de Addison-Wesley Educational Publishers Inc. De *Our Common Future,* Comisión Mundial sobre el Medio Ambiente y el Desarrollo. Copyright © 1987 de Oxford University Press. Reimpreso con permiso de Oxford University Press. De «A Basic Need», de A. Stevens, en *Resurgence* 174, enero/febrero de 1996.

Reimpreso con permiso del autor y de *Resurgence.* De *The Direction of Human Development*, de Ashley Montagu. Co-

pyright © 1955 de Ashley Montagu. Reimpreso con permiso del autor. De *Growing Young*, de Ashley Montagu. Copyright © 1981 de Ashley Montagu. Reimpreso con permiso de Bergin & Garvey Publishers. De «The Canticle of Brother Sun», de San Francisco de Asís, en *St. Francis and the Song of Brotherhood,* E. Doyle. Copyright © 1980 de E. Doyle. Reimpreso con permiso de HarperCollins. Derechos mundiales administrados por Allen & Unwin. De «The Morality of Molecular Water», de Peter Warshall, en *Whole Earth Review* 85, primavera de 1995. Reimpreso con permiso del autor y de *Whole Earth.* De *Out of the Earth: Civilization and the Life of the Soil*, de Daniel Hillel. Copyright © 1986 de Daniel Hillel. Reimpreso con permiso del autor. De *Recollections of My Life*, de Santiago Ramón y Cajal. Copyright © 1989 de MIT Press. Reimpreso con permiso de MIT Press. De *The Next One Hundred Years*, de Jonathan Weiner. Copyright © 1990 de Jonathan Weiner. Reimpreso con permiso del autor. De *One Cosmic Instant*, de John A. Livingston. Copyright © 1973 de John A. Livingston. Reimpreso con permiso del autor. De *Nature and Madness*, de Paul Shepard. Copyright © 1982 de Paul Shepard. Reimpreso con permiso de Florence Shepard. De *The Natural Alien: Humankind and Environment*, de Neil Evernden. Copyright © 1993 de University of Toronto Press. Reimpreso con permiso de University of Toronto Press. De «Jews, Jewish Texts and Nature», de Daniel Swartz, en *To Till and to Tend: A Guide to Jewish Environmental Study and Action.* Copyright © Daniel Swartz y The Coalition on the Environment and Jewish Life. Reimpreso con permiso del autor y de The Coalition on the Environment and Jewish Life.

# Agradecimientos

Quiero dar las gracias a las numerosas personas que respondieron generosamente a mi solicitud de información, entre ellas el Dr. Brian Holl (Universidad de Columbia Británica), el Dr. Craig Russell (Universidad de Columbia Británica), el Dr. Darrin Lehman (Universidad de Columbia Británica), el Dr. Robert Jin (Richmond, Columbia Británica), el Dr. Bill Fyfe (Universidad de Ontario Occidental) y el Dr. Tony Bai (Hospital St. Paul, Vancouver, Columbia Británica).

Me asombró la generosidad de las personas dispuestas a revisar mi trabajo con tan poca antelación. Mi agradecimiento a los revisores de la primera edición: Dr. Digby McLaren (capítulo 1), Dr. David Bates (capítulo 2), Dr. Jack Vallentyne (capítulo 3), Dr. Les Lavkulich (capítulo 4), Dr. David Brooks (capítulo 5), Dr. Charles Krebs (capítulo 6), Dra. Janine Brody (capítulo 7) y Rev. Peter Hamel (capítulo 8). Todas las opiniones, por supuesto, son mías.

Muchas gracias a los siguientes voluntarios de la Fundación David Suzuki, que me ayudaron a sacar adelante la primera edición: Gina Agelidis, Robin Bhattacharya, Dr. Leslie Cotter, Catherine Fitzpatrick, Anna Lemke, Nicole Rycroft, Cathy St. Germain y Nick Scapillati. Gracias a Caterina Geuer por toda su ayuda y a su socio, Chris Knight, por hacer que me fijara en la acertada cita de Harlow Shapley. Gracias, Christian Jensen, por la importante tarea de rastrear los permisos.

Estoy profundamente agradecido a Jack Stoddart, que me respetó a mí y a mi trabajo lo suficiente como para liberarme de nuestra larga relación editorial para que pudiera publicar este libro como una publicación de la Fundación David Suzuki a través de Greystone Books.

Nancy Flight ha sido una maravillosa editora, animadora y maestra de tareas. Rob Sanders ha compartido conmigo muchas moléculas de aire y ha captado la visión del libro para propulsarlo con su entusiasmo.

Eveline de la Giroday se encargó del buen funcionamiento de la oficina para que yo pudiera terminar la primera edición, mientras que Elois Yaxley desempeñó la misma función para que yo pudiera terminar la segunda.

Tara Cullis asumió toda la carga de satisfacer las necesidades de los niños, el hogar, los amigos y la fundación para que yo pudiera hacer este libro.

Por su ayuda en la edición de 2007, me gustaría dar las gracias a Andy Torr por su excelente apoyo en la investigación y a la Arcangelo Rea Family Foundation por su ayuda en la financiación.

Gracias a Ian Hanington por su ayuda con las actualizaciones de la edición del 25 aniversario. A Robin Wall Kimmerer, que escribió el prefacio, y a Bill McKibben, que escribió el epílogo: me siento honrado por sus contribuciones a esta nueva edición.

# Autores

David Suzuki es un galardonado genetista y ecologista que cofundó la Fundación David Suzuki en 1990. Es autor de más de cuarenta libros y el público de todo el mundo lo conoce como presentador del programa *The Nature of Things (La naturaleza de las* cosas) de la CBC. De 1969 a 2001 fue profesor de la Universidad de Columbia Británica, y actualmente es profesor emérito. Goza de gran reconocimiento como líder mundial en ecología sostenible y ha recibido numerosos galardones por su trabajo, entre ellos el premio de la UNESCO a la ciencia, la medalla del Programa de las Naciones Unidas para el Medio Ambiente y el Right Livelihood Award. También es Compañero de la Orden de Canadá. Tiene 29 títulos honoríficos de universidades de Canadá, Estados Unidos y Australia. Por su apoyo a los pueblos indígenas de Canadá, Suzuki ha sido honrado con ocho nombres y la adopción formal de dos Primeras Naciones. Vive en Vancouver, en la Columbia Británica.

Amanda McConnell ha escrito más de cien documentales, muchos de ellos para *The Nature of Things.* Doctora en literatura inglesa, escribe y cultiva su huerto en Toronto (Ontario).

Adrienne Mason es autora de numerosos libros para adultos y niños, entre ellos *The Nature of Spiders, The Green Classroom, Living Things* y *Oceans.* Es redactora jefe de la revista científica *KNOW: The Science Magazine for Curious* Kids y ha sido nominado cuatro veces al premio Science in Society. Licenciada en Biología por la Universidad de Victoria, vive en Tofino (Columbia Británica) con su marido y sus dos hijas.

Ian Hanington es redactor y editor jefe de la Fundación David Suzuki y coautor, junto con David Suzuki, de *Just Cool It!* y *Everything Under the* Sun. Ha trabajado como reportero, columnista de opinión, crítico y editor para diversos periódicos y revistas, y fue director del mayor semanario alternativo de Canadá, *Georgia Straight*. Vive en Vancouver, en la Columbia Británica.

# David Suzuki Institute

David Suzuki Institute es una organización sin ánimo de lucro fundada en 2010 para estimular el debate y la acción sobre cuestiones medioambientales. Tanto el Instituto como la Fundación David Suzuki trabajan para concienciar sobre cuestiones medioambientales importantes para todos los canadienses.

Le invitamos a apoyar las actividades del Instituto. Si desea más información, póngase en contacto con nosotros en la siguiente dirección:

David Suzuki Institute
219 - 2211 West 4th Avenue
Vancouver, BC, Canadá V6K 4S2
info@davidsuzukiinstitute.org
604-742-2899
www.davidsuzukiinstitute.org

Los cheques pueden extenderse a nombre del David Suzuki Institute.

Para más información:

EDITORIAL
CARBRAME

www.editorialcarbrame.es
editorialcarbrame@gmail.com